W0259336

T. Bonnesen / W. Fenchel

Theorie der konvexen Körper

Berichtigter Reprint

Springer-Verlag
Berlin Heidelberg New York 1974

AMS Subject classifications (1970) 52-02

ISBN-13:978-3-540-06234-9 e-ISBN-13:978-3-642-93014-0
DOI: 10.1007/978-3-642-93014-0

Library of Congress Catalog Card Number 73-10722

ERGEBNISSE DER MATHEMATIK
UND IHRER GRENZGEBIETE
HERAUSGEGEBEN VON DER SCHRIFTLEITUNG
DES
„ZENTRALBLATT FÜR MATHEMATIK"
DRITTER BAND
1

THEORIE DER KONVEXEN KÖRPER

VON

T. BONNESEN UND W. FENCHEL

MIT 8 FIGUREN

BERLIN
VERLAG VON JULIUS SPRINGER
1934

Vorwort.

Konvexe Figuren haben von jeher in der Geometrie eine bedeutende Rolle gespielt. Die durch ihre Konvexitätseigenschaft allein charakterisierten Gebilde hat aber erst BRUNN zum Gegenstand umfassender geometrischer Untersuchungen gemacht. In zwei Arbeiten „Ovale und Eiflächen" und „Kurven ohne Wendepunkte" aus den Jahren 1887 und 1889 (vgl. Literaturverzeichnis BRUNN [**1**], [**2**]) hat er neben zahlreichen Sätzen der verschiedensten Art über konvexe Bereiche und Körper einen Satz über die Flächeninhalte von parallelen ebenen Schnitten eines konvexen Körpers bewiesen, der sich in der Folge als fundamental herausgestellt hat. Die Bedeutung dieses Satzes hervorgehoben zu haben, ist das Verdienst von MINKOWSKI. In mehreren Arbeiten, insbesondere in „Volumen und Oberfläche" (1903) und in der großzügig angelegten, unvollendet gebliebenen Arbeit „Zur Theorie der konvexen Körper" (Literaturverzeichnis [**3**], [**4**]) hat er durch Einführung von grundlegenden Begriffen wie Stützfunktion, gemischtes Volumen usw. die dem Problemkreis angemessenen formalen Hilfsmittel geschaffen und vor allem den Weg zu vielseitigen Anwendungen, speziell auf das isoperimetrische (isepiphane) und andere Extremalprobleme für konvexe Bereiche und Körper eröffnet. Weiterhin hat MINKOWSKI den engen Zusammenhang dieser Begriffsbildungen und Sätze mit der Frage nach der Bestimmung konvexer Flächen durch ihre GAUSSsche Krümmung aufgedeckt und tiefliegende diesbezügliche Sätze bewiesen.

Diese BRUNN-MINKOWSKIsche Theorie, ihre Verallgemeinerung auf Räume beliebiger Dimension und ihre Fortschritte bis in die Gegenwart bilden den Hauptgegenstand des folgenden Berichts und sind — wenn auch teilweise in knapper Form — mit ausgeführten Beweisen im Zusammenhang dargestellt, so daß Vorkenntnisse aus der Theorie selbst nicht erforderlich sind. Jeweils anschließend an diese Ausführungen werden Literaturberichte und Verweise (der Übersichtlichkeit halber in Kleindruck) gebracht, wobei Vollständigkeit angestrebt worden ist, wenigstens soweit es sich um die auf die Arbeiten von BRUNN und MINKOWSKI folgende Literatur handelt.

Um alle vorliegenden Resultate zwanglos einordnen zu können, ist die Theorie sofort für den n-dimensionalen Raum entwickelt worden. Es konnte dies ohne Bedenken geschehen, da bereits zwei einführende Bücher über den Gegenstand vorliegen, nämlich: BLASCHKE: Kreis und Kugel (Literaturverzeichnis [**11**]), und BONNESEN: Les problèmes des isopérimètres et des isépiphanes (Literaturverzeichnis [**12**]), die beide den zwei- und dreidimensionalen Fall behandeln. Eine einheitliche Entwicklung der Grundlagen der n-dimensionalen Theorie, die bisher in der Literatur nicht durchgeführt worden ist, scheint auch durch den Umstand gerechtfertigt, daß mehrere wichtige und naheliegende Fragen, auf die auch im folgenden hingewiesen wird, noch ungeklärt sind. Wir hoffen, die Fortführung der Untersuchungen auf diesem Gebiet durch unsere Darstellung zu erleichtern.

Bezüglich des behandelten Stoffes sei auf das Inhaltsverzeichnis verwiesen. Hier mögen nur einige Bemerkungen Platz finden. Die Darstellung beschränkt sich auf abgeschlossene Mengen, was z. B. bei der punktmengentheoretischen Seite der Sache und den Sätzen über Schwerpunkte und konvexe Hülle (§ 1 und § 2) unnötig gewesen wäre. Verallgemeinerungen in dieser Richtung hat STEINITZ in der Arbeit „Bedingt konvergente Reihen und konvexe Systeme“ (Literaturverzeichnis [**1**]) vorgenommen. Auf die Untersuchungen über Krümmungseigenschaften konvexer Kurven und Flächen und Verbiegbarkeitsfragen sind wir nur wenig, auf andere Fragen der Differentialgeometrie wie Verlauf der geodätischen Linien auf konvexen Flächen gar nicht eingegangen. Dasselbe gilt von den vielfachen Beziehungen der konvexen Gebilde zur affinen Differentialgeometrie. In beiderlei Hinsicht sei — auch wegen der Literatur — auf BLASCHKES „Vorlesungen über Differentialgeometrie“ (Literaturverzeichnis [**24**], [**25**]) hingewiesen. Untersuchungen über konvexe Funktionen sind nur so weit behandelt, als sie für die geometrischen Anwendungen von Bedeutung sind.

Die von der üblichen nur unwesentlich abweichende Terminologie für den n-dimensionalen Raum, die im Bericht verwendet wird, ist kurz in den Vorbemerkungen angegeben. Fett gedruckte Ziffern ohne Klammern (zumeist mit Seitenzahlen dahinter) beziehen sich auf die Abschnitte dieses Berichts. Ziffern in eckigen Klammern hinter Autorennamen verweisen auf das Literaturverzeichnis. Bei Autoren, deren gesammelte Abhandlungen herausgegeben sind, beziehen sich Zitate stets auf diese und nicht auf Originalarbeiten.

Für Mitwirkung bei der Korrektur und Verbesserungsvorschläge sind wir den Herren H. BUSEMANN und H. KNESER, für bereitwilliges Eingehen auf unsere zahlreichen Wünsche der Verlagsbuchhandlung und für die Ermöglichung einer Zusammenarbeit in Kopenhagen dem Rask-Ørsted-Fonds, dem internationalen wissenschaftlichen Fond Dänemarks, zu größtem Dank verpflichtet.

Kopenhagen, im November 1933.

T. BONNESEN. W. FENCHEL.

Inhaltsverzeichnis.

Vorbemerkungen über n-dimensionale Geometrie.

Die folgenden Ausführungen beziehen sich, falls nichts anderes gesagt wird, auf den n-dimensionalen euklidischen Raum. n bedeutet somit stets die Dimension des Raumes. Zugrunde gelegt wird ein orthogonales Koordinatensystem[1]. Der Punkt oder auch der Vektor mit den Koordinaten $x_1, x_2, \ldots, x_n$ wird, wo dies angängig ist, kurz mit x bezeichnet; d. h. also, die unteren, die verschiedenen Koordinaten unterscheidenden Indizes werden fortgelassen. So bedeuten $x, y, \ldots, u, v, \ldots$ stets Punkte oder Vektoren. In dieser Schreibweise ist also z. B. $(1-\vartheta)x+\vartheta y$ für $0 \leqq \vartheta \leqq 1$ die Verbindungsstrecke der beiden Punkte x und y. Das innere Produkt $x_1 y_1 + \cdots + x_n y_n$ zweier Vektoren $x = (x_1, \ldots, x_n)$ und $y = (y_1, \ldots, y_n)$ wird kurz $\sum xy$ geschrieben. Z. B. ist demnach der Abstand zweier Punkte x, y mit $\sqrt{\sum (x-y)^2}$ zu bezeichnen.

Ist u ein vom Nullpunkt verschiedener Punkt, so wird unter der „Richtung u" die Richtung der vom Nullpunkt zum Punkt u führenden, in diesem Sinne orientierten Halbgeraden verstanden. Insbesondere soll durch diese Sprechweise zum Ausdruck gebracht werden, daß in dem betreffenden Zusammenhang u durch μu bei beliebigem positivem μ ersetzt werden darf. Entsprechend ist mit „Stellung u" die Stellung der den Nullpunkt mit u verbindenden Geraden (ohne Orientierung) gemeint. Die Stellungen u und μu sind also bei beliebigem $\mu \neq 0$ einander gleich.

Durch eine lineare Gleichung $\sum xu = H$, wo H eine Konstante und u einen von Null verschiedenen Punkt oder Vektor bedeutet, ist eine Ebene gegeben. Als Stellung der Ebene wird die Stellung u im obigen Sinne bezeichnet. Parallele Ebenen haben die gleiche Stellung und umgekehrt. Eine Ebene wird durch Auszeichnung einer Normalenrichtung u orientiert. Die Richtung u im obigen Sinne wird dann auch als Richtung der Ebene bezeichnet. Hat eine orientierte Ebene die Richtung u, so wird ihre Gleichung stets $\sum xu = H$ geschrieben. Diese Gleichung darf also nicht mit einem negativen Faktor multipliziert werden; $-\sum xu = -H$ hat die Richtung $-u$! Zwei orientierte Ebenen mit gleichen Richtungen werden auch gleichsinnig parallel genannt. In den „positiven" Halbraum $\sum xu \geqq H$ weist die Normalenrichtung u.

[1] Viele der folgenden Begriffsbildungen und Sätze, insbesondere der Begriff der konvexen Menge selbst, haben affininvarianten Charakter, was man im Einzelfall leicht feststellen wird. Trotzdem wird aus Bequemlichkeitsgründen stets ein rechtwinkliges Koordinatensystem verwendet.

Der Durchschnitt von $n - p$ Ebenen mit linear unabhängigen Stellungen oder auch die Gesamtheit der in der Form

$$x = \mu_1 a^{(1)} + \mu_2 a^{(2)} + \cdots + \mu_p a^{(p)} + a$$

mit festem Punkt a und linear unabhängigen festen Vektoren $a^{(i)}$ darstellbaren Punkte heißt p-dimensionaler Unterraum.

Sind $x^{(0)}, x^{(1)}, \ldots, x^{(p)}$ (höchstens $n+1$) Punkte, die in keinem $p-1$-dimensionalen Unterraum liegen, so heißt die Menge der Punkte x mit

$$x = \lambda_0 x^{(0)} + \lambda_1 x^{(1)} + \cdots + \lambda_p x^{(p)}, \quad \sum_{i=0}^{p} \lambda_i = 1, \quad \lambda_i \geqq 0 \quad (i = 0, 1, \ldots, p)$$

das durch die Punkte $x^{(0)}, \ldots, x^{(p)}$ bestimmte p-dimensionale Simplex. Ist $x^{(0)}$ speziell der Nullpunkt und $p = n$, so wird das Volumen des Simplex bis auf den Faktor $1/n!$ diejenige n-reihige Determinante, deren ν-te Zeile aus den Koordinaten von $x^{(\nu)}$ besteht. Diese Determinante wird im folgenden stets so geschrieben

$$\|x^{(1)}, x^{(2)}, \ldots, x^{(n)}\|.$$

Die Gesamtheit der Punkte, die einer Ungleichung

$$\sum (x - a)^2 \leqq R^2$$

genügen, heißt n-dimensionale Kugel mit dem Mittelpunkt a und dem Radius R. Die Punkte, für die Gleichheit besteht, bilden die Kugeloberfläche.

Das Volumen der n-dimensionalen Einheitskugel $\sum x^2 \leqq 1$ wird im folgenden stets mit $\varkappa_n$, ihre Oberfläche mit ω_n bezeichnet. Es ist

$$\varkappa_n = \frac{\pi^{\frac{n}{2}}}{\Gamma\left(\frac{n}{2} + 1\right)}, \qquad \omega_n = n\,\varkappa_n = \frac{2\pi^{\frac{n}{2}}}{\Gamma\left(\frac{n}{2}\right)}.$$

§ 1. Grundbegriffe.

1. Konvexe Mengen, Körper und Kegel. Eine Punktmenge heißt konvex, wenn sie mit zwei Punkten stets deren Verbindungsstrecke enthält.

Enthält eine konvexe Menge $n + 1$ nicht in einer Ebene gelegene Punkte, so enthält sie offenbar auch das ganze durch diese Punkte bestimmte Simplex, also insbesondere innere Punkte. Mit anderen Worten: Eine konvexe Menge ohne innere Punkte ist in einer Ebene enthalten. Zu jeder konvexen Menge gibt es daher, wenn sie nicht nur aus einem Punkt besteht, einen (eindeutig bestimmten) Unterraum niedrigster Dimension, der sie enthält und als dessen Teilmenge sie innere Punkte besitzt. Die Dimension dieses Raumes kann also als Dimension der konvexen Menge bezeichnet werden.

Der Durchschnitt von beliebig vielen konvexen Mengen ist offenbar wieder eine konvexe Menge.

Wird eine konvexe Menge parallel auf einen 1-, 2-, ... oder $n-1$-dimensionalen Unterraum projiziert, so entsteht eine konvexe Menge dieses Unterraumes.

Konvexe Mengen sind z. B.: ein Punkt, eine Strecke, ein Simplex beliebiger Dimension; ferner ein Parallelstreifen, d. h. die Gesamtheit der Punkte zwischen und auf zwei parallelen Ebenen. (Hierbei wird auch zugelassen, daß die beiden Ebenen zusammenfallen. Dann besteht der Streifen aus den Punkten einer Ebene.)

Eine abgeschlossene beschränkte konvexe Menge heißt **konvexer Körper**[1].

(Im allgemeinen wird man unter „Körper" eine Menge mit inneren Punkten verstehen. Es ist aber für das Folgende zweckmäßig, auch die Ausartungsfälle mit zu umfassen.)

Unter **konvexer Fläche**[2] wird die volle Berandung, d. h. die Menge der nichtinneren Punkte eines konvexen Körpers verstanden.

Ein n-dimensionaler konvexer Körper ist eineindeutig und stetig auf die n-dimensionale Kugel abbildbar; sein Rand auf die Oberfläche der n-dimensionalen Kugel.

Eine abgeschlossene konvexe Menge, die nicht der ganze Raum ist, heißt **konvexer Kegel** mit dem Scheitelpunkt S, wenn sie wenigstens einen von S verschiedenen Punkt enthält und wenn sie mit jedem solchen Punkt P die ganze von S ausgehende Halbgerade SP enthält.

Über konvexe Mengen, Körper und Kegel sehe man insbesondere die Arbeit von STEINITZ [1]. Ferner für $n = 2$ HJELMSLEV [2].

Eine eineindeutige Abbildung des Raumes auf sich, die konvexe Mengen in konvexe Mengen überführt, ist eine Kollineation (WALSH [1]).

Über den Durchschnitt konvexer Körper. Beliebig (auch unendlich, nicht abzählbar) viele konvexe Körper des n-dimensionalen Raumes haben dann und nur dann einen gemeinsamen Punkt, wenn je $n + 1$ der Körper einen gemeinsamen Punkt haben. Vgl. HELLY [2], RADON [3], KÖNIG [1]. Eine Verallgemeinerung dieses Satzes gibt HELLY [3].

Über Sternbereiche. In einer abgeschlossenen und beschränkten Menge existiere wenigstens ein Punkt mit der Eigenschaft, daß jede durch diesen Punkt gehende Gerade mit der Menge eine einzige Strecke gemeinsam hat. Dann erfüllen die sämtlichen Punkte der Menge mit dieser Eigenschaft einen konvexen Körper. (BRUNN [7].)

Konvexe Bereiche und Nullstellenlage von Polynomen. Es sei $P(z)$ ein Polynom mit beliebigen komplexen Koeffizienten und $\mathfrak{C}_1$ ein konvexer Bereich der komplexen z-Ebene. Dann gehören alle Zahlen a, für die sämtliche Wurzeln von $P(z) = a$ in $\mathfrak{C}_1$ liegen, wieder einem konvexen Bereich $\mathfrak{C}_2$ an. (R. JENTZSCH; vgl. dazu — auch wegen der Literatur — PÓLYA u. SZEGÖ [1] II. S. 61 Aufg. 126.)

Konvexität im kleinen. Eine Menge $\mathfrak{M}$ heiße konvex im kleinen, wenn sich um jeden ihrer Punkte eine Kugel legen läßt, deren Durchschnitt mit $\mathfrak{M}$

[1] Für $n = 2$ auch konvexer Bereich. [2] Für $n = 2$ auch konvexe Kurve.

konvex ist. Jede abgeschlossene zusammenhängende, im kleinen konvexe Menge ist konvex. (TIETZE [2]; mit einer derartigen Frage beschäftigt sich auch MATSUMURA [9].) Vgl. auch **4**, S. 7.

Über Zerlegung der Ebene in konvexe Bereiche REINHARDT [3], [4].

Konvexe Mengen in projektiven und allgemeinen Räumen. Der Begriff der konvexen Menge läßt sich in naheliegender Weise auf den projektiven Raum übertragen. Vgl. dazu STEINITZ [1] III. §§ 30—32 und H. KNESER [1]. Über konvexe Mengen im HILBERTschen Raum vgl. KELLER [1], in beliebigen linearen Räumen ASCOLI [2], in allgemeinen metrischen Räumen MENGER [1], [2], [3] und in der Geometrie der Bahnkurven (geometry of paths) WHITEHEAD [1].

2. Schranken und Stützebenen abgeschlossener Mengen. Eine Ebene heißt Schranke einer abgeschlossenen Menge, wenn die Menge ganz im Innern des einen durch die Ebene begrenzten Halbraumes enthalten ist.

Eine Ebene heißt Stützebene einer abgeschlossenen Menge, wenn sie selbst Punkte der Menge enthält und die Menge sonst ganz in einem durch die Ebene begrenzten Halbraum liegt.

Eine nicht beschränkte Menge braucht weder Schranken noch Stützebenen zu haben.

Ist die abgeschlossene Menge beschränkt, so gibt es zu jeder Stellung zwei (nicht notwendig verschiedene) Stützebenen. Diese zwei Ebenen begrenzen den engsten Parallelstreifen dieser Stellung, der die Menge enthält. Ein solcher Parallelstreifen heißt Stützstreifen der Menge.

Ein konvexer Kegel mit dem Scheitel S besitzt mindestens eine durch S gehende Stützebene[1]. Errichtet man auf den sämtlichen durch S gehenden Stützebenen des Kegels die Normalen nach der dem Kegel abgewandten Seite, so erfüllen diese Normalen wieder einen konvexen Kegel, den Polarkegel des gegebenen Kegels. Daß der Polarkegel wieder konvex ist, erkennt man folgendermaßen: Es sei S zum Ursprung eines kartesischen Koordinatensystems gemacht. u und v seien irgend zwei Punkte des Polarkegels. Dann sind die Ebenen $\sum xu = 0$ und $\sum xv = 0$ Stützebenen des gegebenen Kegels, und für dessen Punkte x ist $\sum xu \leqq 0$ und $\sum xv \leqq 0$. Also ist auch für $0 \leqq \vartheta \leqq 1$

$$\vartheta \sum xu + (1-\vartheta) \sum xv = \sum x(\vartheta u + (1-\vartheta) v) \leqq 0,$$

d. h. $\sum x(\vartheta u + (1-\vartheta)v) = 0$ ist wieder Stützebene, also $\vartheta u + (1-\vartheta)v$ ein Punkt des Polarkegels.

Sätze über gemeinsame Schranken und Stützebenen mehrerer konvexer Körper. Besitzen zwei konvexe Körper keinen gemeinsamen Punkt, so gibt es trennende Schranken der Körper, d. h. Ebenen, die die Körper nicht treffen und voneinander trennen. Z. B. tut dies die Ebene, die im Mittelpunkt der kürzesten Verbindungsstrecke der beiden Körper auf dieser Strecke senkrecht steht. Durch einfachen Grenzübergang kann man dar-

[1] Man überzeugt sich leicht, daß jede Stützebene eines konvexen Kegels durch den Scheitel geht.

aus schließen: *Haben zwei konvexe Körper Randpunkte, aber keine inneren Punkte gemeinsam, so läßt sich durch diese Randpunkte wenigstens eine Ebene legen, die Stützebene jedes der Körper ist und die inneren Punkte der Körper voneinander trennt.*

Die gemeinsamen Stützebenen oder Schranken zweier punktfremder konvexer Körper zerfallen in trennende und nichttrennende. Fällt man von einem Punkt des Raumes auf alle trennenden Schranken und trennenden Stützebenen die Normalen, so erfüllen diese einen konvexen Kegel (BRUNN [**9**]). Sei 𝔈 eine die Körper nichttrennende Schranke, die einer trennenden Schranke parallel ist. Dann erfüllen die Schnittpunkte von 𝔈 mit allen Verbindungsgeraden der Punkte des einen Körpers mit denen des anderen einen konvexen Bereich in 𝔈. (BRUNN [**10**].)

Zu zwei ebenen konvexen Bereichen ohne gemeinsamen Punkt gibt es genau zwei trennende und zwei nichttrennende gemeinsame Stützgeraden (JUEL [**1**]; vgl. auch BRUNN [**6**]).

Sind $\mathfrak{M}_1, \ldots, \mathfrak{M}_k$ paarweise punktfremde konvexe Mengen, so gibt es konvexe „Polyeder“[1] $\mathfrak{P}_1, \ldots, \mathfrak{P}_k$, von denen keine zwei einen inneren Punkt gemeinsam haben, so daß $\mathfrak{M}_1$ in $\mathfrak{P}_1, \ldots, \mathfrak{M}_k$ in $\mathfrak{P}_k$ enthalten ist. (STOELINGA [**1**] Kap. V.)

3. Konvexe Hülle einer abgeschlossenen Menge. Die konvexe Hülle einer abgeschlossenen Menge ist der Durchschnitt aller abgeschlossenen Halbräume, die die Menge enthalten.

(Sind solche Halbräume nicht vorhanden, so ist die konvexe Hülle der ganze Raum.)

Ist die Menge beschränkt, so kann die Definition der konvexen Hülle offenbar auch so ausgesprochen werden: Die konvexe Hülle einer abgeschlossenen beschränkten Menge ist der Durchschnitt aller ihrer Stützstreifen. In diesem Fall ist die konvexe Hülle selbst beschränkt, also als Durchschnitt von abgeschlossenen konvexen Mengen ein konvexer Körper.

Es gilt ferner: *Die konvexe Hülle einer abgeschlossenen beschränkten Menge ist der Durchschnitt aller abgeschlossenen konvexen Mengen, die die gegebene Menge enthalten. Insbesondere ist also die konvexe Hülle eines konvexen Körpers mit dem Körper identisch.*

Dies erkennt man so: Der Durchschnitt $\mathfrak{D}$ aller abgeschlossenen Mengen, die die gegebene Menge $\mathfrak{M}$ enthalten, gehört offenbar zur konvexen Hülle $\mathfrak{H}$. Angenommen, $\mathfrak{H}$ enthielte einen Punkt P, der nicht zu $\mathfrak{D}$ gehört. Dann verbinde man P mit dem oder einem der Punkte Q von $\mathfrak{D}$, die von P minimalen Abstand haben. P kann dann im Widerspruch zur Annahme nicht dem auf der Geraden PQ senkrechten Stützstreifen angehören. Denn sonst würde in der auf PQ senkrechten Ebene durch P ein Punkt R von $\mathfrak{M}$, also von $\mathfrak{D}$ liegen. Die Strecke QR, die wegen der Konvexität von $\mathfrak{D}$ zu $\mathfrak{D}$ gehört, enthielte Punkte, die näher an P liegen als Q.

[1] Unter einem konvexen Polyeder ist hier der Durchschnitt von endlich vielen Halbräumen zu verstehen. Vgl. dagegen **11**, S. 16.

Jeder Randpunkt der konvexen Hülle einer abgeschlossenen beschränkten Menge $\mathfrak{M}$ liegt auf wenigstens einer Stützebene von $\mathfrak{M}$.

Denn wäre das nicht der Fall, so müßte ein Randpunkt R der Hülle innerer Punkt von allen Stützstreifen von $\mathfrak{M}$ sein. Die Gesamtheit der Stützebenen von $\mathfrak{M}$ bildet aber eine abgeschlossene Menge. R hätte demnach eine positive Minimalentfernung von allen Stützebenen, wäre also innerer Punkt des Durchschnitts der Stützstreifen.

Hieraus und aus früheren Feststellungen folgt: Die äußeren Punkte der konvexen Hülle sind diejenigen Punkte des Raumes, durch die sich eine Schranke der Menge legen läßt; durch die Randpunkte der Hülle läßt sich keine Schranke, wohl aber eine Stützebene legen; durch die inneren Punkte der Hülle lassen sich weder Schranken noch Stützebenen der Menge legen.

Über Begriff und Eigenschaften der konvexen Hülle vgl. insbesondere CARATHÉODORY [2]. Die obigen und viele der folgenden Sätze über Stützebenen und konvexe Hülle gelten mit geringen Modifikationen auch für nicht beschränkte und nicht abgeschlossene Mengen. Vgl. dazu STEINITZ [1] I § 9—11 und STOELINGA [1] Kap. IV.

4. Stützeigenschaften konvexer Körper. Aus den Feststellungen, daß jeder Randpunkt der konvexen Hülle einer abgeschlossenen beschränkten Menge $\mathfrak{M}$ in einer Stützebene von $\mathfrak{M}$ liegt und daß die konvexe Hülle eines konvexen Körpers mit dem Körper identisch ist, folgt unmittelbar die fundamentale Tatsache:

Durch jeden Randpunkt eines konvexen Körpers geht wenigstens eine Stützebene.

Für diesen Beweis vgl. BONNESEN [12] S. 36. Andere Beweise hierfür bei MINKOWSKI [9] § 16, BRUNN [6], CARATHÉODORY [1], STEINITZ [1] III § 26, BLASCHKE [11] S. 53, BRUNN [8] gibt einen Beweis, der ohne jede Grenzbetrachtung auskommt, BOULIGAND [1] Kap. XII, S. 90 (die dortigen Ausführungen dürften jedoch nicht stichhaltig sein), FAVARD [11] Kap. I.

Umgekehrt: *Hat eine abgeschlossene beschränkte Menge mit inneren Punkten die Eigenschaft, daß durch jeden ihrer Randpunkte eine Stützebene geht, so ist sie ein konvexer Körper.*

Es genügt offenbar, dies für $n \geqq 2$ zu zeigen. Angenommen, es gäbe zwei Punkte A und B der Menge $\mathfrak{M}$, so daß die Strecke AB nicht ganz zu $\mathfrak{M}$ gehört. Dann läge auf AB ein äußerer Punkt C. C verbinde man mit einem inneren Punkt D von $\mathfrak{M}$, der nicht auf der Geraden AB liegt. Es gibt dann einen dem Innern der Strecke CD angehörigen Randpunkt E von $\mathfrak{M}$. Durch E müßte nach Voraussetzung eine Stützebene gehen. Diese könnte D als inneren Punkt von $\mathfrak{M}$ nicht enthalten. Jede andere durch E gehende Ebene trennt aber zwei der Punkte A, B, D. (MINKOWSKI [9] § 17, BRUNN [6].)

Eine abgeschlossene beschränkte Menge ohne innere Punkte, die in jedem Punkt eine Stützebene besitzt, braucht kein konvexer Körper zu sein. Jede Teilmenge des Randes eines konvexen Körpers hat offenbar diese Eigenschaft. Diese Mengen sind aber auch die einzigen von dieser Art; denn die Stützebenen der Menge sind zugleich Stützebenen ihrer konvexen Hülle. Alle Punkte der Menge liegen daher auf dem Rande der konvexen Hülle. (BRUNN [**6**].)

Zur Charakterisierung der konvexen Körper mit inneren Punkten genügen auch schwächere Stützeigenschaften als die Existenz von Stützebenen in jedem Randpunkt.

Besitzt eine abgeschlossene beschränkte Menge mit inneren Punkten in jedem Randpunkt eine Stützhalbkugel mit festem Radius, so ist sie ein konvexer Körper. Hierbei wird unter Stützhalbkugel in einem Randpunkt eine Halbkugel verstanden, deren Mittelpunkt dieser Punkt ist und deren Inneres frei von Punkten der Menge ist. (TIETZE [**3**]; einfacherer Beweis bei REINHARDT [**5**]. Eine Verschärfung des Satzes bei SÜSS [**18**]. Es genügt demnach die Existenz von Stützzylindern mit festem Radius, über deren Höhe aber nichts vorausgesetzt wird.)

Ist von der Menge bekannt, daß sie aus einer zusammenhängenden offenen Menge und ihren Randpunkten besteht, so genügt es, die Existenz einer Stützhalbkugel in jedem Randpunkt (ohne Beschränkung des Radius) vorauszusetzen, um schließen zu können, daß die Menge ein konvexer Körper ist. (TIETZE [**1**]. Einen sehr einfachen, auf E. SCHMIDT zurückgehenden Beweis hierfür findet man bei BIEBERBACH [**2**] S. 20—21. Die dortige Beschränkung auf $n = 2$ ist unwesentlich.)

Verwandte Untersuchungen und Verschärfungen bei LÉJA und WILKOSZ [**1**], TIETZE [**4**]. In engem Zusammenhang damit stehen auch die Arbeiten von KAUFMANN [**1**], [**2**]. Eine allgemeinere Klasse von Punktmengen, die durch eine gewisse Stützeigenschaft gekennzeichnet sind, studiert DURAND [**1**]. Es wird dort vorausgesetzt, daß durch jeden Randpunkt eine Kugel mit festem Radius gelegt werden kann, deren Inneres frei von Punkten der Menge ist.

§ 2. Schwerpunkte und konvexe Hülle.

5. Massenbelegungen und ihre Schwerpunkte. $\mathfrak{M}$ sei eine abgeschlossene beschränkte Menge. Unter einer nichtnegativen Massenbelegung von $\mathfrak{M}$ wird folgendes verstanden: Jeder meßbaren Teilmenge $\mathfrak{m}$ von $\mathfrak{M}$ sei eine nichtnegative Zahl $m(\mathfrak{m})$ zugeordnet, und diese Zuordnung sei so beschaffen, daß für beliebige paarweise punktfremde meßbare Teilmengen $\mathfrak{m}_1$ und $\mathfrak{m}_2$ die Beziehung

$$m(\mathfrak{m}_1 + \mathfrak{m}_2) = m(\mathfrak{m}_1) + m(\mathfrak{m}_2)$$

erfüllt ist. Die der ganzen Menge $\mathfrak{M}$ zugeordnete Zahl $M = m(\mathfrak{M})$ wird als Gesamtmasse der Belegung bezeichnet und stets positiv angenommen. x sei ein in $\mathfrak{M}$ variabler Punkt. Als Schwerpunkt der Massenbelegung m wird der Punkt mit den Koordinaten

$$s = \frac{1}{M}\int_{\mathfrak{M}} x\,dm$$

bezeichnet. Hierbei ist das Integral der rechten Seite als STIELTJESsches aufzufassen.

Ist f eine in $\mathfrak{M}$ definierte stetige Funktion, so wird das STIELTJESsche Integral $\int f\,dm$ bezüglich der Belegung m folgendermaßen definiert. $\mathfrak{M}$ werde in endlich viele paarweise punktfremde Mengen $\mathfrak{m}_1, \mathfrak{m}_2, \ldots, \mathfrak{m}_r$ zerlegt. Es sei $x^{(\varrho)}$ ein willkürlicher Punkt von $\mathfrak{m}_\varrho$. Dann betrachte man die Summe

$$S = \sum_{\varrho=1}^{r} f(x^{(\varrho)})\, m(\mathfrak{m}_\varrho).$$

Für eine Folge von Einteilungen der obigen Art, bei der der maximale Durchmesser der Teilmengen gegen 0 konvergiert, strebt S gegen einen Grenzwert, der mit $\int\limits_{\mathfrak{M}} f\,dm$ bezeichnet wird. Über den — übrigens sehr einfachen — Existenzbeweis für diesen Grenzwert und über die Theorie der mehrdimensionalen Stieltjesintegrale überhaupt sehe man insbesondere J. RADON: Theorie und Anwendungen der absolut additiven Mengenfunktionen [S.-B. Akad. Wiss. Wien Abt. IIa Bd. 122 (1913) S. 1295—1438, insb. Kap. II].

Ist $\mu(x)$ eine nichtnegative stetige Funktion in $\mathfrak{M}$, so stellt das LEBESGUEsche Integral im gewöhnlichen Sinne[1]

$$m(\mathfrak{m}) = \int\limits_{\mathfrak{m}} \mu\, dx,$$

erstreckt über eine beliebige meßbare Teilmenge $\mathfrak{m}$ von $\mathfrak{M}$, eine nichtnegative Massenbelegung im obigen Sinne dar. In diesem Fall wird von einer stetigen Massenbelegung mit der Dichte μ gesprochen. Ist μ insbesondere überall auf $\mathfrak{M}$ positiv, so heißt die stetige Massenbelegung positiv, ist μ konstant, so heißt sie homogen. Der Schwerpunkt einer stetigen Belegung ist durch die LEBESGUEschen Integrale

$$s = \frac{1}{M}\int\limits_{\mathfrak{M}} x\,\mu\, dx \qquad \left(M = \int\limits_{\mathfrak{M}} \mu\, dx\right)$$

darstellbar.

Eine diskrete Massenbelegung von $\mathfrak{M}$ erhält man, wenn man endlich vielen Punkten $x^{(1)}, x^{(2)}, \ldots, x^{(r)}$ von $\mathfrak{M}$ nichtnegative Massen $m_1, m_2, \ldots, m_r$ und jeder Teilmenge von $\mathfrak{M}$, die keinen dieser Punkte enthält, die Masse 0 zuordnet. In diesem Fall sind die Schwerpunktskoordinaten bekanntlich

$$s = \frac{\sum\limits_{\varrho=1}^{r} m_\varrho x^{(\varrho)}}{\sum\limits_{\varrho=1}^{r} m_\varrho}.$$

6. Schwerpunktsdarstellungen der konvexen Hülle. *Der Schwerpunkt einer beliebigen nichtnegativen Massenbelegung m einer beschränkten abgeschlossenen Menge $\mathfrak{M}$ gehört der konvexen Hülle von $\mathfrak{M}$ an.* Gilt nämlich für alle Punkte x von $\mathfrak{M}$ eine Ungleichung $\sum x u \leqq c$, so ist diese wegen

$$\sum s u = \frac{1}{M}\int\limits_{\mathfrak{M}} \sum x u\, dm \leqq \frac{c}{M}\int\limits_{\mathfrak{M}} dm = c$$

[1] dx ist Abkürzung für $dx_1 dx_2 \ldots dx_n$.

für den Schwerpunkt s erfüllt. Jedem Halbraum, der $\mathfrak{M}$ vollständig enthält, gehört also auch der Schwerpunkt an. Damit ist die Behauptung schon bewiesen. Man erkennt auch sofort, daß der Schwerpunkt stets dann innerer Punkt der konvexen Hülle ist, wenn nicht alle positiven Massen in einer Ebene liegen. (Vgl. auch **34**, S. 52.)

Umgekehrt läßt sich auch jeder Punkt der konvexen Hülle von $\mathfrak{M}$ auffassen als Schwerpunkt einer nichtnegativen Massenbelegung von $\mathfrak{M}$. Es genügt sogar, in passenden $n+1$ Punkten von $\mathfrak{M}$ geeignete nichtnegative Massen anzubringen, um einen vorgegebenen Punkt der konvexen Hülle zu erhalten. Mit anderen Worten: *Jeder Punkt der konvexen Hülle einer abgeschlossenen beschränkten Menge liegt im Innern oder auf dem Rande eines Simplex, dessen Ecken zur Menge gehören.*

Für Teilmengen einer Geraden ist die Behauptung richtig; denn die konvexe Hülle ist die kürzeste Strecke, die alle Punkte der Menge enthält. Für Mengen des $n-1$-dimensionalen Raumes sei die Behauptung wahr. Man betrachte eine Menge $\mathfrak{M}$ im n-dimensionalen Raum und einen willkürlichen Punkt P ihrer konvexen Hülle. Sei Q ein beliebiger, von P verschiedener Punkt von $\mathfrak{M}$. Man verlängere (falls nötig) die Strecke QP über P hinaus bis zum Schnitt R mit dem Rande der konvexen Hülle. R liegt nach dem Früheren in einer Stützebene $\mathfrak{E}$ von $\mathfrak{M}$. Die konvexe Hülle des Durchschnitts von $\mathfrak{E}$ und $\mathfrak{M}$ enthält gleichfalls R. Nach Induktionsvoraussetzung gehört daher R zu einem Simplex $(Q_1, Q_2, \ldots, Q_n)$, dessen Ecken im Durchschnitt von $\mathfrak{E}$ und $\mathfrak{M}$ liegen. Das Simplex $(Q, Q_1, \ldots, Q_n)$ enthält offenbar P.

Für diesen Beweis vgl. Carathéodory [2] S. 200. Beweise für allgemeinere Mengen bei Steinitz [1] I. § 10 und Stoelinga [1] Kap. IV.

Weitere Untersuchungen über Schwerpunktsdarstellungen. Ist die abgeschlossene beschränkte Menge $\mathfrak{M}$ überdies zusammenhängend, so kann die konvexe Hülle als Vereinigungsmenge der konvexen Hüllen aller ebenen Schnitte von $\mathfrak{M}$ erhalten werden. In Verbindung mit dem vorigen Resultat folgt dann also, daß jeder Punkt der konvexen Hülle schon einem $n-1$-dimensionalen Simplex angehört, dessen Ecken auf $\mathfrak{M}$ liegen. Vgl. dazu Fenchel [1] § 2. Der dort für $n=3$ geführte Beweis ist ohne weiteres auf beliebiges n übertragbar. Der Fall $n=2$ ist schon in einem Resultat von Hjelmslev [4] S. 439 enthalten. Ohne die Voraussetzung der Beschränktheit und Abgeschlossenheit der Menge ist der Satz kürzlich von Stoelinga [1] Kap. IV bewiesen worden[1].

Ist die Menge $\mathfrak{M}$ eine stetige Kurve, so läßt sich jeder innere Punkt ihrer konvexen Hülle als Schwerpunkt einer nichtnegativen oder auch einer positiven stetigen Massenbelegung darstellen. (Riesz [1] S. 56, Kakeya [1], [2], Fenchel [2], Schoenberg [1].)

Anwendungen der Schwerpunktsdarstellungen auf verschiedene Fragen der Analysis und Geometrie außer in den genannten Arbeiten bei Carathéodory [1], [2], Steinitz [1], E. Schmidt [1], Fujiwara [7], Fenchel [1].

[1] Weitere hierhergehörige Untersuchungen in einer demnächst erscheinenden Groninger Dissertation von L. N. H. Bunt.

Die Sätze über Schwerpunktsdarstellungen der konvexen Hülle stehen in engstem Zusammenhang mit Mittelwertsätzen der Integralrechnung. Vgl. darüber insbesondere BRUNN [5] und STOELINGA [1] Kap. III.

7. Erzeugung der konvexen Hülle durch Ziehen von Sehnen. Zieht man die Verbindungsstrecken von je zwei Punkten einer abgeschlossenen beschränkten Menge $\mathfrak{M}$, so gehören diese Strecken zur konvexen Hülle; denn sie gehören jeder konvexen Menge an, die $\mathfrak{M}$ enthält. Verbindet man nun je zwei Punkte der so erhaltenen Menge, verfährt dann mit der entstandenen Menge ebenso und so fort, so erhält man nach endlich vielen Schritten die ganze konvexe Hülle, wobei die Anzahl der erforderlichen Schritte nur von der Dimension n abhängt.

Da nach **6.** jeder Punkt der konvexen Hülle in einem Simplex liegt, dessen Ecken zu $\mathfrak{M}$ gehören, genügt es, dies für Simplexe zu zeigen. Verbindet man je zwei Ecken des Simplex, so erhält man die Kanten des Simplex. Verbindet man je zwei Kantenpunkte, so ergeben sich die dreidimensionalen Randsimplexe, falls $n \geqq 4$ ist, sonst schon das ganze Simplex. Beim nächsten Schritt erhält man die siebendimensionalen Randsimplexe, falls $n \geqq 8$, sonst das ganze Simplex. Beim ν-ten Schritt hat man je zwei Punkte der $2^{\nu-1} - 1$-dimensionalen Randsimplexe zu verbinden und erhält alle $2^{\nu} - 1$-dimensionalen Randsimplexe, falls $n \geqq 2^{\nu}$, sonst schon das ganze Simplex. Man ist also nach ν_n Schritten fertig, wo ν_n durch $2^{\nu_n - 1} \leqq n + 1 \leqq 2^{\nu_n}$ bestimmt ist.

BRUNN [4]. Für $n = 2$ auch SIERPIŃSKI [1]. Bei zusammenhängenden Mengen genügt es nach einem obenerwähnten Satz, die $n - 1$-dimensionalen Simplexe mit Eckpunkten auf der Menge zu betrachten. Man ist in diesem Fall also schon nach ν_{n-1} Schritten fertig. Vgl. dazu HJELMSLEV [4] § 1.

8. Schwerpunkte von ebenen Abschnitten und Schnitten eines Körpers. Es sei jetzt ein Körper $\mathfrak{C}$, d. h. eine offene, zusammenhängende Menge mit Einschluß ihrer Randpunkte, gegeben. $\mathfrak{C}$ sei mit Masse von positiver stetiger Dichte μ versehen. Die Gesamtmasse der Belegung sei M. Zu jeder Richtung u gibt es aus Stetigkeitsgründen genau eine (orientierte) Ebene $\mathfrak{E}_u$, die den Körper $\mathfrak{C}$ so schneidet, daß auf ihrer positiven Seite ein Teilkörper[1] $\mathfrak{c}(u)$ mit der gegebenen Gesamtmasse $m < M$ liegt. Es soll nun bewiesen werden:

Schneidet man von einem Körper mit der Gesamtmasse M durch Ebenen auf alle möglichen Weisen Teilkörper der festen Gesamtmasse m ab, so erfüllen die Schwerpunkte dieser Teilkörper eine konvexe Fläche, und alle diese Flächen für von 0 bis M variierendes m erfüllen das Innere der konvexen Hülle des Körpers einfach und lückenlos.

Zum Beweis kann man so verfahren. Es sei $\mathfrak{E}_0$ eine Ebene, die vom Körper $\mathfrak{C}$ ein Stück $\mathfrak{c}_0$ der Masse m_0 abschneidet. Der Schwerpunkt von $\mathfrak{c}_0$ sei s_0. Durch s_0 werde eine zu $\mathfrak{E}_0$ parallele Ebene $\overline{\mathfrak{E}}_0$ gelegt.

[1] Diese „Teilkörper" brauchen natürlich nicht zusammenhängend zu sein.

Der von $\overline{\mathfrak{E}}_0$ begrenzte, die Ebene $\mathfrak{E}_0$ enthaltende Halbraum heiße der negative und werde mit $\overline{\mathfrak{E}}_0^-$ bezeichnet. Ferner sei $\mathfrak{E}$ eine von $\mathfrak{E}_0$ verschiedene Ebene, die von $\mathfrak{C}$ einen Teilkörper $\mathfrak{c}$ der Masse $m \geqq m_0$ abschneidet. Es soll bewiesen werden, daß dann der Schwerpunkt s von $\mathfrak{c}$ im Innern des Halbraumes $\overline{\mathfrak{E}}_0^-$ liegt. Hieraus ergibt sich der zu beweisende Satz sehr einfach. In dieser Behauptung ist nämlich zunächst enthalten, daß die Schwerpunkte von Teilkörpern, die durch verschiedene Ebenen abgeschnitten werden, stets voneinander verschieden sind. Ein Punkt der konvexen Hülle kann also höchstens auf eine Weise als Schwerpunkt eines ebenen Abschnitts des Körpers erscheinen. Ferner ist darin enthalten, daß die Ebene $\overline{\mathfrak{E}}_0$ Stützebene der Menge $\mathfrak{M}$ der Schwerpunkte aller ebenen Abschnitte $\mathfrak{c}$ mit der Masse $m \geqq m_0$ ist. Durch einfache Stetigkeitsbetrachtungen stellt man fest, daß die Menge $\mathfrak{M}$ innere Punkte besitzt und daß ihre Randpunkte genau die Schwerpunkte s_0 der Körper $\mathfrak{c}_0$ mit der Masse m_0 sind. Aus der obigen Behauptung über die Schwerpunktslage ergibt sich demnach, daß durch jeden Randpunkt s_0 von $\mathfrak{M}$ eine Stützebene gelegt werden kann (nämlich die Ebene $\overline{\mathfrak{E}}_0$). Nach einem früheren Resultat (4, S. 6) folgt dann, daß $\mathfrak{M}$ ein konvexer Körper ist, und damit der zu beweisende Satz.

Es bleibt also noch zu zeigen, daß der Schwerpunkt s von $\mathfrak{c}$ im Innern des Halbraums $\overline{\mathfrak{E}}_0^-$ enthalten ist.

Der von $\mathfrak{E}_0$ (bzw. $\mathfrak{E}$) begrenzte Halbraum, der $\mathfrak{c}_0$ (bzw. $\mathfrak{c}$) enthält, werde der positive genannt und mit $\mathfrak{E}_0^+$ (bzw. $\mathfrak{E}^+$) bezeichnet. Durch die beiden Ebenen $\mathfrak{E}_0$ und $\mathfrak{E}$ werden $\mathfrak{c}_0$ und $\mathfrak{c}$ in zusammen drei Teile zerlegt, nämlich in den Teil I, der $\mathfrak{c}_0$ und $\mathfrak{c}$ gemeinsam ist, der also im Durchschnitt der Halbräume $\mathfrak{E}_0^+$ und $\mathfrak{E}^+$ enthalten ist, ferner in den Teil II, der zu $\mathfrak{c}_0$, aber nicht zu $\mathfrak{c}$ gehört, und schließlich in den Teil III, der zu $\mathfrak{c}$, aber nicht zu $\mathfrak{c}_0$ gehört. (Es kann angenommen werden, daß alle drei Teile nicht leer sind, andernfalls ist die Behauptung trivial.) Die Schwerpunkte von I, II, III seien bzw. s_I, s_{II}, s_{III}, ihre Massen bzw. m_I, m_{II}, m_{III}. Dann hat man

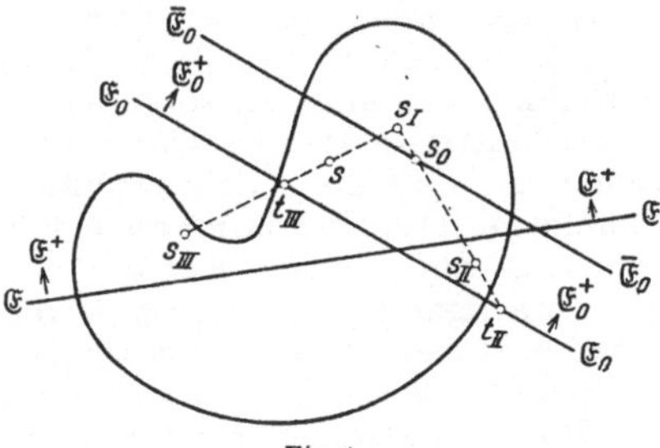
Fig. 1.

$$m_0 = m_I + m_{II} \leqq m_I + m_{III} = m\,.$$

s_I liegt im Innern der beiden Halbräume $\mathfrak{E}_0^+$ und $\mathfrak{E}^+$, s_{II} im Innern von $\mathfrak{E}_0^+$, aber außerhalb $\mathfrak{E}^+$, und schließlich s_{III} innerhalb $\mathfrak{E}^+$, aber außerhalb $\mathfrak{E}_0^+$. Der Schwerpunkt s_0 von $\mathfrak{c}_0$ liegt auf der Verbindungsstrecke $s_I s_{II}$, und es gilt für die Entfernungen dieser Punkte

$$\frac{\overline{s_I s_0}}{\overline{s_I s_{II}}} = \frac{m_{II}}{m_I + m_{II}}\,.$$

Der Schwerpunkt s von $\mathfrak{c}$ liegt auf $s_I s_{III}$, und es gilt

$$\frac{s_I s}{s_I s_{III}} = \frac{m_{III}}{m_I + m_{III}},$$

also wegen $m_{III} \geqq m_{II}$

$$s_I s \geqq s_I s_0 \cdot \frac{s_I s_{III}}{s_I s_{II}}. \tag{1}$$

Es mögen nun mit t_{II} und t_{III} die Schnittpunkte der Geraden $s_I s_{II}$ bzw. $s_I s_{III}$ mit der Ebene $\mathfrak{E}_0$ bezeichnet werden. Dann ist jedenfalls wegen der Lage von s_{II} und s_{III}

$$s_I s_{II} < s_I t_{II}, \qquad s_I s_{III} > s_I t_{III}.$$

Aus (1) folgt daher

$$s_I s > s_I s_0 \cdot \frac{s_I t_{III}}{s_I t_{II}}. \tag{2}$$

Die rechte Seite dieser Ungleichung ist aber wegen der Parallelität der Ebenen $\mathfrak{E}_0$ und $\overline{\mathfrak{E}}_0$ genau die Länge $s_I t$, wo t der Schnittpunkt der Geraden $s_I s_{III}$ mit $\overline{\mathfrak{E}}_0$ ist. (2) besagt daher, daß s im Innern des Halbraumes $\overline{\mathfrak{E}}_0^-$ liegt, wie behauptet.

Der obige Satz rührt in der Hauptsache von Dupin [1] S. 21—26 her. Die Schwerpunkte der Teilkörper $\mathfrak{c}$ sind die „Auftriebszentren", die im Satz genannten konvexen Flächen, die „Auftriebsflächen" der Theorie des schwimmenden Körpers. Eine Darstellung der hydrostatischen Anwendungen bei Appell [1] S. 194ff. — Mit diesen Untersuchungen in Zusammenhang stehende, bisher ungelöste Fragen hat Blaschke [15] aufgeworfen.

Nimmt man statt der oben betrachteten Körper mit volumenmäßig verteilter Masse solche, deren Rand mit einer positiven stetigen Massenverteilung versehen ist, so gelten für die Schwerpunkte der durch Ebenen abgeschnittenen Randstücke wörtlich dieselben Betrachtungen, falls man sicher ist, daß diese Schwerpunkte wieder stetig von den Schnittebenen abhängen. Das ist nun im allgemeinen nicht der Fall, wohl aber, wenn man sich z. B. auf konvexe Körper beschränkt. Für $n = 2$ ist von Krafft [1] ein derartiger Satz bewiesen worden, den man so formulieren kann: Die Ränder zweier ebener konvexer Bereiche mögen keine geradlinigen Stücke enthalten. Dann läßt sich jede umkehrbar eindeutige und stetige Abbildung der Ränder aufeinander dadurch zu einer ebensolchen Abbildung der vollen Bereiche erweitern, daß man die Schwerpunkte entsprechender Bögen einander zuordnet.

Sei $\mathfrak{C}$ wieder ein Körper, der mit positiver stetiger, volumenmäßig verteilter Masse belegt ist. Gefragt werde jetzt nach der Verteilung der Schwerpunkte der ebenen Schnitte selbst, wobei die Massendichte in der Ebene gleich der räumlichen zu setzen ist. Hier erkennt man sofort, daß ein Punkt auf viele Weisen als Schwerpunkt eines ebenen Schnittes erscheinen kann. Man denke etwa an den Mittelpunkt einer homogen belegten Kugel. Ferner brauchen hier die Schwerpunkte nicht stetig von den Schnittebenen abzuhängen. Unstetigkeiten treten bei solchen Ebenen auf, die mit dem Rand des Körpers einen Durchschnitt von positiver Gesamtmasse haben. Es gilt aber immerhin folgendes: Besitzt ein innerer Punkt P der konvexen Hülle des Körpers die Eigenschaft, daß die Schwerpunkte aller durch ihn gehenden ebenen Schnitte stetig von den Schnittebenen abhängen, so ist P selbst Schwerpunkt eines ebenen Schnittes. Angenommen, dies sei nicht der Fall; dann hat man in jeder durch P gehenden Ebene $\mathfrak{E}$ einen von P verschiedenen Schwerpunkt S des Durchschnitts von $\mathfrak{E}$ mit dem Körper. Jeder solchen Ebene $\mathfrak{E}$ ist somit ein in ihr liegender, mit $\mathfrak{E}$ stetig variierender Vektor $\overrightarrow{PS}$ zugeordnet. Beschreibt man nun um P eine Kugel und bringt in ihren Schnittpunkten mit der Normalen von $\mathfrak{E}$ einen zu $\overrightarrow{PS}$ parallelen Vektor an, so hat man auf der Kugel ein stetiges, nullstellenfreies, tangentiales Vektorfeld. Ein solches Feld kann aber bekanntlich (im dreidimensionalen Raum) nicht existieren. Man hat also:

Die Schwerpunkte der ebenen Schnitte eines Körpers erfüllen „fast“ das ganze Innere seiner konvexen Hülle. Eventuell ausgenommen sind nur die Punkte von solchen Ebenen, die mit dem Rand des Körpers eine Menge positiver Gesamtmasse gemeinsam haben. Bei konvexen Körpern treten also solche Ausnahmepunkte nicht auf.

Dieser Satz und die vorstehende Begründung rühren von TRICOMI [**1**] her. Vgl. dazu auch FENCHEL [**3**], wo zugleich ein einfacher Beweis für den benutzten Satz über Vektorfelder auf der Kugel gegeben wird. — In der folgenden Weise ist der Satz von ASCOLI [**1**] bewiesen worden: P sei wieder ein innerer Punkt der konvexen Hülle des Körpers. $\mathfrak{E}_0$ sei diejenige Ebene durch P, die einen Teilkörper maximaler Gesamtmasse abschneidet. Hängen dann die Schwerpunkte der ebenen Schnitte durch P stetig von der Schnittebene ab, so ist P Schwerpunkt des Schnittes mit dieser Ebene $\mathfrak{E}_0$. Diese Eigenschaft der Ebene $\mathfrak{E}_0$ hängt eng mit folgendem Satz von DUPIN [**1**] S. 31—33 zusammen: Die Ebenen, die von dem Körper Teilkörper fester Gesamtmasse abschneiden, umhüllen eine Fläche, die von jeder dieser Ebenen im Schwerpunkt des zugehörigen ebenen Schnittes berührt wird. Diese Hüllflächen sind die „Schwimmoberflächen“ des Körpers. Vgl. APPELL [**1**] S. 194ff.

§ 3. Klassifikation der Randpunkte und Stützebenen eines konvexen Körpers.

9. Singuläre Randpunkte und Stützebenen. Projektions- und Normalenkegel. Eck- und Kantenpunkte. Ein Randpunkt eines konvexen Körpers heißt singulär, wenn durch ihn mehr als eine Stützebene des Körpers geht. Geht durch ihn nur eine Stützebene, so heißt der Randpunkt regulär.

Beschreibt man um einen inneren Punkt eines konvexen Körpers eine Kugel und projiziert von ihrem Mittelpunkt aus die singulären Randpunkte des Körpers auf die Kugeloberfläche, so entsteht eine Menge, deren bezüglich der Kugeloberfläche genommenes LEBESGUEsches Maß 0 ist. (REIDEMEISTER [**1**]; vgl. auch FAVARD [**11**] S. 228.)

Besitzt ein konvexer Körper nur reguläre Randpunkte, so ist sein Rand durch parallele Stützebenen eindeutig und stetig auf die Oberfläche der n-dimensionalen Einheitskugel abgebildet. Die Stetigkeit dieser Abbildung ergibt sich unmittelbar aus der Tatsache, daß die Stützebenen durch die Punkte einer konvergenten Folge von Randpunkten gegen die (einzige) Stützebene im Limespunkt konvergieren müssen.

Sei $\mathfrak{K}$ ein konvexer Körper und S einer seiner Randpunkte. Man betrachte die Gesamtheit der von S ausgehenden Halbgeraden, die noch einen von S verschiedenen Punkt des Körpers $\mathfrak{K}$ enthalten, und nehme zur so entstehenden Punktmenge ihre Häufungspunkte hinzu. Dann erhält man einen konvexen Kegel (vgl. **1**, S. 3) mit dem Scheitel S. Dieser Kegel wird als Projektionskegel des Körpers im Randpunkt S bezeichnet. Jede durch S gehende Stützebene des Körpers ist Stützebene des Kegels und umgekehrt. Der Projektionskegel kann demnach auch erhalten werden als Durchschnitt aller den Körper enthaltenden Halbräume, deren Begrenzungsebenen durch S gehen. In regulären Randpunkten S und nur in diesen besteht der Projektionskegel aus demjenigen durch die Stützebene in S begrenzten Halbraum, der den Körper enthält.

Der (nach **2**, S. 4) konvexe Polarkegel des Projektionskegels im Randpunkt S heißt der Normalenkegel in S. Er kann offenbar auch erhalten werden, indem man auf allen durch S gehenden Stützebenen von $\mathfrak{K}$ in S die Normalen nach der dem Körper abgewandten Seite errichtet. Der Durchschnitt des Normalenkegels mit der um den Randpunkt S beschriebenen Einheitskugel wird gelegentlich als Normalensektor in S bezeichnet.

Die Dimension des Normalenkegels (oder auch -sektors) gestattet die Randpunkte zu klassifizieren. Ist der Normalenkegel in S n-dimensional, so heißt S Eckpunkt des Körpers. Ist der Normalenkegel in S $n-p$-dimensional, so heiße S ein p-Kantenpunkt, wobei also ein regulärer Randpunkt zugleich als $n-1$-Kantenpunkt und ein Eckpunkt zugleich als 0-Kantenpunkt bezeichnet wird. Der Projektionskegel in einem p-Kantenpunkt S enthält einen vollen p-dimensionalen, durch S gehenden Unterraum und keinen vollen Unterraum höherer Dimension.

Über Projektions- und Normalenkegel vgl. MINKOWSKI [**4**] § 13 u. 15. Die Übertragung des dort für drei Dimensionen Ausgeführten auf n Dimensionen in der oben angedeuteten Weise bereitet keine Schwierigkeiten. Vgl. STEINITZ [**1**] III und FAVARD [**11**] Kap. I. Der Projektionskegel spielt unter dem Namen Kontingens in den Untersuchungen von BOULIGAND [**1**] eine wichtige Rolle. Einiges über Klassifikation der Randpunkte auch bei ZINDLER [**1**].

Bringt man sämtliche Normalensektoren durch Parallelverschiebung in eine solche Lage, daß ihre Scheitelpunkte in einen Punkt zusammenfallen, so erfüllen die Sektoren die ganze Einheitskugel, und zwar so, daß keine zwei Sektoren gleicher Dimension einen inneren Punkt gemeinsam haben. Hieraus folgt, daß höchstens abzählbar unendlich viele n-dimensionale Sektoren vorhanden sein können. Mit anderen

Worten: *Ein konvexer Körper besitzt höchstens abzählbar unendlich viele Eckpunkte.*

Vgl. hierzu KAKEYA [**3**]. Daß ein (dreidimensionaler) konvexer Körper höchstens abzählbar viele geradlinige Kanten enthält, zeigt FUJIWARA [**10**]. Die Eckpunkte eines konvexen Körpers können auf der Oberfläche überall dicht liegen. Auf diese Möglichkeit (im zweidimensionalen Fall) macht BRUNN [**3**] S. 99 aufmerksam. Beispiele derartiger konvexer Kurven sind von JENSEN [**1**] S. 191 und BERNSTEIN [**2**] angegeben worden. Vgl. auch BLASCHKE [**11**] S. 83.

Dual zur Klassifikation der Randpunkte kann man eine Klassifikation der Stützebenen vornehmen. Eine Stützebene heißt regulär, wenn sie mit dem Körper nur einen Punkt gemeinsam hat, andernfalls singulär. Die singulären Stützebenen zerfallen je nach der Dimension ihres Durchschnitts mit dem Körper in $n-1$ Klassen.

Besitzt ein konvexer Körper nur reguläre Stützebenen, so ist die Oberfläche der n-dimensionalen Einheitskugel durch parallele Stützebenen eindeutig und stetig auf den Rand des Körpers abgebildet. Die Stetigkeit dieser Abbildung ergibt sich unmittelbar daraus, daß die Berührungspunkte der Stützebenen einer konvergenten Folge gegen den (einzigen) Berührungspunkt der Grenzebene der Folge konvergieren müssen.

10. Extreme Randpunkte und Stützebenen. Ein Punkt eines konvexen Körpers heißt extremer Punkt, wenn er auf keine Weise als innerer Punkt einer zum Körper gehörigen Strecke erscheint. Jeder extreme Punkt ist also zugleich Randpunkt, jedoch nicht umgekehrt. Wohl aber ist jeder Eckpunkt auch extremer Punkt. — Jeder Punkt des konvexen Körpers gehört zu einem Simplex, dessen Ecken extreme Punkte sind. Daraus folgt, daß der Körper mit der konvexen Hülle der Menge seiner extremen Punkte identisch ist.

Zum analogen Begriff der extremen Stützebene gelangt man folgendermaßen: Durch die Ungleichung $L \equiv \sum xu - H \leqq 0$ (u, H konstant) sei ein den Körper enthaltender Halbraum gegeben. Dieser Halbraum heißt extrem, wenn er nicht in der Form $L = \lambda_1 L_1 + \lambda_2 L_2 \leqq 0$ darstellbar ist, wo λ_1 und λ_2 positive Konstanten und $L_1 \leqq 0$ und $L_2 \leqq 0$ den Körper enthaltende Halbräume sind. Die Begrenzungsebene eines extremen Halbraums ist Stützebene des Körpers und wird als extreme Stützebene bezeichnet. Jeder konvexe Körper ist der Durchschnitt seiner extremen Halbräume.

Geometrisch lassen sich die extremen Stützebenen folgendermaßen beschreiben: $\mathfrak{E}$ sei eine Stützebene und $\mathfrak{D}$ ihr Durchschnitt mit dem konvexen Körper. Man bilde nacheinander abgeschlossene konvexe Mengen $\mathfrak{M}_1$, $\mathfrak{D}_1$, $\mathfrak{M}_2$, $\mathfrak{D}_2 \ldots$ in folgender Weise: $\mathfrak{M}_1$ sei der Durchschnitt aller den Körper enthaltenden abgeschlossenen Halbräume, in deren Begrenzungsebenen $\mathfrak{D}$ liegt, mit anderen Worten, die Vereinigungsmenge aller zu den Punkten von $\mathfrak{D}$ gehörigen Projektionskegel des Körpers, und $\mathfrak{D}_1$ sei der Durchschnitt von $\mathfrak{M}_1$ mit $\mathfrak{E}$. Allgemein sei $\mathfrak{M}_\mu$ der Durchschnitt aller derjenigen die Menge $\mathfrak{M}_{\mu-1}$ enthaltenden Halbräume, in deren Begrenzungsebenen $\mathfrak{D}_{\mu-1}$ liegt, und $\mathfrak{D}_\mu$ der Durchschnitt von $\mathfrak{M}_\mu$ mit $\mathfrak{E}$. Dieser Prozeß bricht dadurch von selbst ab, daß von einem Index m ab die Mengen $\mathfrak{D}$ nicht mehr zunehmen. $\mathfrak{E}$ ist dann und nur dann extreme Stützebene, wenn $\mathfrak{D}_m$ eine $n-1$-dimensionale Menge ist. Die nicht extremen Stützebenen lassen sich nach der Dimension von $\mathfrak{D}_m$ klassifizieren. Ist $\mathfrak{D}_m$ eine p-dimensionale Menge $(0 \leqq p \leqq n-2)$, so werde $\mathfrak{E}$ als p-Kantenstützebene bezeichnet. Insbesondere ist eine 0-Kantenstützebene oder Eckstützebene eine Stützebene durch einen Eckpunkt S, die mit dem Projektionskegel in S nur den Punkt S gemeinsam hat. In einer p-Kantenstützebene können nur 0-, 1-, ..., p-Kantenpunkte des Körpers liegen; jedoch ist nicht jede Stützebene mit dieser Eigenschaft p-Kantenstützebene.

Die extremen Stützebenen eines konvexen Körpers mit inneren Punkten lassen sich auch folgendermaßen kennzeichnen: Ist $\mathfrak{E}$ eine Stützebene des Körpers $\mathfrak{K}$ und $\mathfrak{E}_d$ die den Körper schneidende, zu $\mathfrak{E}$ parallele Ebene im (genügend kleinen) Abstand d und bezeichnet ϱ_d den Radius der größten im Durchschnitt von $\mathfrak{E}_d$ und $\mathfrak{K}$ enthaltenen Kugel, so ist $\mathfrak{E}$ dann und nur dann extreme Stützebene, wenn für $d \to 0$ der Quotient $\varrho_d : d$ über alle Grenzen wächst.

Begriffe und Eigenschaften der extremen Randpunkte und Stützebenen rühren von MINKOWSKI [4] § 12, § 13, § 14 her. Die dortige Beschränkung auf drei Dimensionen ist unwesentlich. Vgl. dazu STEINITZ [1] III § 26—29. Dort wird auch der zuletzt genannte Satz von MINKOWSKI verallgemeinert. Ferner sehe man darüber FAVARD [11] Kap. I.

11. Konvexe Polyeder. Ein konvexes Polyeder ist die konvexe Hülle von endlich vielen Punkten. Ein konvexes Polyeder besitzt nur endlich viele extreme Randpunkte. Diese und nur diese sind seine Eckpunkte. Umgekehrt ist jeder konvexe Körper mit nur endlich vielen extremen Randpunkten ein konvexes Polyeder.

Ein konvexes Polyeder $\mathfrak{P}$ besitzt nur endlich viele extreme Stützebenen. Jede extreme Stützebene hat mit $\mathfrak{P}$ ein $n-1$-dimensionales konvexes Polyeder gemeinsam, das als $n-1$-dimensionale Seite oder auch kurz als Seite von $\mathfrak{P}$ bezeichnet wird. Eine p-Kantenstützebene hat mit $\mathfrak{P}$ ein p-dimensionales Polyeder gemeinsam, das als p-dimensionale Seite oder p-dimensionale Kante von $\mathfrak{P}$ bezeichnet wird. Jeder innere Punkt einer p-dimensionalen Kante ist p-Kantenpunkt im früheren Sinne.

Der Durchschnitt von endlich vielen abgeschlossenen Halbräumen ist dann und nur dann ein konvexes Polyeder, wenn es keinen (abgeschlossenen) Halbraum gibt, der die äußeren Normalen aller dieser Halbräume enthält. Anders ausgedrückt: Trägt man die Einheitsvektoren der äußeren Normalen der Halbräume von einem Punkt auf, so muß dieser Punkt dem Innern der konvexen Hülle der Vektorenendpunkte angehören.

Für die hier in Betracht kommenden Eigenschaften konvexer Polyeder vgl. MINKOWSKI [1], [4], im übrigen den Enzyklopädieartikel von STEINITZ [2].

12. Kappen- und Tangentialkörper. Es sei $\mathfrak{K}$ ein konvexer Körper und P ein nicht zu ihm gehöriger Punkt. Die konvexe Hülle $\mathfrak{K}(P)$ der aus $\mathfrak{K}$ und P bestehenden Menge heiße ein einfacher Kappenkörper von $\mathfrak{K}$. $\mathfrak{K}(P)$ entsteht auch als Vereinigungsmenge aller Strecken, die P mit Punkten von $\mathfrak{K}$ verbinden. P ist Eckpunkt von $\mathfrak{K}(P)$; die Stützebenen von $\mathfrak{K}(P)$ mit Ausnahme der Eckstützebenen durch P sind zugleich Stützebenen von $\mathfrak{K}$. Dies legt die folgende Definition nahe:

Der konvexe Körper $\mathfrak{K}$ sei im konvexen Körper $\mathfrak{K}^{(1)}$ enthalten. Alle Stützebenen von $\mathfrak{K}^{(1)}$ mit Ausnahme der Eckstützebenen durch gewisse Ecken von $\mathfrak{K}^{(1)}$ seien zugleich Stützebenen von $\mathfrak{K}$. Dann heißt $\mathfrak{K}^{(1)}$ Kappenkörper von $\mathfrak{K}$.

Sind $P_1, P_2, \ldots$ die endlich oder abzählbar unendlich vielen Eckpunkte von $\mathfrak{K}^{(1)}$, die nicht zu $\mathfrak{K}$ gehören, so ist $\mathfrak{K}^{(1)}$ die konvexe Hülle $\mathfrak{K}(P_1, P_2, \ldots)$ der aus $\mathfrak{K}$ und den Punkten $P_1, P_2, \ldots$ bestehenden Punktmenge. Die Verbindungsstrecke je zweier Punkte P_μ, P_ν hat ferner mit $\mathfrak{K}$ wenigstens einen Punkt gemeinsam oder, was dasselbe besagt, eine beliebige Stützebene von $\mathfrak{K}$ kann höchstens einen der Punkte P_μ von $\mathfrak{K}$ trennen. Noch anders ausgedrückt: Je zwei der einfachen Kappenkörper $\mathfrak{K}(P_\mu)$ und $\mathfrak{K}(P_\nu)$ haben nur die Punkte von $\mathfrak{K}$ gemeinsam. Alles dies ergibt sich so: Es sei P_μ ein Eckpunkt und $\mathfrak{P}$ der zugehörige Projektionskegel von $\mathfrak{K}^{(1)}$. Ist dann P_ν ein weiterer der obigen Eckpunkte, so gehört der Halbstrahl $\overrightarrow{P_\mu P_\nu}$ ganz zu $\mathfrak{P}$. Es sind nun drei Fälle möglich: 1. Die Strecke $P_\mu P_\nu$ enthält Punkte von $\mathfrak{K}$. Das ist die Behauptung. 2. Der Halbstrahl $\overrightarrow{P_\mu P_\nu}$ trifft $\mathfrak{K}$ außerhalb der Strecke $P_\mu P_\nu$. Dann wäre P_ν innerer Punkt einer zu $\mathfrak{K}^{(1)}$ gehörigen Strecke, also gewiß kein Eckpunkt. 3. Der Halbstrahl $\overrightarrow{P_\mu P_\nu}$ trifft $\mathfrak{K}$ überhaupt nicht. Auch dieser Fall kann nicht eintreten; denn wenn ein zu $\mathfrak{P}$ gehöriger, von P_μ ausgehender Halbstrahl existierte, der keinen Punkt von $\mathfrak{K}$ enthält, so würde man folgendermaßen auf einen Widerspruch geführt werden: Unter den von P_μ ausgehenden Halbstrahlen von $\mathfrak{P}$ sei $\mathfrak{h}$ derjenige oder einer, dessen Minimalentfernung von $\mathfrak{K}$ möglichst groß ist. Diese größtmögliche Minimalentfernung werde für die Punkte Q von $\mathfrak{h}$ und R von $\mathfrak{K}$ erreicht. Dann ist die auf QR senkrechte Ebene durch Q eine Stützebene von $\mathfrak{K}^{(1)}$, die $\mathfrak{K}$ nicht trifft, da die Parallelebene durch R Stützebene von $\mathfrak{K}$ ist, und die andererseits nicht Eckstützebene von $\mathfrak{K}^{(1)}$ sein kann, da sie die Halbgerade $\mathfrak{h}$ von $\mathfrak{P}$ enthält (QR steht senkrecht auf $\mathfrak{h}$). Damit ist gezeigt:

Der allgemeinste Kappenkörper eines konvexen Körpers $\mathfrak{K}$ ist die Vereinigungsmenge endlich oder abzählbar unendlich vieler einfacher Kappenkörper von $\mathfrak{K}$, die zu je zweien nur die Punkte von $\mathfrak{K}$ gemeinsam haben.

Jeder Kappenkörper eines konvexen Polyeders ist wieder ein konvexes Polyeder. Die Anzahl der Punkte P_μ muß nämlich endlich, und zwar höchstens gleich der Anzahl der Seiten des Polyeders sein. Andernfalls müßten wenigstens zwei der Punkte P_μ durch die Ebene einer passenden Seite vom Polyeder getrennt sein.

Es sei $1 \leqq p \leqq n - 1$. Ein konvexer Körper $\mathfrak{K}$ sei in einem zweiten $\mathfrak{K}^{(p)}$ enthalten, der folgende Eigenschaft besitzt: Jede Stützebene von $\mathfrak{K}^{(p)}$ mit eventueller Ausnahme von 0-, 1-, ..., p — 1-Kantenstützebenen sei zugleich Stützebene von $\mathfrak{K}$. Dann heiße $\mathfrak{K}^{(p)}$ ein p-Tangentialkörper von $\mathfrak{K}$. Für $p = 1$ kommt man auf die Definition des Kappenkörpers zurück. Ein n — 1-Tangentialkörper kann auch einfach dadurch gekennzeichnet werden, daß jede seiner extremen Stützebenen auch Stützebene von $\mathfrak{K}$ ist. Unter 0-Tangentialkörper von $\mathfrak{K}$ möge $\mathfrak{K}$ selbst verstanden werden.

Über die hier angegebenen Definitionen und Sätze vgl. MINKOWSKI [4] § 16 und 28. Die dort für $n = 3$ durchgeführten Schlüsse lassen sich wieder mühelos auf beliebiges n übertragen. Es ist dies kürzlich auch von FAVARD [11] Kap. III in allen Einzelheiten durchgeführt worden. — Das Volumen, die Oberfläche, das Integral der mittleren Krümmung eines einfachen Kappenkörpers $\mathfrak{K}(P)$ als Funktionen von P untersucht STOLL [1]. Es wird dort u. a. gezeigt, daß die Niveauflächen dieser Funktionen konvex sind.

§ 4. Darstellung konvexer Körper durch konvexe Funktionen.

13. Konvexe Funktionen und ihre Richtungsderivierten. Eine in einer konvexen Menge definierte Funktion $f(x_1, \ldots, x_n)$, kurz $f(x)$, heißt konvex, wenn für irgend zwei Punkte x und y des Definitionsgebiets und beliebiges ϑ mit $0 \leqq \vartheta \leqq 1$ die Ungleichung

$$f((1-\vartheta)x + \vartheta y) \leqq (1-\vartheta) f(x) + \vartheta f(y) \tag{1}$$

besteht.

Gilt stets das Zeichen $\geqq$ statt $\leqq$, so heißt die Funktion konkav. Da eine konkave Funktion durch Multiplikation mit -1 in eine konvexe übergeht, genügt es, konvexe Funktionen zu betrachten.

Besitzt eine Funktion $f(x_1, \ldots, x_n)$ stetige partielle Ableitungen zweiter Ordnung, so ist sie dann und nur dann konvex, wenn in jedem Punkt ihres Definitionsbereichs die quadratische Form

$$\sum_{\mu,\nu=1}^{n} t_\mu t_\nu \frac{\partial^2 f}{\partial x_\mu \partial x_\nu}$$

für alle reellen t_μ nichtnegativ ist. Im folgenden werden jedoch über die zu betrachtenden Funktionen außer der Ungleichung (1) keinerlei Voraussetzungen gemacht.

Eine konvexe Funktion ist auf jeder ganz im Innern des Definitionsbereichs liegenden beschränkten, abgeschlossenen Menge nach oben beschränkt. Da die abgeschlossene Menge nach dem HEINE-BORELschen Überdeckungssatz mit endlich vielen Simplexen, die zum Definitionsbereich der Funktion gehören, überdeckt werden kann, genügt es, dies für ein Simplex zu beweisen. Das ergibt sich so: Aus (1) folgt, daß die Funktionswerte in den Punkten einer Strecke kleiner oder gleich dem größeren der beiden Funktionswerte in den Endpunkten sind. Bezeichnet man das Maximum der Funktionswerte in den $n+1$ Eckpunkten des Simplex mit M, so folgt also, daß auf allen Verbindungsstrecken je zweier Eckpunkte — also allen Kanten des Simplex — $f \leqq M$ gilt. Daraus ergibt sich dieselbe Abschätzung auf den Verbindungsstrecken je zweier Kantenpunkte, und so fort. Nach endlich vielen Schritten erhält man so die Abschätzung $f \leqq M$ in allen Punkten des Simplex. (Vgl. dazu **7**, S. 10.)

Die Punkte x und y seien so gewählt, daß x, $x-y$, $x+y$ dem Innern des Definitionsbereichs der Funktion angehören. Wird (1) erstens auf $x-y$ statt x, $x+hy$ statt y und $\frac{1}{1+h}$ statt ϑ, zweitens auf $x+y$ statt y und h statt ϑ für $0 < h < 1$ angewendet, so ergibt sich

$$(2) \qquad f(x) - f(x-y) \leqq \frac{f(x+hy)-f(x)}{h} \leqq f(x+y) - f(x).$$

Da f in einer Umgebung der Stelle x nach oben beschränkt ist, folgt hieraus, daß f in x stetig ist. Es ergibt sich sogar mehr. Die rechte Hälfte von (2) besagt nämlich auf ϑy $(0 < \vartheta < 1)$ statt y angewendet, daß der Differenzenquotient $\frac{f(x+hy)-f(x)}{h}$ bei festen x und y eine für $h > 0$ monoton wachsende Funktion von h ist. Aus der linken Hälfte von (2) entnimmt man, daß dieser Differenzenquotient nach unten beschränkt ist. Also existiert für positives, gegen 0 abnehmendes h der Grenzwert

$$\lim_{h \to +0} \frac{f(x+hy)-f(x)}{h} = f'(x; y).$$

$f'(x;y)$ wird als Richtungsderivierte von f in der Richtung y bezeichnet und besitzt, als Funktion von y betrachtet, folgende Eigenschaften: 1. *Für $\mu > 0$ ist*

$$(3) \qquad f'(x; \mu y) = \mu f'(x; y);$$

denn

$$\frac{f(x+h\mu y)-f(x)}{h} = \mu \frac{f(x+h\mu y)-f(x)}{h\mu}.$$

2. *$f'(x; y)$ ist bei festem x eine konvexe Funktion von y.* Um dies einzusehen, genügt es, wegen der Homogenität (3)

$$f'(x; y+z) \leqq f'(x; y) + f'(x; z) \tag{4}$$

zu beweisen. Nach (1), angewandt auf $x + 2hy$ statt x, $x + 2hz$ statt y und $\vartheta = \frac{1}{2}$, ist

$$f(x + h(y+z)) \leqq \tfrac{1}{2} f(x + 2hy) + \tfrac{1}{2} f(x + 2hz),$$

also
$$\frac{f(x+h(y+z)) - f(x)}{h} \leqq \frac{f(x+2hy) - f(x)}{2h} + \frac{f(x+2hz) - f(x)}{2h}.$$

Der Grenzübergang $h \to +0$ ergibt (4).

Es werde noch untersucht, wann sich die Richtungsderivierte durch Differentialquotienten im gewöhnlichen Sinne ausdrücken läßt. Sind x und y fest, und betrachtet man f auf der Geraden $x + \vartheta y$, so ist $f'(x; y)$ offenbar die rechte, $-f'(x; -y)$ die linke Ableitung von $f(x + \vartheta y)$ nach ϑ an der Stelle $\vartheta = 0$. Die Ableitung $\frac{d}{d\vartheta} f(x + \vartheta y)$ existiert also in $\vartheta = 0$ dann und nur dann, wenn

$$f'(x; y) = -f'(x; -y) \tag{5}$$

ist, mit anderen Worten, wenn (3) nicht nur für positive, sondern für beliebige μ gilt. *Ist $f'(x; y)$ eine lineare Funktion von y, so besitzt f an der Stelle x partielle erste Ableitungen, und es ist $f'(x; y)$ das „totale Differential"*

$$f'(x; y) = \sum_{\nu=1}^{n} y_\nu \frac{\partial f}{\partial x_\nu}.$$

Im folgenden kommen insbesondere solche konvexe Funktionen zur Anwendung, die überdies positiv homogen vom ersten Grade sind, Funktionen $g(x)$ also, die den Forderungen

$$g(\mu x) = \mu g(x) \qquad \text{für} \qquad \mu \geqq 0, \tag{6}$$

$$g(x+y) \leqq g(x) + g(y) \tag{7}$$

genügen. [Wegen (6) kann die Forderung (1) durch die einfachere (7) ersetzt werden.] Derartige Funktionen sind, wie eben festgestellt, z. B. die Richtungsderivierten $f'(x; y)$ einer beliebigen konvexen Funktion $f(x)$, aufgefaßt als Funktionen von y. Es mögen hier schon einige auf Funktionen mit den Eigenschaften (6) und (7) bezügliche Hilfssätze abgeleitet werden, die später (**16** und **17**) verwendet werden.

x heiße Linearitätsrichtung von g, wenn (6) für alle reellen μ gültig ist, wenn also außer (6) $g(x) = -g(-x)$ ist. *Sind x und y Linearitätsrichtungen von g, so auch $\lambda x + \mu y$ für alle λ, μ.* Es genügt offenbar, dies für $\lambda = \mu = 1$ zu zeigen. Da x und y Linearitätsrichtungen sind, erhält man durch mehrmalige Anwendung von (7)

$$g(x) + g(y) = -g(-x) - g(-y) \leqq -g(-x-y) \leqq g(x+y) \leqq g(x) + g(y),$$

also
$$g(x+y) = -g(-x-y).$$

Hieraus folgert man leicht, *daß eine Funktion g mit n linear unabhängigen Linearitätsrichtungen linear und homogen, also von der Form* $\sum x_\nu g_\nu$ ($g_\nu = \text{const}$) *ist.*

Ferner werde festgestellt: *Jede Linearitätsrichtung z von* $g(x)$ *ist auch Linearitätsrichtung der Richtungsderivierten* $g'(x; y)$ (als Funktion von y angesehen). Dies folgt so: Nach (7) ist für $h > 0$

$$2g(x) \leqq g(x + hz) + g(x - hz) \leqq 2g(x) + h[g(z) + g(-z)] = 2g(x),$$

also

$$\frac{g(x+hz) - g(z)}{h} + \frac{g(x-hz) - g(z)}{h} = 0,$$

also für $h \to +0$

$$g'(x; z) = -g'(x; -z).$$

Weiter: *x ist stets Linearitätsrichtung von* $g'(x; y)$ (als Funktion von y). Denn nach (6) folgt aus der Definition der Richtungsderivierten sofort

$$g'(x; x) = -g'(x; -x) = g(x). \tag{8}$$

Schließlich: *Die Richtungsderivierte* $g'(x; y)$ *genügt stets der Ungleichung*

$$g'(x; y) \leqq g(y); \tag{9}$$

denn aus (7) und (6) folgt für $h > 0$

$$\frac{g(x+hy) - g(x)}{h} \leqq \frac{1}{h} g(hy) = g(y).$$

14. Die Distanzfunktion eines konvexen Körpers. $\mathfrak{K}$ sei ein konvexer Körper mit inneren Punkten. Der Ursprung O des Koordinatensystems sei im Innern von $\mathfrak{K}$ gewählt. $x = (x_1, \ldots, x_n)$ bezeichne einen willkürlichen, von O verschiedenen Punkt des Raumes, $\xi = (\xi_1, \ldots, \xi_n)$ den (einzigen) Schnittpunkt der von O ausgehenden Halbgeraden Ox mit dem Rand von $\mathfrak{K}$. Unter der Distanzfunktion $F(x)$ von $\mathfrak{K}$ wird dann der Quotient der Abstände Ox und $O\xi$ verstanden:

$$F(x) = \sqrt{\frac{\sum x^2}{\sum \xi^2}}.$$

Ferner wird $F(0) = 0$ gesetzt.

Die Koordinaten der Punkte von $\mathfrak{K}$ und nur diese genügen der Ungleichung

$$F(x) \leqq 1.$$

$F(x)$ besitzt die folgenden Eigenschaften:

a) $F(x) > 0$ *für* $x \neq 0$, $F(0) = 0$.

b) $F(\mu x) = \mu F(x)$ *für* $\mu > 0$.

c) $F(x + y) \leqq F(x) + F(y)$.

$F(x)$ ist also eine konvexe Funktion.

a) und b) sind unmittelbar Folgen der Definition; c) ergibt sich folgendermaßen: Aus der Konvexität von $\mathfrak{K}$ folgt, falls $F(x) \leqq 1$, $F(y) \leqq 1$ gilt,

$$F((1-\vartheta)x+\vartheta y) \leqq 1 \quad \text{für} \quad 0 \leqq \vartheta \leqq 1.$$

Für beliebige vom Nullpunkt verschiedene x und y ist nach b)

$$F\left(\frac{x}{F(x)}\right) = F\left(\frac{y}{F(y)}\right) = 1,$$

also

$$F\left((1-\vartheta)\frac{x}{F(x)} + \vartheta\frac{y}{F(y)}\right) \leqq 1.$$

Wegen b) ergibt das für $\vartheta = \dfrac{F(y)}{F(x)+F(y)}$ die Behauptung c).

Ist umgekehrt $F(x)$ eine Funktion mit den Eigenschaften a), b), c), so erfüllen die Punkte, deren Koordinaten der Ungleichung

$$F(x) \leqq 1 \tag{1}$$

genügen, einen konvexen Körper mit dem Ursprung als inneren Punkt und der Distanzfunktion $F(x)$.

Denn nach b) und c) folgt aus $F(x) \leqq 1$, $F(y) \leqq 1$ für $0 \leqq \vartheta \leqq 1$

$$F((1-\vartheta)x+\vartheta y) \leqq (1-\vartheta)F(x)+\vartheta F(y) \leqq 1.$$

Ferner gilt, wenn x ein beliebiger, von O verschiedener Punkt und ξ der auf dem Halbstrahl Ox liegende Randpunkt von (1) ist, wegen b) und $F(\xi) = 1$

$$F(x) = F\left(\sqrt{\frac{\sum x^2}{\sum \xi^2}}\cdot\xi\right) = \sqrt{\frac{\sum x^2}{\sum \xi^2}}.$$

Beispiele von Distanzfunktionen sind:

$\sqrt{\sum x^2}$ für die Einheitskugel um den Nullpunkt,

$\operatorname{Max}_{1 \leqq \nu \leqq n} |x_\nu|$ für den achsenparallelen Würfel mit der Kantenlänge 2 und O als Mittelpunkt,

$\sum_{\nu=1}^{n} |x_\nu|$ für das n-dimensionale Analogon des regulären Oktaeders.

Begriff und Eigenschaften der Distanzfunktion bei MINKOWSKI [4] § 2—3, [9] § 2—4.

Da $F(x)$ eine konvexe Funktion ist, existiert nach den Ausführungen des vorigen Abschnitts die Richtungsderivierte $F'(x; y)$. Sie besitzt folgende geometrische Bedeutung. Es sei x ein fester Randpunkt des Körpers, y ein variabler Punkt. Dann erfüllen die Punkte y, die der Ungleichung

$$F'(x; y-x) \leqq 0 \tag{2}$$

genügen, genau den Projektionskegel des Körpers im Punkt x.[1] Geht durch den Punkt x nur eine einzige Stützebene des Körpers, so ist der

[1] Ist x ein p-Kantenpunkt (9, S. 14), so besitzt $F'(x; y)$ als Funktion von y genau $p+1$ linear unabhängige Linearitätsrichtungen und umgekehrt.

Projektionskegel ein Halbraum. Die linke Seite von (2) muß also eine lineare Funktion von y sein. Nach dem oben Festgestellten besitzt dann $F(x)$ partielle Ableitungen, und es gilt

$$F'(x; y - x) = \sum_{\nu=1}^{n} (y_\nu - x_\nu) \frac{\partial F}{\partial x_\nu}.$$

In Verbindung mit einem früheren Satz (**9**, S. 13) kann man daraus schließen: *Hat ein konvexer Körper nur reguläre Randpunkte*[1], *so besitzt seine Distanzfunktion stetige erste Ableitungen.*

Die Minkowskische Geometrie. Ist ein konvexer Körper gegeben, der O im Innern enthält, so kann jedem geordneten Punktepaar x, y durch

$$\varrho(x, y) = F(y - x),$$

wo F die Distanzfunktion des Körpers ist, ein Abstand zugeordnet werden. Dieser Abstandsbegriff besitzt die dafür üblicherweise geforderten Eigenschaften:

$$\varrho(x, y) > 0 \quad \text{für} \quad x \neq y, \quad \varrho(x, x) = 0$$

und erfüllt die „Dreiecksungleichung"

$$\varrho(x, y) + \varrho(y, z) \geqq \varrho(x, z),$$

was sich unmittelbar aus den Eigenschaften a), b), c) der Distanzfunktion ergibt. Die Randfläche des konvexen Körpers heißt die Eichfläche der Maßbestimmung. Sie spielt die Rolle der Kugel in der euklidischen Geometrie. Die Abstandsfunktion $\varrho(x, y)$ ist symmetrisch

$$\varrho(x, y) = \varrho(y, x)$$

dann und nur dann, wenn der Körper O zum Mittelpunkt hat. Dann und nur dann ist nämlich $F(x) = F(-x)$.

Diese Maßbestimmung ist von Minkowski [**9**] für zahlentheoretische Anwendungen eingeführt worden. Man sehe darüber **62**, S. 126.

Über die obige Dreiecksungleichung in der Minkowskischen Geometrie s. Gołab u. Härlen [**1**] und Gołab [**1**]. — Axiomatische Auszeichnungen der Minkowskischen Geometrie unter allgemeinen metrischen Räumen bei Busemann [**1**], [**2**]. — Eine Anwendung der Minkowskischen Maßbestimmung auf Fragen der Tschebyscheffschen Approximation bei Haar [**1**]. — Eine andere mit konvexen Körpern in Zusammenhang stehende Maßbestimmung bei Hilbert [**1**].

15. Die Stützfunktion eines konvexen Körpers. Ist $\mathfrak{K}$ ein konvexer Körper und $u = (u_1, \ldots, u_n)$ ein beliebiger, vom Nullpunkt verschiedener Punkt, so gibt es genau eine orientierte Stützebene $\mathfrak{E}$ von $\mathfrak{K}$ mit der Richtung u derart, daß der positive Halbraum von $\mathfrak{E}$ (in den u weist) frei von Punkten von $\mathfrak{K}$ ist. Die Gleichung dieser Ebene kann in der Form

$$\sum x u = H(u) \tag{1}$$

geschrieben werden. $H(u)$ heißt Stützfunktion von $\mathfrak{K}$.

[1] D. h. solche Randpunkte, durch die nur eine Stützebene geht; vgl. **9**, S. 13.

Für alle Punkte x des Körpers gilt

$$\sum x u \leqq H(u), \tag{2}$$

wobei für gewisse seiner Punkte das Gleichheitszeichen steht. $H(u)$ kann demnach auch als Maximum von $\sum x u$ definiert werden, wenn x alle Punkte von $\mathfrak{K}$ durchläuft. Umgekehrt ist natürlich jeder den sämtlichen Ungleichungen (2) genügende Punkt x ein Punkt des Körpers.

Ist insbesondere $\sum u^2 = 1$, so bedeutet H den Abstand der Stützebene vom Nullpunkt, wobei dieser Abstand positiv zu rechnen ist, wenn $\mathfrak{K}$ und der Nullpunkt auf derselben Seite der Stützebene liegen, negativ, wenn $\mathfrak{K}$ und der Nullpunkt getrennt werden. H ist Null, wenn der Nullpunkt in der Stützebene liegt.

Die Funktion $H(u)$ besitzt die folgenden Eigenschaften:

A) $H(0) = 0$.

B) $H(\mu u) = \mu H(u)$ *für* $\mu > 0$.

C) $H(u + v) \leqq H(u) + H(v)$.

B) folgt daraus, daß für zwei Punkte u und μu ($\mu > 0$) derselben von O ausgehenden Halbgeraden die Gleichung (1) dieselbe Ebene darstellen muß. Die Stützfunktion ist also schon völlig bestimmt durch die Werte, die sie auf der Einheitskugel $\sum u^2 = 1$ annimmt.

C) folgt so: Für alle Punkte x des Körpers ist

$$\sum x u \leqq H(u), \qquad \sum x v \leqq H(v),$$

also

$$\sum (u + v) x \leqq H(u) + H(v).$$

Nach der Maximumeigenschaft der Stützfunktion gibt es aber in $\mathfrak{K}$ Punkte x, für die die linke Seite dieser Ungleichung gleich $H(u + v)$ ist.

Unterwirft man den konvexen Körper $\mathfrak{K}$ mit der Stützfunktion $H(u)$ einer Translation, etwa um den Vektor a, so ist die Stützfunktion H' des verschobenen Körpers $\mathfrak{K}'$

$$H'(u) = H(u) + \sum a u.$$

Es gilt dann und nur dann für ein u

$$H(-u) = -H(u),$$

wenn der Körper mit der Stützfunktion H in einer zur Richtung u senkrechten Ebene liegt. H hat dann die Linearitätsrichtung u.

Sind $H(u)$ und $L(u)$ Stützfunktionen zweier konvexer Körper $\mathfrak{K}$ und $\mathfrak{L}$, so gilt dann und nur dann für alle u

$$H(u) \leqq L(u),$$

wenn $\mathfrak{K}$ in $\mathfrak{L}$ enthalten ist. Dies folgt unmittelbar aus der Maximumeigenschaft der Stützfunktion.

Beispiele für Stützfunktionen:

1. Die lineare Funktion ist Stützfunktion des Punktes.

2. $\sqrt{\sum u^2}$ ist Stützfunktion der Einheitskugel um den Nullpunkt.

3. $\operatorname{Max}(\sum u a, \sum u b)$ ist Stützfunktion der Verbindungsstrecke der Punkte a und b. Insbesondere ist $|\sum u a|$ Stützfunktion der Strecke $-a$, a.

4. $\sum_{\nu=1}^{n} |u_\nu|$ ist Stützfunktion des achsenparallelen Würfels mit der Kantenlänge 2 und dem Nullpunkt als Mittelpunkt.

5. Die Stützfunktion eines konvexen Polyeders ist stückweise linear und umgekehrt.

Der Begriff der Stützfunktion ist von Minkowski [**4**] § 8 u. 10, [**5**] § 1 eingeführt worden.

16. Darstellung der Randpunkte eines konvexen Körpers durch Stützfunktionen. Sei $u^{(0)}$ eine feste Richtung,

$$\sum x u^{(0)} = H(u^{(0)}) \tag{1}$$

die zugehörige Stützebene eines konvexen Körpers $\mathfrak{K}$. Der Durchschnitt von $\mathfrak{K}$ mit der Stützebene (1) ist ein höchstens $n-1$-dimensionaler konvexer Körper $\mathfrak{k}$, dessen Stützfunktion bestimmt werden soll.

Die Punkte x von $\mathfrak{k}$ genügen außer (1) den sämtlichen den Körper $\mathfrak{K}$ definierenden Ungleichungen

$$\sum x u \leqq H(u)\,. \tag{2}$$

Ist nun v eine beliebige Richtung, so ist nach (2) mit $u = u^{(0)} + h v$ für $h > 0$ und (1)

$$\sum x v \leqq \frac{H(u^{(0)} + h v) - H(u^{(0)})}{h}\,,$$

also für $h \to +0$

$$\sum x v \leqq H'(u^{(0)}; v)\,. \tag{3}$$

Das bedeutet, daß der Körper $\mathfrak{k}$ im Durchschnitt der Halbräume (3) für alle v enthalten ist. Andererseits ist aber auch jeder Punkt dieses Durchschnitts zugleich ein Punkt von $\mathfrak{k}$; denn nach **13** (9), S. 21 ist

$$H'(u^{(0)}; v) \leqq H(v)\,.$$

Es folgt demnach aus (3) mit u statt v die Ungleichung (2). Das heißt: Jeder Punkt, der (3) erfüllt, gehört zu $\mathfrak{K}$. Ferner folgt aber auch (1), wenn man in (3) $v = u^{(0)}$ und $v = -u^{(0)}$ wählt und die Gleichung

$$H'(u^{(0)}; u^{(0)}) = -H'(u^{(0)}; -u^{(0)}) = H(u^{(0)})$$

[vgl. **13** (8), S. 21] berücksichtigt. Das heißt: Jeder (3) erfüllende Punkt x gehört auch der Stützebene (1) an. $\mathfrak{k}$ ist also mit dem Durchschnitt (3) identisch, und dessen Stützfunktion muß, wie sich im folgenden Abschnitt **17** ergeben wird, $H'(u^{(0)}; u)$ sein. Damit hat man:

Ist $H(u)$ die Stützfunktion eines konvexen Körpers, so hat der Durchschnitt von $\mathfrak{K}$ mit seiner zur Richtung $u^{(0)}$ gehörigen Stützebene die Stützfunktion $H'(u^{(0)}; u)$.

Hat die zur Richtung $u^{(0)}$ gehörige Stützebene nur einen Punkt mit $\mathfrak{K}$ gemeinsam, so muß $H'(u^{(0)}; u)$ als Stützfunktion eines Punktes eine lineare Funktion der u_ν sein. H ist also an der Stelle $u^{(0)}$ in jeder Richtung differenzierbar, und für den in der Stützebene gelegenen Punkt x des Körpers gilt bei jedem u

$$\sum x\, u = H'(u^{(0)}; u) = \sum_{\nu=1}^{n} H_\nu u_\nu,$$

wo $H_\nu = \frac{\partial H}{\partial u_\nu}$ die partielle Ableitung von H nach u_ν bezeichnet. Daher ist $x_\nu = \frac{\partial H}{\partial u_\nu}$.

Hieraus und aus einem früheren Satz (**9**, S. 15) entnimmt man: *Hat ein konvexer Körper nur reguläre Stützebenen*[1], *so besitzt seine Stützfunktion stetige partielle Ableitungen erster Ordnung, und es gilt für die Koordinaten x_ν seiner Randpunkte*

$$x_\nu = \frac{\partial H}{\partial u_\nu}.$$

Die obige Darstellung der Randpunkte durch die Richtungsderivierten steht im Zusammenhang mit spezielleren Überlegungen MINKOWSKIS [**4**] § 12.

17. Bestimmung eines konvexen Körpers durch die Stützfunktion. Nach **15**, S. 24 besitzt die Stützfunktion eines konvexen Körpers drei dort mit A), B), C) bezeichnete Eigenschaften. Es soll jetzt umgekehrt gezeigt werden: *Jede für alle u definierte Funktion $H(u)$ mit den Eigenschaften*

A) $H(0) = 0$,

B) $H(\mu u) = \mu H(u)$ für $\mu > 0$,

C) $H(u + v) \leqq H(u) + H(v)$

ist Stützfunktion eines konvexen Körpers.

Dieser Körper muß jedenfalls der Durchschnitt der sämtlichen Halbräume

$$\sum x\, u \leqq H(u) \tag{1}$$

sein, wenn H seine Stützfunktion sein soll. Der Durchschnitt (1) ist gewiß ein konvexer Körper, wenn er nicht leer ist. Man hat also zunächst zu zeigen, daß es wenigstens ein x gibt, das allen Ungleichungen (1) genügt.

Man bemerke, daß die Behauptung trivial ist, wenn $H(u)$ eine lineare Funktion

$$H(u) = \sum u_\nu H_\nu \qquad (H_\nu = \text{const})$$

---

[1] D. h. Stützebenen, die nur einen Punkt mit dem Körper gemeinsam haben.

von u ist; denn dann ist H Stützfunktion des Punktes $x_\nu = H_\nu$, und für diesen Punkt x ist (1) bei jedem u mit dem Gleichheitszeichen erfüllt.

Der Verlauf des folgenden Beweises ist nun kurz der: Durch wiederholtes Bilden von Richtungsderivierten der Funktion H wird die Behauptung auf Funktionen zurückgeführt, die mehr und mehr Linearitätsrichtungen (vgl. **13**, S. 20) besitzen. Nach spätestens n Schritten wird man so auf eine lineare Funktion geführt[1].

Es mögen $u^{(1)}, \ldots, u^{(\nu)}$ linear unabhängige Linearitätsrichtungen von H bezeichnen, falls solche vorhanden sind. Ist $\nu = n$, so ist man nach der obigen Bemerkung fertig; denn dann ist nach **13**, S. 21 H eine lineare Funktion. Andernfalls wähle man für v eine feste, von $u^{(1)}, \ldots, u^{(\nu)}$ linear unabhängige, falls $\nu = 0$ ist, eine beliebige Richtung $u^{(\nu+1)}$ und betrachte die Funktion $H'(u^{(\nu+1)}; u) = H^*(u)$ von u. Sie besitzt nach **13**, S. 21 die Linearitätsrichtungen $u^{(1)}, \ldots, u^{(\nu)}$ und $u^{(\nu+1)}$, also wenigstens $\nu + 1$ linear unabhängige. Jetzt werde angenommen, daß für Funktionen mit wenigstens $\nu + 1$ linear unabhängigen Linearitätsrichtungen die Behauptung richtig ist. Dann gibt es also ein x, das allen Ungleichungen

$$\sum x u \leqq H^*(u)$$

genügt. Da aber nach **13** (9), S. 21 stets

$$H'(v; u) \leqq H(u),$$

insbesondere

$$H^*(u) \leqq H(u)$$

ist, genügt dieser selbe Punkt x auch den sämtlichen Ungleichungen (1). Für $\nu = n$ war die Behauptung schon bestätigt, also folgt sie allgemein durch Induktion nach abnehmendem ν.

Der Durchschnitt der Halbräume

$$\sum x u \leqq H(u) \tag{1}$$

ist also nicht leer, daher ein konvexer Körper. Es bleibt zu zeigen, daß H wirklich seine Stützfunktion ist. Dazu hat man sich nur noch davon zu überzeugen, daß zu jedem festen $u^{(0)}$ wenigstens ein x existiert, für das in (1) das Gleichheitszeichen steht. Das folgt aber unmittelbar aus dem obigen Beweis. Als Funktion von u betrachtet, besitzt nämlich $H'(u^{(0)}; u)$ die Eigenschaften A), B), C). Es gibt also, wie oben gezeigt, wenigstens ein x, das für alle u bei festem $u^{(0)}$ den Ungleichungen

$$\sum x u \leqq H'(u^{(0)}; u)$$

genügt. Setzt man hierin $u = u^{(0)}$ und $u = -u^{(0)}$, so folgt, mit Berücksichtigung von **13** (8), S. 21:

$$H(u^{(0)}) = -H'(u^{(0)}; -u^{(0)}) \leqq \sum x u^{(0)} \leqq H'(u^{(0)}; u^{(0)}) = H(u^{(0)}).$$

[1] Die geometrische Bedeutung dieses Verfahrens geht aus dem Ergebnis des vorigen Abschnitts hervor.

Dieses x genügt also der Gleichung

$$\sum x\, u^{(0)} = H(u^{(0)}).$$

Ein Beweis für den obigen Satz (im dreidimensionalen Fall) findet sich bei MINKOWSKI [4] verstreut über die §§ 8, 10, 11. Ein von dem MINKOWSKIschen und dem obigen verschiedener einfacher Beweis bei RADEMACHER [1].

Nach RADEMACHER [2] kann die Eigenschaft C) im zweidimensionalen Fall durch die Forderung

$$\begin{vmatrix} H(u_1, u_2) & u_1 & u_2 \\ H(v_1, v_2) & v_1 & v_2 \\ H(w_1, w_2) & w_1 & w_2 \end{vmatrix} \cdot \begin{vmatrix} 1 & u_1 & u_2 \\ 1 & v_1 & v_2 \\ 1 & w_1 & w_2 \end{vmatrix} \geqq 0$$

ersetzt werden. Der analogen Ungleichung in mehr Dimensionen genügen jedoch nur die Stützfunktionen der Kugeln. Vgl. dazu auch BLASCHKE [5] und FUJIWARA [14].

18. Polare Körper. Ist $\mathfrak{K}$ ein konvexer Körper mit inneren Punkten und der Nullpunkt in seinem Innern gelegen, so ist die Stützfunktion $H(u)$ von $\mathfrak{K}$ positiv für $u \neq 0$. Sie hat also die drei Eigenschaften a), b), c), die für Distanzfunktionen charakteristisch sind. In diesem Fall kann daher H als Distanzfunktion eines neuen konvexen Körpers $\mathfrak{K}^*$ aufgefaßt werden. Er besteht aus den Punkten u, die der Ungleichung

$$H(u) \leqq 1$$

genügen. $\mathfrak{K}^*$ heißt der zu $\mathfrak{K}$ polare Körper. Die Randpunkte von $\mathfrak{K}^*$ gehen nämlich aus den Stützebenen von $\mathfrak{K}$ durch eine Polarenverwandtschaft in bezug auf die Einheitskugel hervor. (MINKOWSKI [4] § 8.)

§ 5. Linearkombination konvexer Körper. Lineare und konkave Scharen.

19. Linearkombination von Stützfunktionen. Sind $H^{(1)}(u), \ldots, H^{(r)}(u)$ Stützfunktionen konvexer Körper, Funktionen also, die die Eigenschaften A), B), C) aus **15**, S. 24 besitzen, so ist die Funktion

$$\lambda_1 H^{(1)} + \lambda_2 H^{(2)} + \cdots + \lambda_r H^{(r)},$$

falls $\lambda_1, \lambda_2, \ldots, \lambda_r$ beliebige nichtnegative Zahlen sind, gleichfalls die Stützfunktion eines konvexen Körpers; denn auch sie genügt den Bedingungen A), B), C). *Durch Linearkombination von Stützfunktionen mit nichtnegativen Koeffizienten entstehen wieder Stützfunktionen.*

Entsprechendes gilt auch für „kontinuierliche Linearkombination" von Stützfunktionen. Ist nämlich $H(u, \alpha)$ eine noch von gewissen Parametern α abhängende Stützfunktion, so ist

$$\int H(u, \alpha)\, \varphi(\alpha)\, d\alpha$$

wieder eine Stützfunktion, wenn $\varphi(\alpha)$ eine im Definitionsbereich der α nichtnegative Funktion ist und wenn das Integral für alle u einen Sinn hat. Als Beispiel einer kontinuierlichen Linearkombination sei die

Linearkombination von Strecken erwähnt: Es sei ξ ein Einheitsvektor. Dann ist $|\sum u\xi|$ die Stützfunktion der die Punkte ξ und $-\xi$ verbindenden Strecke von der Länge 2. Sei ferner $\varphi(\xi)$ eine etwa positive und stetige Funktion auf der Einheitskugel. Dann ist

$$H(u) = \int |\sum u\,\xi|\,\varphi(\xi)\,d\omega, \tag{1}$$

erstreckt über die Einheitskugel $\sum \xi^2 = 1$, eine Stützfunktion.

BLASCHKE [11] S. 154—157 hat die Frage behandelt, wie ein konvexer Körper beschaffen sein muß, damit seine Stützfunktion in der Form (1) darstellbar ist. Verzichtet man auf die Bedingung $\varphi(\xi) > 0$, so erweist sich als notwendig und hinreichend, daß der Körper einen Mittelpunkt hat. Für die Darstellbarkeit mit positivem $\varphi(\xi)$ sind bisher Bedingungen nicht bekannt. Über endliche Linearkombination von Strecken vgl. BLASCHKE [25] S. 250.

20. Linearkombination von konvexen Körpern. $\mathfrak{K}_1, \mathfrak{K}_2, \ldots, \mathfrak{K}_r$ seien konvexe Körper. O sei ein fester Punkt, der zum Anfangspunkt eines kartesischen Koordinatensystems gemacht sei. $x^{(\varrho)}$ $(\varrho = 1, 2, \ldots, r)$ bezeichne den Vektor, der von O zu einem willkürlichen Punkt des Körpers $\mathfrak{K}_\varrho$ weist. *Sind $\lambda_1, \lambda_2, \ldots, \lambda_r$ feste nichtnegative Zahlen, so durchläuft der Endpunkt des von O aufgetragenen Vektors $\lambda_1 x^{(1)} + \cdots + \lambda_r x^{(r)}$ wieder einen konvexen Körper $\mathfrak{K}$, falls die Punkte $x^{(1)}, \ldots, x^{(r)}$ unabhängig voneinander die Körper $\mathfrak{K}_1, \ldots,$ bzw. $\mathfrak{K}_r$ durchlaufen.* Man schreibt dann

$$\mathfrak{K} = \lambda_1 \mathfrak{K}_1 + \lambda_2 \mathfrak{K}_2 + \cdots + \lambda_r \mathfrak{K}_r.$$

Man beachte, daß die Lage des auf diese Weise den Körpern $\mathfrak{K}_1, \mathfrak{K}_2, \ldots, \mathfrak{K}_r$ zugeordneten Körpers $\mathfrak{K}$ im allgemeinen von der Wahl des Punktes O abhängt. Wird nämlich O durch einen anderen Punkt O' ersetzt, so erfährt $\mathfrak{K}$ eine Translation um $(\lambda_1 + \cdots + \lambda_r - 1)a$, wo a den Vektor $\overrightarrow{OO'}$ bezeichnet[1]. Ist also insbesondere $\lambda_1 + \cdots + \lambda_r = 1$, so ist die Linearkombination vom Koordinatensystem unabhängig.

Beachtet man, daß jedes konvexe Polyeder als konvexe Hülle endlich vieler Punkte aufgefaßt werden kann, so erkennt man, *daß durch Linearkombination konvexer Polyeder wieder ein konvexes Polyeder entsteht.*

Die oben definierte Linearkombination erweist sich als gleichwertig mit der entsprechenden Linearkombination der Stützfunktionen. Seien $H^{(1)}, H^{(2)}, \ldots, H^{(r)}$ die Stützfunktionen von $\mathfrak{K}_1, \mathfrak{K}_2, \ldots, \mathfrak{K}_r$. Dann genügen $x^{(1)}, x^{(2)}, \ldots$ bzw. $x^{(r)}$ den Ungleichungen

$$\sum x^{(\varrho)} u \leqq H^{(\varrho)}(u). \qquad \varrho = 1, 2, \ldots, r \tag{1}$$

Also erfüllt $\lambda_1 x^{(1)} + \cdots + \lambda_r x^{(r)}$ die Ungleichung

$$\sum (\lambda_1 x^{(1)} + \cdots + \lambda_r x^{(r)})\, u \leqq \lambda_1 H^{(1)}(u) + \cdots + \lambda_r H^{(r)}(u). \tag{2}$$

[1] Daß diese Abhängigkeit in der Bezeichnungsweise nicht zum Ausdruck kommt, stört nicht, da es sich zumeist um Eigenschaften der Körper handeln wird, die bei Translationen erhalten bleiben.

Ferner gibt es nach Definition der Stützfunktionen (**15**, S. 24) zu jedem u ein $x^{(1)}$, ein $x^{(2)}$, ..., ein $x^{(r)}$, so daß in den r Ungleichungen (1) das Gleichheitszeichen gilt. Für diese $x^{(1)}, x^{(2)}, \ldots, x^{(r)}$ gilt dann auch in (2) das Gleichheitszeichen. Dies zusammen mit (2) besagt, daß $\lambda_1 H^{(1)} + \cdots + \lambda_r H^{(r)}$ die Stützfunktion von $\lambda_1 \mathfrak{K}_1 + \cdots + \lambda_r \mathfrak{K}_r$ ist.

Für die Linearkombination $\mathfrak{K} = (1 - \vartheta)\mathfrak{K}_1 + \vartheta \mathfrak{K}_2$ verifiziert man leicht folgendes: Sind $\mathfrak{E}_1$ und $\mathfrak{E}_2$ die Stützebenen der Richtung u von $\mathfrak{K}_1$ bzw. $\mathfrak{K}_2$, so erhält man die zur Richtung u gehörige Stützebene von $\mathfrak{K}$ als diejenige zu $\mathfrak{E}_1$ und $\mathfrak{E}_2$ parallele Ebene, die den Abstand von $\mathfrak{E}_1$ und $\mathfrak{E}_2$ im Verhältnis $\vartheta : (1 - \vartheta)$ teilt.

Spezielle Linearkombinationen finden sich schon bei STEINER [**3**], [**5**]. Eine fundamentale Rolle spielen sie in den Untersuchungen von BRUNN [**1**], [**2**], [**3**]. Die obigen allgemeinen Begriffsbildungen rühren von MINKOWSKI [**4**], [**5**] her.

Addition konvexer Kurven. Sind $\mathfrak{C}_1, \ldots, \mathfrak{C}_N$ geschlossene konvexe Kurven der Ebene, so werde der vom Punkt $\sum_{\nu=1}^{N} x^{(\nu)}$ durchlaufene Bereich als „Summe" der Kurven $\mathfrak{C}_\nu$ bezeichnet, wenn $x^{(1)}, \ldots, x^{(N)}$ unabhängig voneinander die Kurven $\mathfrak{C}_1, \ldots, \mathfrak{C}_N$ durchlaufen. Die Summe endlich vieler Kurven ist entweder ein konvexer Bereich oder der Ringbereich zwischen zwei konvexen Kurven, von denen die eine ganz innerhalb der anderen liegt. Dieser Begriff der Addition konvexer Kurven ist von BOHR zur Untersuchung der Werteverteilung der ζ-Funktion eingeführt worden. Man sehe darüber BOHR [**1**], [**2**], BOHR u. COURANT [**1**], BOHR u. JESSEN [**1**] und HAVILAND [**1**].

21. Parallelkörper eines konvexen Körpers. Homothetische Körper.

Es bezeichne (wie stets im folgenden) $\mathfrak{S}$ die Einheitskugel des n-dimensionalen Raumes mit dem Nullpunkt als Mittelpunkt. Ist $\mathfrak{K}$ ein beliebiger konvexer Körper, so heiße $\mathfrak{K} + \mu\mathfrak{S}$ $(\mu \geqq 0)$ der Parallelkörper von $\mathfrak{K}$ im Abstand μ. Er kann erhalten werden als Vereinigungsmenge aller Kugeln vom Radius μ, deren Mittelpunkte in $\mathfrak{K}$ liegen. Mit anderen Worten: Der Parallelkörper von $\mathfrak{K}$ im Abstand μ besteht aus allen Punkten, deren Entfernung von $\mathfrak{K}$ kleiner oder gleich μ ist. Die Stützfunktion von $\mathfrak{K} + \mu\mathfrak{S}$ ist $H(u) + \mu\sqrt{\sum u^2}$, wenn H die Stützfunktion von $\mathfrak{K}$ bezeichnet. Gleichsinnig parallele Stützebenen von $\mathfrak{K}$ und $\mathfrak{K} + \mu\mathfrak{S}$ haben demnach den Abstand μ.

Zwei konvexe Körper werden als homothetisch bezeichnet, wenn einer aus dem anderen durch Parallelverschiebung und Streckung oder eine dieser Transformationen hervorgeht. Hierbei soll auch zugelassen werden, daß das Streckungsverhältnis Null ist, daß also einer der Körper in einen Punkt entartet. Ist der konvexe Körper $\mathfrak{K}$ kein Punkt, so erhält man alle zu $\mathfrak{K}$ homothetischen Körper in der Gestalt $\mu\mathfrak{K} + \mathfrak{a}$, wo $\mu \geqq 0$ und $\mathfrak{a}$ ein beliebiger, als konvexer Körper aufzufassender Punkt ist. Die Addition ist dann im Sinne von **20**, S. 29 zu verstehen. Insbesondere ist $\mu\mathfrak{K}$ der Körper, der aus $\mathfrak{K}$ durch Streckung im Verhältnis $\mu : 1$ vom Nullpunkt aus entsteht.

Sind die Orthogonalprojektionen zweier konvexer Körper des n-dimensionalen Raumes ($n \geqq 3$) auf jede Ebene homothetisch, wobei das Ähnlichkeitsverhältnis von der Projektionsebene abhängig sein darf, so sind die Körper selbst homothetisch. Diese Kennzeichnung der Paare homothetischer konvexer Körper bei Süss [**17**]. Der dortige Beweis ist nicht korrekt formuliert. Eine richtige Darstellung des übrigens äußerst einfachen Beweises bei Süss [**22**]. Der Satz kann auch durch Heranziehung komplizierterer Sätze bewiesen werden. Vgl. dazu Matsumura [**14**], [**20**], Kubota [**17**]. Unter Annahme der Konstanz des Ähnlichkeitsverhältnisses auch bei Bonnesen [**10**], [**12**] S. 128. — Eine Aufgabe über homothetische Körper bei Ostrowski [**1**].

22. Verhalten der Projektionen und Randpunkte bei Linearkombination. *Projiziert man die Linearkombination*

$$\mathfrak{K} = \lambda_1 \mathfrak{K}_1 + \cdots + \lambda_r \mathfrak{K}_r, \quad \lambda_1 + \cdots + \lambda_r = 1, \quad \lambda_\varrho \geqq 0$$

auf einen Unterraum, so entsteht die entsprechende Linearkombination der Projektionen der einzelnen Körper auf diesen Unterraum.

Wegen der Bedingung $\lambda_1 + \cdots + \lambda_r = 1$ sind die betrachteten Linearkombinationen von der Wahl des Nullpunktes unabhängig. Legt man ihn in den Unterraum und wählt man die Koordinatenachsen überdies so, daß der etwa p-dimensionale Unterraum durch die Gleichungen $x_1 = \cdots = x_{n-p} = 0$ dargestellt wird, so erkennt man die Richtigkeit der Behauptung unmittelbar. Wenn $\lambda_1 + \cdots + \lambda_r \neq 1$ ist, so gilt dasselbe bis auf passende Translationen.

Es seien: $H^{(\varrho)}(u)$ ($\varrho = 1, \ldots, r$) die Stützfunktion, $x^{(\varrho)}$ ein willkürlicher Punkt eines konvexen Körpers $\mathfrak{K}_\varrho$; ferner sei $\lambda_\varrho \geqq 0$. Der Punkt

$$x = \lambda_1 x^{(1)} + \cdots + \lambda_r x^{(r)}$$

ist dann ein Punkt des Körpers

$$\mathfrak{K} = \lambda_1 \mathfrak{K}_1 + \cdots + \lambda_r \mathfrak{K}_r,$$

und es bestehen die Ungleichungen

$$\sum x^{(\varrho)} u \leqq H^{(\varrho)}(u), \qquad \varrho = 1, \ldots, r \tag{1}$$

$$\sum x\, u \leqq \lambda_1 H^{(1)}(u) + \cdots + \lambda_r H^{(r)}(u). \tag{2}$$

In (2) steht bei festem u für die und nur die Punkte x von $\mathfrak{K}$ das Gleichheitszeichen, die in der Stützebene der Richtung u liegen. Soll aber in (2) das Zeichen $=$ stehen, so muß das in jeder der r Ungleichungen (1) der Fall sein. Daraus entnimmt man: Der Durchschnitt $\mathfrak{k}$ des Körpers $\mathfrak{K}$ mit seiner Stützebene der Richtung u ist

$$\mathfrak{k} = \lambda_1 \mathfrak{k}_1 + \cdots + \lambda_r \mathfrak{k}_r,$$

wo $\mathfrak{k}_\varrho$ der Durchschnitt des Körpers $\mathfrak{K}_\varrho$ mit seiner zur Richtung u gehörigen Stützebene ist. Also:

Bei Linearkombination konvexer Körper mit nichtnegativen Koeffizienten werden die in gleichsinnig parallelen Stützebenen gelegenen (höchstens $n-1$-dimensionalen) Teilkörper in gleicher Weise linear kombiniert.

Man kann dies auch unmittelbar aus früheren Ergebnissen so schließen: Nach **16**, S. 26 ist die Stützfunktion des Durchschnitts von $\mathfrak{K}$ mit der Stützebene der Richtung u gerade die Richtungsderivierte $H'(u; v)$, aufgefaßt als Funktion von v. Nun folgt offenbar aus $H = \lambda_1 H^{(1)} + \cdots + \lambda_r H^{(r)}$ für die Richtungsderivierten

$$H'(u; v) = \lambda_1 H^{(1)\prime}(u; v) + \cdots + \lambda_r H^{(r)\prime}(u; v).$$

Über das Verhalten der Randpunkte bei Linearkombination vgl. MINKOWSKI [**4**] § 18, über das der extremen Randpunkte auch FUJIWARA [**9**].

23. Linearkombination ausgearteter konvexer Körper. $\mathfrak{K}_1$, $\mathfrak{K}_2$, ..., $\mathfrak{K}_r$ seien konvexe Körper, deren Dimension kleiner als n ist. Es soll sich darum handeln, die Dimension des Körpers

$$\mathfrak{K} = \lambda_1 \mathfrak{K}_1 + \cdots + \lambda_r \mathfrak{K}_r \qquad \lambda_\varrho \geqq 0$$

zu bestimmen. Man verifiziert leicht, daß das folgendermaßen geschehen kann. Zunächst bemerke man, daß man alle λ_ϱ positiv annehmen darf. (Andernfalls lasse man alle Körper fort, die mit dem Koeffizienten 0 auftreten.) Es bezeichne R_ϱ ($\varrho = 1, \ldots, r$) den Unterraum kleinster Dimension, der den Körper $\mathfrak{K}_\varrho$ enthält. Man bringe durch Parallelverschiebungen diese Räume R_ϱ in eine solche Lage, daß sie alle einen gemeinsamen Punkt haben. Die Dimension des kleinsten Unterraums R (evtl. der ganze Raum) der alle so verschobenen R_ϱ enthält, ist zugleich die Dimension von $\mathfrak{K}$. R läßt sich durch Translation in den kleinsten Unterraum überführen, der $\mathfrak{K}$ enthält. Daraus schließt man insbesondere: *Ist jeder Körper $\mathfrak{K}_\varrho$ ($\varrho = 1, \ldots, r$) in einem p-dimensionalen Unterraum R_ϱ enthalten, und sind alle diese Unterräume parallel, so ist auch der Körper*

$$\mathfrak{K} = \lambda_1 \mathfrak{K}_1 + \cdots + \lambda_r \mathfrak{K}_r$$

in einem zu den R_ϱ parallelen p-dimensionalen Unterraum enthalten.

24. Lineare und konkave Scharen konvexer Körper. Die Gesamtheit der für beliebige $\lambda_\varrho \geqq 0$ entstehenden Körper

$$\mathfrak{K} = \lambda_1 \mathfrak{K}_1 + \cdots + \lambda_r \mathfrak{K}_r$$

wird als die durch $\mathfrak{K}_1, \ldots, \mathfrak{K}_r$ erzeugte Linearschar bezeichnet.

Liegen zwei Körper $\mathfrak{K}_0$ und $\mathfrak{K}_1$ vor, so heißt die Gesamtheit der Körper

$$\mathfrak{K}_\vartheta = (1 - \vartheta)\, \mathfrak{K}_0 + \vartheta \mathfrak{K}_1 \qquad 0 \leqq \vartheta \leqq 1,$$

die die Körper $\mathfrak{K}_0$ und $\mathfrak{K}_1$ verbindende Linearschar. Sind die beiden Körper $\mathfrak{K}_0$ und $\mathfrak{K}_1$ höchstens $n - 1$-dimensional, und liegen sie in parallelen Ebenen, so läßt sich die sie verbindende Linearschar so interpretieren: Man bilde die konvexe Hülle der aus $\mathfrak{K}_0$ und $\mathfrak{K}_1$ bestehenden Punktmenge. Dann besteht die verbindende Schar aus den Schnitten dieser konvexen Hülle mit den Ebenen, die den $\mathfrak{K}_0$ und $\mathfrak{K}_1$

enthaltenden Ebenen parallel sind. Aus solchen speziellen Scharen kann aber auch, wenn man den $n+1$-dimensionalen Raum zu Hilfe nimmt, die zwei beliebige n-dimensionale Körper $\mathfrak{K}_0$ und $\mathfrak{K}_1$ verbindende Linearschar durch Projektion erhalten werden. Seien nämlich $x_1, \ldots, x_n$ die Koordinaten des betrachteten n-dimensionalen Raumes R^n, z die $n+1$ te Koordinate des R^{n+1}. Dem Körper $\mathfrak{K}_\vartheta$ des R^n ordne man nun den (gleichfalls n-dimensionalen) Körper des R^{n+1} zu, bei dem die Koordinaten $x_1, \ldots, x_n$ seiner Punkte dieselben sind und die Koordinate z den festen Wert ϑ hat. Auf diese Weise entsteht im R^{n+1} die Linearschar, die zwei in parallelen Ebenen des R^{n+1} liegende n-dimensionale Körper verbindet. Durch Projektion in der Richtung der z-Achse kommt man auf die ursprüngliche Schar im R^n zurück.

Es mögen nun allgemeinere Scharen konvexer Körper in Betracht gezogen werden. Es bedeute $\mathfrak{K}(\Lambda)$ einen konvexen Körper, der von gewissen Parametern $\lambda_1, \ldots, \lambda_s$ abhängt. Das Zeichen Λ vertritt ein Wertsystem $\lambda_1, \ldots, \lambda_s$, also einen Punkt oder Vektor des s-dimensionalen Raumes. Es werde vorausgesetzt, daß $\mathfrak{K}(\Lambda)$ in einer konvexen Menge des λ-Raumes definiert sei. Eine Schar konvexer Körper $\mathfrak{K}(\Lambda)$ heißt eine *konkave Schar*, wenn der Körper $(1-\vartheta)\mathfrak{K}(\Lambda_0)+\vartheta\mathfrak{K}(\Lambda_1)$ stets im Körper $\mathfrak{K}((1-\vartheta)\Lambda_0+\vartheta\Lambda_1)$ enthalten ist, für irgend zwei dem Definitionsbereich der Schar angehörige Punkte Λ_0 und Λ_1 des λ-Raumes und beliebiges ϑ mit $0 \leqq \vartheta \leqq 1$. Jede lineare Schar ist also zugleich eine konkave, nicht aber umgekehrt.

Von besonderer Bedeutung sind die einparametrigen konkaven Scharen. Beispiele von solchen erhält man folgendermaßen. Es sei $\mathfrak{K}$ ein willkürlicher konvexer Körper des n-dimensionalen Raumes. $\mathfrak{E}_0$ und $\mathfrak{E}_1$ ein Paar paralleler Stützebenen von $\mathfrak{K}$. Ferner sei $\mathfrak{E}_\lambda$ eine zu $\mathfrak{E}_0$ und $\mathfrak{E}_1$ parallele Ebene, die zwischen diesen Ebenen verläuft und den Abstand von $\mathfrak{E}_0$ und $\mathfrak{E}_1$ im Verhältnis $\lambda:(1-\lambda)$ teilt. Der Durchschnitt von $\mathfrak{E}_\lambda$ mit $\mathfrak{K}$ ist ein (höchstens $n-1$-dimensionaler) konvexer Körper $\mathfrak{k}(\lambda)$. Für $0 \leqq \lambda \leqq 1$ bilden die Körper $\mathfrak{k}(\lambda)$, wie man sofort sieht, eine konkave Schar.

Durch Heranziehung eines $n+1$-dimensionalen Raumes läßt sich jede einparametrige konkave Schar des n-dimensionalen Raumes durch Projektion aus einer Schar der eben geschilderten speziellen Art erhalten: Im Raum R^n sei eine konkave Schar $\mathfrak{K}(\lambda)$ $(\alpha \leqq \lambda \leqq \beta)$ gegeben. Man betrachte den $n+1$-dimensionalen Raum R^{n+1} mit der $n+1$ ten Koordinate z. Den Körper $\mathfrak{K}(\lambda)$ des R^n verschiebe man nun parallel zur z-Achse in den R^{n+1}, so daß er in die Ebene $z=\lambda$ zu liegen kommt. Die Vereinigungsmenge der so für $\alpha \leqq \lambda \leqq \beta$ verschobenen Körper $\mathfrak{K}(\lambda)$ ist, wie aus der Definition der konkaven Schar folgt, ein konvexer Körper des R^{n+1}. Seine Schnitte mit den Ebenen $z=\text{const}$ ergeben in Richtung der z-Achse auf den R^n zurückprojiziert die ursprüngliche Schar $\mathfrak{K}(\lambda)$.

In analoger Weise lassen sich durch Heranziehung eines entsprechend höher dimensionalen Raumes auch die mehrparametrigen konkaven Scharen interpretieren.

Der Begriff der konkaven Schar rührt von BLASCHKE [**11**] S. 94 her. Dort wird die Bezeichnung „konvexe Schar" gebraucht.

§ 6. Approximation konvexer Körper.

25. Konvergente Folgen konvexer Körper. Der Auswahlsatz von BLASCHKE. Es seien $\mathfrak{K}'$ und $\mathfrak{K}''$ zwei konvexe Körper. Ferner seien $\mathfrak{K}' + \delta\mathfrak{S}$ und $\mathfrak{K}'' + \delta\mathfrak{S}$ ihre Parallelkörper (**21**, S. 30) im Abstand $\delta > 0$, d. h. die Vereinigungsmenge aller abgeschlossenen Kugeln des festen Radius δ, deren Mittelpunkte zu $\mathfrak{K}'$ bzw. $\mathfrak{K}''$ gehören. Ist δ so beschaffen, daß $\mathfrak{K}'$ in $\mathfrak{K}'' + \delta\mathfrak{S}$ und gleichzeitig $\mathfrak{K}''$ in $\mathfrak{K}' + \delta\mathfrak{S}$ enthalten ist, so werde gesagt, die Abweichung von $\mathfrak{K}'$ und $\mathfrak{K}''$ sei höchstens δ. Die untere Grenze der δ, für die dies zutrifft, heiße die Abweichung oder das Nachbarschaftsmaß $\eta(\mathfrak{K}', \mathfrak{K}'')$ von $\mathfrak{K}'$ und $\mathfrak{K}''$. Die gegenseitigen Abweichungen dreier Körper $\mathfrak{K}'$, $\mathfrak{K}''$, $\mathfrak{K}'''$ genügen der „Dreiecksungleichung"

$$\eta(\mathfrak{K}', \mathfrak{K}''') \leqq \eta(\mathfrak{K}', \mathfrak{K}'') + \eta(\mathfrak{K}'', \mathfrak{K}''').$$

Mit Hilfe des Begriffs der Abweichung läßt sich die Konvergenz einer Folge konvexer Körper folgendermaßen definieren: Eine Folge konvexer Körper $\mathfrak{K}_1, \mathfrak{K}_2, \ldots$ konvergiert gegen den konvexen Körper $\mathfrak{K}$, wenn die Abweichungen $\eta(\mathfrak{K}_\nu, \mathfrak{K})$ gegen 0 konvergieren. Es kann, wie man leicht aus der Dreiecksungleichung entnimmt, nicht zwei verschiedene Körper geben, gegen die ein und dieselbe Folge konvergiert.

Im folgenden wird gesagt: Eine Funktion (Funktional) $\Phi(\mathfrak{K})$ des konvexen Körpers $\mathfrak{K}$ ist stetig, wenn für jede Folge konvexer Körper $\mathfrak{K}_\nu$, die gegen $\mathfrak{K}$ konvergiert, $\Phi(\mathfrak{K}_\nu)$ gegen $\Phi(\mathfrak{K})$ strebt.

Es gilt der wichtige Auswahlsatz von BLASCHKE: *Aus einer gleichmäßig beschränkten Menge unendlich vieler konvexer Körper läßt sich stets eine Teilfolge herausgreifen, die gegen einen konvexen Körper konvergiert.*

Über den Begriff der Konvergenz bei konvexen Körpern sehe man insbesondere BLASCHKE [**11**] §§ 17—18. Der Auswahlsatz ist von BLASCHKE [**8**] ausgesprochen worden. Ein einfacher Beweis ist bei BLASCHKE [**11**] § 18 dargestellt. Ein Beweis des Auswahlsatzes für ebene konvexe Kurven findet sich auch bei KAKEYA [**5**]. — Die obige Definition der Konvergenz einer Folge konvexer Körper kann durch eine scheinbar sehr viel weniger (insbesondere keine Gleichmäßigkeit der Annäherung) fordernde ersetzt werden. Es gilt nämlich: Die Folge $\mathfrak{K}_1, \mathfrak{K}_2, \ldots$ konvexer Körper konvergiert dann und nur dann gegen den konvexen Körper $\mathfrak{K}$, wenn folgendes der Fall ist: In jeder Umgebung eines beliebigen Punktes von $\mathfrak{K}$ sind Punkte aus allen $\mathfrak{K}_\nu$ mit höchstens endlich vielen Ausnahmen enthalten, und um jeden nicht zu $\mathfrak{K}$ gehörigen Punkt läßt sich eine Umgebung abgrenzen, in die höchstens endlich viele $\mathfrak{K}_\nu$ eindringen. Vgl. dazu BLASCHKE [**11**] § 18. Die dort gegebene etwas anders lautende Definition bezieht sich nur auf Folgen, deren Limeskörper innere Punkte besitzen.

26. Die Stützfunktionen konvergenter Körperfolgen. Der Funktionenraum der Stützfunktionen. Ist $H(u)$ die Stützfunktion eines konvexen Körpers $\mathfrak{K}$, so ist nach **21**, S. 30 die Stützfunktion von $\mathfrak{K} + \delta\mathfrak{S}$ $(\delta > 0)$

$$H(u) + \delta\sqrt{\sum u^2}$$

oder, wenn man, was hier geschehen soll, die Stützfunktionen nur auf der Einheitskugel $\sum u^2 = 1$ betrachtet, $H(u) + \delta$. Sind $\mathfrak{K}'$ und $\mathfrak{K}''$ zwei konvexe Körper mit den Stützfunktionen H' und H'', so ist also die Abweichung $\eta(\mathfrak{K}', \mathfrak{K}'')$ gleich dem Maximum von $|H'' - H'|$ auf der Einheitskugel. Hieraus entnimmt man: *Eine Folge konvexer Körper mit den Stützfunktionen $H^{(1)}, H^{(2)}, \ldots$ konvergiert dann und nur dann gegen den konvexen Körper mit der Stützfunktion H, wenn die Funktionen $H^{(\nu)}$ auf der Einheitskugel gleichmäßig gegen H konvergieren.*

Man kann die Stützfunktionen als Punkte eines Funktionenraumes R deuten und als Entfernung zweier Punkte von R das Maximum des Betrages der Differenz der beiden Stützfunktionen auf der Einheitskugel definieren. Dieser Entfernungsbegriff erfüllt die üblichen Forderungen: 1. Die Entfernung ist nicht negativ und nur dann 0, wenn die beiden Punkte, also die Stützfunktionen, identisch sind. 2. Sie ist symmetrisch in den beiden Punkten. 3. Sie genügt, wie oben festgestellt, der Dreiecksungleichung. R ist somit ein metrischer Raum. Er ist ferner „konvex", da mit H' und H'' auch $(1 - \vartheta)H' + \vartheta H''$ für $0 \leqq \vartheta \leqq 1$ Stützfunktion ist. Schließlich ist jede beschränkte Teilmenge von R nach dem Blaschkeschen Auswahlsatz kompakt in R. (Über die Begriffe „metrischer Raum", „kompakt", „vollständig" sehe man z. B. Hausdorff, Mengenlehre, 2. Aufl., Kap. 6. Berlin 1927) — In der Theorie der konvexen Körper ist es vielfach zweckmäßig, konvexe Körper, die durch Translationen auseinander hervorgehen, als nicht verschieden anzusehen. Demgemäß kann man z. B. der Gesamtheit aller Stützfunktionen, die sich nur um lineare Funktionen unterscheiden, einen Punkt eines Funktionenraumes zuordnen. Oder man kann sich auf die Gesamtheit der konvexen Körper beschränken, deren Schwerpunkte in den Nullpunkt fallen. Deutet man die Stützfunktion eines solchen Körpers als Punkt eines Funktionenraumes und erklärt die Entfernung wie oben, so erhält man wieder einen metrischen Raum, dessen beschränkte Teilmengen kompakt sind. Dieser neue Raum ist allerdings nicht mehr konvex, da durch Linearkombination zweier konvexer Körper, deren Schwerpunkte in den Nullpunkt fallen, im allgemeinen nicht wieder ein solcher Körper entsteht. — Die Terminologie des Raumes der Stützfunktionen verwenden Urysohn [1] und Süss [20], [24], [25]. Man vgl. auch die Bemerkungen von Blaschke [11] S. 111.

27. Approximation durch konvexe Polyeder und analytisch begrenzte konvexe Körper. Es sei $\mathfrak{K}$ ein konvexer Körper. Man denke den Raum einfach und lückenlos mit einem Netz von parallel orientierten Würfeln mit der festen Kantenlänge $\delta/\sqrt{n}$, also mit dem Durchmesser δ überdeckt. (n bedeutet wie immer die Dimension des Raumes.) Die konvexe Hülle der Vereinigungsmenge aller Würfel, die mit $\mathfrak{K}$ wenigstens einen Punkt gemeinsam haben, ist ein konvexes Polyeder, das $\mathfrak{K}$ enthält und in $\mathfrak{K} + \delta\mathfrak{S}$ enthalten ist. Es gilt also: *Zu jedem konvexen Körper $\mathfrak{K}$ läßt sich eine Folge ihn enthaltender konvexer Polyeder finden, die gegen $\mathfrak{K}$ konvergiert.* Diese Polyeder besitzen überdies innere Punkte.

Weiter gilt der folgende Satz über Approximation durch konvexe Körper mit analytischer Begrenzung: *Zu jedem konvexen Körper $\mathfrak{K}$ läßt sich eine gegen $\mathfrak{K}$ konvergierende Folge konvexer Körper $\mathfrak{Q}_1, \mathfrak{Q}_2, \ldots$ finden mit den folgenden Eigenschaften: 1. Jeder Körper $\mathfrak{Q}_\varkappa$ läßt sich durch eine Ungleichung der Form*

$$\Omega(x_1, \ldots, x_n) \leqq 1$$

darstellen, wo Ω eine analytische Funktion der $x_1, \ldots, x_n$ ist. 2. Alle Stützebenen von $\mathfrak{Q}_\varkappa$ sind Tangentialebenen im gewöhnlichen Sinn und haben mit $\mathfrak{Q}_\varkappa$ eine Berührung von genau erster Ordnung.[1]

Es sei $\delta > 0$ gegeben. Man bestimme zunächst auf Grund des vorigen Satzes ein $\mathfrak{K}$ enthaltendes Polyeder $\mathfrak{P}$ mit inneren Punkten, das zu $\mathfrak{K} + \frac{\delta}{2}\,\mathfrak{S}$ gehört. $P(u)$ sei seine Stützfunktion.

Die Einheitsvektoren der äußeren Normalenrichtungen der $n-1$-dimensionalen Seiten von $\mathfrak{P}$, deren Anzahl N $(\geqq 3)$ sei, mögen mit $\xi^{(\nu)}$ $(\nu = 1, \ldots, N)$ bezeichnet werden. Dann sind die Gleichungen der die Seiten von $\mathfrak{P}$ enthaltenden Ebenen

$$L^{(\nu)}(x) \equiv \frac{1}{P(\xi^{(\nu)})} \cdot \sum x\,\xi^{(\nu)} - 1 = 0\,.$$

$\mathfrak{P}$ ist demnach der Durchschnitt der N Halbräume

$$L^{(\nu)}(x) \leqq 0\,, \qquad \nu = 1, 2, \ldots, N. \tag{1}$$

Man wähle nun eine Zahl ω größer als $\log N$ und auch größer als $\frac{1}{\delta}\,2p\log N$, wo p das Maximum von $P(u)$ auf der Einheitskugel ist, und setze

$$\Omega(x) = \frac{1}{N}\sum_{\nu=1}^{N} e^{\omega L^{(\nu)}}. \tag{2}$$

$\mathfrak{P}$, also auch $\mathfrak{K}$, ist jedenfalls in dem durch $\Omega \leqq 1$ gegebenen Körper $\mathfrak{Q}$ enthalten; denn in $\mathfrak{P}$ gelten alle Ungleichungen (1). Daher ist dort in der Tat $\Omega \leqq 1$. Ferner ist außerhalb des Körpers $\mathfrak{P} + \frac{\delta}{2}\,\mathfrak{S}$ wenigstens für ein ν

$$L^{(\nu)} \geqq \frac{\delta}{2P(\xi^{(\nu)})} \geqq \frac{\delta}{2p}\,,$$

also wegen der Wahl von ω

$$\Omega \geqq \frac{1}{N}\,e^{\omega\frac{\delta}{2p}} > 1\,.$$

$\mathfrak{Q}$ ist also in $\mathfrak{P} + \frac{\delta}{2}\,\mathfrak{S}$, daher auch in $\mathfrak{K} + \delta\mathfrak{S}$ enthalten. Daß der Körper $\mathfrak{Q}$ die im Satz ausgesprochenen Eigenschaften besitzt, folgt so:

[1] Man schließt leicht, daß derartige Körper analytische Distanz- und Stützfunktionen besitzen.

In einem Randpunkt von $\mathfrak{Q}$ ist wenigstens ein $L^{(\nu)} \geqq 0$; also folgt mit Berücksichtigung von $ze^z \geqq -\frac{1}{e}$ und $\omega > \log N > \log 3$

$$e^{\omega} \sum_{\mu=1}^{n} x_\mu \frac{\partial \Omega}{\partial x_\mu} = \frac{1}{N} \sum_{\nu=1}^{N} \omega (L^{(\nu)} + 1) e^{\omega (L^{(\nu)}+1)} \geqq \frac{1}{N}\left(\omega e^{\omega} - \frac{N-1}{e}\right) > 0.$$

Es können demnach die Ableitungen $\frac{\partial \Omega}{\partial x_\mu}$ $(\mu = 1, \ldots, n)$ nicht gleichzeitig verschwinden, d. h. $\mathfrak{Q}$ besitzt in jedem Randpunkt eine Tangentialebene. Ferner ist bei Differentiation längs irgendeiner Geraden

$$\frac{d^2 \Omega}{dt^2} = \frac{1}{N} \omega^2 \sum_{\nu=1}^{N} e^{\omega L^{(\nu)}} \left(\frac{d L^{(\nu)}}{dt}\right)^2 > 0.$$

Daraus folgt die Konvexität von $\mathfrak{Q}$ sowie, daß keine Tangentialebene von höherer als erster Ordnung berührt.

Bei den beiden bewiesenen Sätzen ergaben sich Approximationen durch Körper, die den gegebenen Körper $\mathfrak{K}$ enthielten. Besitzt $\mathfrak{K}$ innere Punkte, so kann man auch leicht zu approximierenden Körpern gelangen, die in $\mathfrak{K}$ enthalten sind, nämlich folgendermaßen: Man wähle den Nullpunkt des Koordinatensystems im Innern von $\mathfrak{K}$ und bezeichne mit r den Radius einer ganz zu $\mathfrak{K}$ gehörigen Kugel um den Nullpunkt. Dann ist die Stützfunktion $H(u)$ von $\mathfrak{K}$ auf der Einheitskugel $\sum u^2 = 1$ größer oder gleich r. Ist nun $\mathfrak{K}'$ ein konvexer Körper, der $\mathfrak{K}$ enthält und bis auf $r\delta > 0$ approximiert, so genügt seine Stützfunktion $H'(u)$ für $\sum u^2 = 1$ der Ungleichung

$$H'(u) \leqq H(u) + \delta r \leqq H(u) \cdot (1 + \delta).$$

Folglich ist der zu $\mathfrak{K}'$ homothetische Körper $\frac{1}{1+\delta} \mathfrak{K}'$ mit der Stützfunktion $\frac{1}{1+\delta} H'$ in $\mathfrak{K}$ enthalten. $\frac{1}{1+\delta} \mathfrak{K}'$ approximiert $\mathfrak{K}$ bis auf $\delta \cdot \operatorname{Max} H(u)$ für $\sum u^2 = 1$. Für $\mathfrak{K}'$ kann man nun nach den obigen Sätzen Polyeder oder analytisch begrenzte Körper wählen.

Hieraus entnimmt man sofort: $\mathfrak{K}$ sei ein konvexer Körper mit inneren Punkten, und der Nullpunkt liege im Innern von $\mathfrak{K}$. Ferner sei $\mathfrak{K}_1$, $\mathfrak{K}_2$, ... eine gegen $\mathfrak{K}$ konvergierende Folge konvexer Körper. Dann konvergieren die Distanzfunktionen von $\mathfrak{K}_1$, $\mathfrak{K}_2$, ... auf der Einheitskugel (also in jedem beschränkten Raumteil) gleichmäßig gegen die Distanzfunktion von $\mathfrak{K}$.

Die beiden Approximationssätze mit den angegebenen Beweisen rühren von MINKOWSKI [4] § 5 bzw. [5] § 2 her.

§ 7. Konvexen Körpern zugeordnete Zahlen und Figuren.

28. Das Volumen eines konvexen Körpers. *Jeder konvexe Körper besitzt ein Volumen V im* PEANO-JORDAN*schen Sinne.* (Im zweidimensionalen Fall wird, wie üblich, auch der Name „Flächeninhalt" und die Bezeichnung F statt „Volumen" und V gebraucht.)

Das Volumen $V(\mathfrak{K})$ eines konvexen Körpers $\mathfrak{K}$ kann demnach in folgender Weise erhalten werden. Man überdecke den Raum mit einem Netz parallel orientierter Würfel der Kantenlänge δ. Es sei N die Anzahl der Würfel des Netzes, die mit $\mathfrak{K}$ wenigstens einen Punkt gemeinsam haben. Dann ist $V(\mathfrak{K})$ die untere Grenze des Produktes $N \cdot \delta^n$ für alle möglichen derartigen Würfelüberdeckungen. Besitzt $\mathfrak{K}$ innere Punkte, so ist $V(\mathfrak{K})$ zugleich die obere Grenze von $N'\delta^n$, wo N' die Anzahl der ganz in $\mathfrak{K}$ enthaltenen Würfel ist.

$V(\mathfrak{K})$ besitzt die folgenden, leicht zu bestätigenden Eigenschaften:

1. *$V(\mathfrak{K})$ bleibt bei Bewegungen von $\mathfrak{K}$ unverändert.*

2. $V(\mu\mathfrak{K}) = \mu^n V(\mathfrak{K})$ *für* $\mu \geqq 0$.

3. *Es ist dann und nur dann $V(\mathfrak{K}) = 0$, wenn $\mathfrak{K}$ höchstens $n-1$-dimensional ist.*

4. *Ist $\mathfrak{K}$ in $\mathfrak{K}'$ enthalten, so gilt*

$$V(\mathfrak{K}) \leqq V(\mathfrak{K}'),$$

und das Gleichheitszeichen steht nun für $V(\mathfrak{K}') = 0$ oder wenn $\mathfrak{K}$ und $\mathfrak{K}'$ identisch sind.

5. *Das Volumen $V(\mathfrak{K})$ hängt stetig von $\mathfrak{K}$ ab.*

Man verifiziert, daß das Volumen eines konvexen Polyeders $\mathfrak{P}$ durch

$$(1) \qquad V(\mathfrak{P}) = \frac{1}{n}\sum H\, v(\mathfrak{p})$$

dargestellt werden kann. Hierbei bedeutet $v(\mathfrak{p})$ das $n-1$-dimensionale Volumen einer Seite $\mathfrak{p}$ von $\mathfrak{P}$ und H den Abstand der Ebene $\mathfrak{E}$ dieser Seite vom Nullpunkt. Das Vorzeichen von H ist dabei negativ zu wählen, wenn $\mathfrak{P}$ und der Nullpunkt durch die Ebene $\mathfrak{E}$ getrennt werden, sonst Null oder positiv, je nachdem der Nullpunkt in $\mathfrak{E}$ liegt oder nicht[1]. Die Summation ist über alle $n-1$-dimensionalen Seiten von $\mathfrak{P}$ zu erstrecken.

Über die Existenz des Volumens eines konvexen Körpers sehe man insbesondere Minkowski [4] § 7, ferner Blaschke [11] § 17. Ausführliche Begründungen für den zwei- und dreidimensionalen Fall geben Hjelmslev (= Petersen) [1], Whittemore [1].

29. Das Volumen der Körper einer Linearschar. Gemischte Volumina. *Das Volumen des Körpers*

$$\mathfrak{K} = \lambda_1\mathfrak{K}_1 + \cdots + \lambda_r\mathfrak{K}_r \qquad \lambda_\varrho \geqq 0$$

einer Linearschar konvexer Körper ist ein homogenes Polynom $n$ten Grades der Scharparameter $\lambda_1, \ldots, \lambda_r$. Es gilt demnach

$$(1) \qquad V(\mathfrak{K}) = \sum_{\varrho_\nu=1}^{r} V_{\varrho_1\varrho_2\ldots\varrho_n}\lambda_{\varrho_1}\lambda_{\varrho_2}\ldots\lambda_{\varrho_n}.$$

[1] H ist also der Wert der Stützfunktion von $\mathfrak{P}$ für den Einheitsvektor der zu $\mathfrak{E}$ als Stützebene gehörigen Richtung.

Hierbei ist die Summation über alle ϱ_ν unabhängig von 1 bis r zu erstrecken. Die nur von den Körpern $\mathfrak{K}_1, \ldots, \mathfrak{K}_r$ abhängenden Koeffizienten $V_{\varrho_1\varrho_2\ldots\varrho_n}$ können, was im folgenden stets geschieht, symmetrisch in allen Indizes angenommen werden.

Der Beweis werde zunächst für Polyederscharen durch Induktion nach der Dimension geführt. Für $n = 1$ ist die Behauptung klar; denn bei Linearkombination von Strecken derselben Geraden erfahren die Längen die gleiche Linearkombination. Seien nun $\mathfrak{P}_1, \ldots, \mathfrak{P}_r$ konvexe Polyeder des n-dimensionalen Raumes und $\mathfrak{P}$ ein Polyeder der Schar

$$\mathfrak{P} = \lambda_1 \mathfrak{P}_1 + \cdots + \lambda_r \mathfrak{P}_r .$$

Es bezeichne $\mathfrak{E}$ eine Stützebene von $\mathfrak{P}$, die eine $n - 1$-dimensionale Seite $\mathfrak{p}$ von $\mathfrak{P}$ enthält. Die zu $\mathfrak{E}$ gleichsinnig parallele Stützebene von $\mathfrak{P}_\varrho$ sei $\mathfrak{E}_\varrho$ $(\varrho = 1, \ldots, r)$. Der Durchschnitt von $\mathfrak{E}_\varrho$ mit $\mathfrak{P}_\varrho$ ist ein höchstens $n - 1$-dimensionales konvexes Polyeder $\mathfrak{p}_\varrho$. Wie früher (**22**, S. 31) gezeigt wurde, ist

$$\mathfrak{p} = \lambda_1 \mathfrak{p}_1 + \cdots + \lambda_r \mathfrak{p}_r . \tag{2}$$

Man projiziere nun die Körper der Schar (2), die ja alle in zu $\mathfrak{E}$ parallelen Ebenen liegen, senkrecht etwa auf die Ebene $\mathfrak{E}$. Dann ergeben sich in $\mathfrak{E}$ bis auf Translationen wieder die Körper einer Linearschar. Dabei haben die Körper der Schar (2) dasselbe $n - 1$-dimensionale Volumen wie ihre Projektionen auf $\mathfrak{E}$. Nimmt man die Behauptung für Linearscharen höchstens $n - 1$-dimensionaler Polyeder eines $n - 1$-dimensionalen Raumes als wahr an, so folgt, daß das $n - 1$-dimensionale Volumen von $\mathfrak{p}$ ein homogenes Polynom $n - 1$ ten Grades der λ_ϱ ist. Mit Berücksichtigung der Tatsache, daß die Stützfunktion von $\mathfrak{P}$ eine lineare Funktion der λ_ϱ ist, entnimmt man aus der Formel (1) des vorigen Abschnitts die Behauptung für n-dimensionale Polyeder. Sind nun $\mathfrak{K}_1, \mathfrak{K}_2, \ldots, \mathfrak{K}_r$ beliebige konvexe Körper, so bestimme man zu jedem Körper $\mathfrak{K}_\varrho$ eine Folge konvexer Polyeder $\mathfrak{P}_\varrho^{(\nu)}$ $(\nu = 1, 2, \ldots)$, die gegen $\mathfrak{K}_\varrho$ konvergiert. Dann konvergieren auch die Polyeder

$$\mathfrak{P}^{(\nu)} = \lambda_1 \mathfrak{P}_1^{(\nu)} + \cdots + \lambda_r \mathfrak{P}_r^{(\nu)}$$

für jedes feste Wertsystem $\lambda_\varrho \geqq 0$, und zwar gegen

$$\mathfrak{K} = \lambda_1 \mathfrak{K}_1 + \cdots + \lambda_r \mathfrak{K}_r .$$

Also strebt $V(\mathfrak{P}^{(\nu)})$ gegen $V(\mathfrak{K})$. Die homogenen Polynome $n$ten Grades $V(\mathfrak{P}^{(\nu)})$ in den λ_ϱ konvergieren also für alle $\lambda_\varrho \geqq 0$ gegen die Funktion $V(\mathfrak{K})$ der λ_ϱ. Folglich muß auch $V(\mathfrak{K})$ ein homogenes Polynom $n$ten Grades sein. Ferner folgen wegen der oben festgesetzten Symmetrie der Koeffizienten in den Indizes, daß die Koeffizienten von $V(\mathfrak{P}^{(\nu)})$ gegen die entsprechenden von $V(\mathfrak{K})$ konvergieren.

Die Koeffizienten $V_{\varrho_1\varrho_2\ldots\varrho_n}$ des Polynoms $V(\lambda_1 \mathfrak{K}_1 + \cdots + \lambda_r \mathfrak{K}_r)$ werden als g e m i s c h t e V o l u m i n a von $\mathfrak{K}_1, \ldots, \mathfrak{K}_r$ bezeichnet[1]. Falls

[1] In der Ebene „gemischte Flächeninhalte". Es wird dann die Bezeichnung F statt V gebraucht.

ihre Abhängigkeit von den Körpern $\mathfrak{K}_\varrho$ zum Ausdruck gebracht werden soll, wird im folgenden für $V_{\varrho_1\varrho_2\ldots\varrho_n}$ die Bezeichnung $V(\mathfrak{K}_{\varrho_1}, \mathfrak{K}_{\varrho_2}, \ldots, \mathfrak{K}_{\varrho_n})$ verwendet werden. Diese ist dadurch gerechtfertigt, daß der Koeffizient des Produkts $\lambda_{\varrho_1}\lambda_{\varrho_2}\ldots\lambda_{\varrho_n}$ in der Tat nur von den Körpern $\mathfrak{K}_{\varrho_1}, \mathfrak{K}_{\varrho_2}, \ldots, \mathfrak{K}_{\varrho_n}$ abhängt. Im Falle der zweiparametrigen Scharen erweist sich eine kürzere Bezeichnungsweise als zweckmäßig. Für das Volumen des Körpers $\lambda_1\mathfrak{K}_1 + \lambda_2\mathfrak{K}_2$ erhält man durch einfache Umformung aus (1) einen Ausdruck der Form

$$V(\lambda_1\mathfrak{K}_1 + \lambda_2\mathfrak{K}_2) = \sum_{\nu=0}^{n}\binom{n}{\nu}\lambda_1^{n-\nu}\lambda_2^{\nu}V_{\underbrace{11\ldots1}_{n-\nu}\underbrace{22\ldots2}_{\nu}}.$$

Zur Abkürzung wird gesetzt

$$V_{\underbrace{11\ldots1}_{n-\nu}\underbrace{22\ldots2}_{\nu}} = V_{(\nu)}(\mathfrak{K}_1, \mathfrak{K}_2)$$

oder auch, falls Mißverständnisse ausgeschlossen sind, $V_{(\nu)}$.[1]

Das gemischte Volumen der nicht notwendig voneinander verschiedenen Körper $\mathfrak{K}_1, \mathfrak{K}_2, \ldots, \mathfrak{K}_n$ besitzt folgende Eigenschaften.

1. *Werden die Körper $\mathfrak{K}_1, \ldots \mathfrak{K}_n$ einzeln irgendwelchen Translationen unterworfen, so bleibt $V(\mathfrak{K}_1, \ldots, \mathfrak{K}_n)$ ungeändert. Dasselbe gilt für gemeinsame Bewegung aller Körper.*

2. *Sind die Körper $\mathfrak{K}_1, \ldots, \mathfrak{K}_n$ alle einem Körper $\mathfrak{K}$ gleich, so ist*

$$V(\mathfrak{K}_1, \ldots, \mathfrak{K}_n) = V(\mathfrak{K}, \ldots, \mathfrak{K})$$

gleich dem Volumen $V(\mathfrak{K})$ des Körpers $\mathfrak{K}$.

3. *Es sei $0 < p < n$, p ganz, ferner*

$$\mathfrak{K} = \mu_1\mathfrak{K}' + \cdots + \mu_s\mathfrak{K}^{(s)}. \qquad \mu_\sigma \geqq 0$$

Dann ist $V(\underbrace{\mathfrak{K}, \mathfrak{K}, \ldots, \mathfrak{K}}_{p}, \mathfrak{K}_1, \mathfrak{K}_2, \ldots, \mathfrak{K}_{n-p})$, wo $\mathfrak{K}', \ldots, \mathfrak{K}^{(s)}, \mathfrak{K}_1, \ldots, \mathfrak{K}_{n-p}$ beliebige konvexe Körper sind, ein homogenes Polynom $p$ten Grades der μ_σ, und zwar ergibt sich

$$\begin{aligned} &V(\mathfrak{K}, \ldots, \mathfrak{K}, \mathfrak{K}_1 \ldots, \mathfrak{K}_{n-p}) \\ &= \sum_{\sigma_1, \ldots, \sigma_p} \mu_{\sigma_1}\ldots\mu_{\sigma_p} V(\mathfrak{K}^{(\sigma_1)}, \ldots, \mathfrak{K}^{(\sigma_p)}, \mathfrak{K}_1, \ldots, \mathfrak{K}_{n-p}), \end{aligned}$$

wo über jedes σ von 1 bis p zu summieren ist.

Man bestätigt dies mit Hilfe der Formel (1) durch Koeffizientenvergleich.

4. *$V(\mathfrak{K}_1, \mathfrak{K}_2, \ldots, \mathfrak{K}_n)$ hängt stetig von den Körpern $\mathfrak{K}_1, \mathfrak{K}_2, \ldots, \mathfrak{K}_n$ ab.*

Dies entnimmt man aus der stetigen Abhängigkeit des Volumens $V(\lambda_1\mathfrak{K}_1 + \cdots + \lambda_n\mathfrak{K}_n)$ von den Körpern $\mathfrak{K}_1, \ldots, \mathfrak{K}_n$ und der Fest-

[1] Man beachte, daß im Gegensatz zu $V(\mathfrak{K}_{\varrho_1}, \ldots, \mathfrak{K}_{\varrho_n})$ bei der Bezeichnung $V_{(\nu)}(\mathfrak{K}_1, \mathfrak{K}_2)$ die Körper $\mathfrak{K}_1$ und $\mathfrak{K}_2$ nicht vertauscht werden dürfen. Es gilt

$$V_{(\nu)}(\mathfrak{K}_1, \mathfrak{K}_2) = V_{(n-\nu)}(\mathfrak{K}_2, \mathfrak{K}_1).$$

setzung, daß die gemischten Volumina bei Vertauschung ihrer Indizes ungeändert bleiben.

5. *Ist der Körper* $\mathfrak{K}_1$ *im Körper* $\mathfrak{K}_1'$ *enthalten, so ist*

$$V(\mathfrak{K}_1, \mathfrak{K}_2, \ldots, \mathfrak{K}_n) \leqq V(\mathfrak{K}_1', \mathfrak{K}_2, \ldots, \mathfrak{K}_n).$$

6. *Es gilt stets*
$$V(\mathfrak{K}_1, \mathfrak{K}_2, \ldots, \mathfrak{K}_n) \geqq 0.$$

Zum Beweis der Eigenschaften 5. und 6. bemerke man zunächst, daß 6. eine unmittelbare Folge von 5. ist. Denn $V(\mathfrak{K}_1, \ldots, \mathfrak{K}_n)$ kann nach 5. nicht vergrößert werden, wenn jeder Körper $\mathfrak{K}_\nu$ durch einen in ihm enthaltenen Punkt ersetzt wird, und die gemischten Volumina von n Punkten sind Null. Auf diese Weise kann man auch feststellen, wann in 6. das Größerzeichen gültig ist. Angenommen nämlich, es sei möglich, aus jedem Körper $\mathfrak{K}_\nu$ $(\nu = 1, \ldots, n)$ eine Strecke $\mathfrak{u}_\nu$ herauszugreifen, so daß diese n Strecken nicht alle einer Ebene parallel sind, daß also das von den Strecken $\mathfrak{u}_\nu$ aufgespannte Parallelepiped positives Volumen hat, so ist nach 5.

$$V(\mathfrak{K}_1, \ldots, \mathfrak{K}_n) \geqq V(\mathfrak{u}_1, \ldots, \mathfrak{u}_n) > 0;$$

denn $n!\, V(\mathfrak{u}_1, \ldots, \mathfrak{u}_n)$ ist genau das Volumen des genannten Parallelepipeds. Umgekehrt überzeugt man sich, daß $V(\mathfrak{K}_1, \ldots, \mathfrak{K}_n)$ verschwindet, wenn es nicht möglich ist, derartige Strecken $\mathfrak{u}_\nu$ zu finden. Z. B. ist das gemischte Volumen jedenfalls dann Null, wenn einer der Körper nur aus einem Punkt besteht oder wenn zwei der Körper parallele Strecken sind (MINKOWSKI [4] § 21—22).

Nicht ganz so auf der Hand liegend ist der Beweis von 5. Hierzu bedarf es einer auch für andere Zwecke wichtigen Formel für das gemischte Volumen $V(\mathfrak{K}, \mathfrak{P}, \ldots, \mathfrak{P})$ eines beliebigen konvexen Körpers $\mathfrak{K}$ und eines Polyeders $\mathfrak{P}$. Es bezeichnen in irgendeiner Numerierung $\mathfrak{p}_1, \ldots, \mathfrak{p}_N$ die $n-1$-dimensionalen Seiten von $\mathfrak{P}$, ferner $\xi^{(1)}, \ldots, \xi^{(N)}$ die Einheitsvektoren der zugehörigen äußeren Normalenrichtungen und $v(\mathfrak{p}_1), \ldots, v(\mathfrak{p}_N)$ die $n-1$-dimensionalen Volumina der Seiten. Ferner sei $H(u)$ die Stützfunktion von $\mathfrak{K}$. Dann gilt

$$V(\mathfrak{K}, \mathfrak{P}, \ldots, \mathfrak{P}) = \frac{1}{n} \sum_{\nu=1}^{N} H(\xi^{(\nu)})\, v(\mathfrak{p}_\nu). \tag{3}$$

Bevor zum Beweis dieser Formel übergegangen wird, soll gezeigt werden, wie man hieraus die Behauptung 5. entnehmen kann.

Es sei der Körper $\mathfrak{K}$ im Körper $\mathfrak{K}'$ enthalten und der Nullpunkt in $\mathfrak{K}$ gewählt. Dann gilt für die Stützfunktionen H und H' der beiden Körper nach **15**, S. 24

$$0 \leqq H \leqq H'. \tag{4}$$

Daraus folgt nach (3), da alle $v(\mathfrak{p}_\nu)$ nichtnegativ sind,

$$V(\mathfrak{K}, \mathfrak{P}, \ldots, \mathfrak{P}) \leqq V(\mathfrak{K}', \mathfrak{P}, \ldots, \mathfrak{P}).$$

Wegen der Stetigkeitseigenschaft 4. der gemischten Volumina kann man in dieser Ungleichung $\mathfrak{P}$ durch einen beliebigen konvexen Körper ersetzen. Daraus entnimmt man zunächst, daß die Behauptung 5. im Fall $n = 2$ richtig ist. Der allgemeine Fall läßt sich durch Induktion nach der Dimension n folgendermaßen erledigen. Es seien $\mathfrak{P}_1, \ldots, \mathfrak{P}_{n-1}$ willkürliche Polyeder. Man wende (3) auf das Polyeder

$$\mathfrak{P} = \lambda_1 \mathfrak{P}_1 + \cdots + \lambda_{n-1} \mathfrak{P}_{n-1} \qquad \lambda_\varrho \geqq 0$$

an. Dann ergibt sich

$$(5) \quad V(\mathfrak{K}, \mathfrak{P}, \ldots, \mathfrak{P}) = \frac{1}{n} \sum_{\nu=1}^{N} H(\xi^{(\nu)})\, v\big(\lambda_1 \mathfrak{p}_\nu^{(1)} + \cdots + \lambda_{n-1} \mathfrak{p}_\nu^{(n-1)}\big).$$

Darin bedeutet $\mathfrak{p}_\nu^{(\varrho)}$ ($\varrho = 1, \ldots, n-1$) dasjenige höchstens $n-1$-dimensionale Polyeder, das die Stützebene der Richtung $\xi^{(\nu)}$ an das Polyeder $\mathfrak{P}_\varrho$ mit diesem Polyeder gemeinsam hat. Nach einem früheren Ergebnis (**22**, S. 31) ist dann die in der Stützebene der Richtung $\xi^{(\nu)}$ von $\mathfrak{P}$ gelegene Seite $\mathfrak{p}_\nu$ in der Tat die Linearkombination

$$\mathfrak{p}_\nu = \lambda_1 \mathfrak{p}_\nu^{(1)} + \cdots + \lambda_{n-1} \mathfrak{p}_\nu^{(n-1)}.$$

In (5) stehen rechts und links wegen der Eigenschaft 3. der gemischten Volumina homogene Polynome $n-1$ ten Grades der λ_ϱ. Vergleicht man die Koeffizienten des Produkts $\lambda_1 \lambda_2 \ldots \lambda_{n-1}$, so findet man

$$V(\mathfrak{K}, \mathfrak{P}_1, \ldots, \mathfrak{P}_{n-1}) = \frac{1}{n} \sum_{\nu=1}^{N} H(\xi^{(\nu)})\, v\big(\mathfrak{p}_\nu^{(1)}, \ldots, \mathfrak{p}_\nu^{(n-1)}\big).$$

Hierin ist $v\big(\mathfrak{p}_\nu^{(1)}, \ldots, \mathfrak{p}_\nu^{(n-1)}\big)$ das gemischte Volumen der höchstens $n-1$-dimensionalen Polyeder $\mathfrak{p}_\nu^{(1)}, \ldots, \mathfrak{p}_\nu^{(n-1)}$, die in parallelen Ebenen liegen. Nimmt man nun die Behauptung für $n-1$ Dimensionen als wahr an, so folgt, wie oben gezeigt, für $n-1$ Dimensionen auch die Eigenschaft 6., daß die gemischten Volumina nichtnegativ sind. Jetzt schließt man einfach so: Sind $\mathfrak{K}$ und $\mathfrak{K}'$ Körper, deren Stützfunktionen H und H' die Ungleichung (4) erfüllen, so ist

$$V(\mathfrak{K}, \mathfrak{P}_1, \ldots, \mathfrak{P}_{n-1}) \leqq V(\mathfrak{K}', \mathfrak{P}_1, \ldots, \mathfrak{P}_{n-1}).$$

Hierin kann man durch Grenzübergang von den Polyedern zu beliebigen konvexen Körpern übergehen. Damit ist 5. bewiesen.

Nun zum noch ausstehenden Beweis der Formel (3). Aus der Definition der gemischten Volumina entnimmt man unmittelbar, daß man $V(\mathfrak{K}, \mathfrak{P}, \ldots, \mathfrak{P})$ aus dem Volumen des Körpers $\mathfrak{P} + \mu\mathfrak{K}$ ($\mu > 0$) folgendermaßen erhält:

$$(6) \qquad V(\mathfrak{K}, \mathfrak{P}, \ldots, \mathfrak{P}) = \frac{1}{n} \lim_{\mu \to +0} \frac{V(\mathfrak{P} + \mu\mathfrak{K}) - V(\mathfrak{P})}{\mu}.$$

Es handelt sich also darum, das Volumen von $\mathfrak{P} + \mu\mathfrak{K}$ näher zu untersuchen. Wird als Nullpunkt ein Punkt von $\mathfrak{K}$ gewählt, so ist die Stützfunktion H von $\mathfrak{K}$ nichtnegativ. Der Körper $\mathfrak{P} + \mu\mathfrak{K}$ entsteht dann aus $\mathfrak{P}$ in folgender Weise. $\mathfrak{p}_\nu (\nu = 1, \ldots, N)$ seien wie früher die $n-1$-dimensionalen Seiten von $\mathfrak{P}$ sowie $v(\mathfrak{p}_\nu)$ ihre $n-1$-dimensionalen Volumina und $\xi^{(\nu)}$ die zugehörigen Normaleneinheitsvektoren. Mit $x^{(\nu)}$ werde der Ortsvektor eines oder desjenigen Randpunktes von $\mathfrak{K}$ bezeichnet, der in der Stützebene der Richtung $\xi^{(\nu)}$ von $\mathfrak{K}$ liegt. Man trage nun von jedem Punkt der Seite $\mathfrak{p}_\nu$ aus den Vektor $\mu x^{(\nu)}$ auf. Alle diese Vektoren erfüllen ein Prisma mit der Basis $\mathfrak{p}_\nu$ und der Höhe $\mu H(\xi^{(\nu)})$, also mit dem Volumen $\mu H(\xi^{(\nu)}) v(\mathfrak{p}_\nu)$. Die N so entstehenden Prismen liegen außerhalb $\mathfrak{P}$ und gehören, wie man der Definition der Linearkombination **20** S. 29 entnimmt, zu $\mathfrak{P} + \mu\mathfrak{K}$. Man hat daher

$$V(\mathfrak{P} + \mu\mathfrak{K}) = V(\mathfrak{P}) + \mu \sum_{\nu=1}^{N} H(\xi^{(\nu)})\, v(\mathfrak{p}_\nu) + *,$$

wo der Rest $*$ das Volumen des weder zu $\mathfrak{P}$ noch zu den Prismen gehörigen Teils von $\mathfrak{P} + \mu\mathfrak{K}$ bedeutet. Man überzeugt sich, daß jeder Punkt dieses Restbereiches von einer $n-2$-dimensionalen Kante von $\mathfrak{P}$ eine Entfernung $\leqq \mu M$ hat, wo M das Maximum der Stützfunktion $H(\xi)$ von $\mathfrak{K}$ auf der Einheitskugel $\sum \xi^2 = 1$ ist. Anders ausgedrückt: Der Rest ist in der Vereinigungsmenge aller Kugeln vom Radius μM enthalten, deren Mittelpunkte auf den $n-2$-dimensionalen Kanten von $\mathfrak{P}$ liegen. Das Volumen dieser Vereinigungsmenge, also auch $*$ ist also kleiner oder gleich μ^2 multipliziert mit einer von μ unabhängigen Konstanten. Dies in Verbindung mit der Grenzwertrelation (6) ergibt die Behauptung.

Die Formel (3) ist für $n = 3$ von Minkowski [4] § 22 bewiesen worden. Die obige Begründung schließt an ein von Steiner [3] für den speziellen Fall der Parallelkörper entwickeltes Verfahren an.

Über das Volumen in linearen Scharen konvexer Polyeder und Körper vgl. Minkowski [4] § 20—22. Für die gemischten Volumina konvexer Polyeder hat Minkowski a. a. O. eine geometrische Interpretation angegeben. Einfachere geometrische Deutungen im zwei- und dreidimensionalen Fall gaben Salkowski [2], Bonnesen [12] S. 86—88 und 106—108.

Die wichtige Eigenschaft 5. wird von Minkowski [4] § 21 aus der erwähnten geometrischen Interpretation der gemischten Volumina von Polyedern gefolgert. — Wann in der Ungleichung 5. das Gleichheitszeichen gilt, ist für den allgemeinen Fall ganz unbekannt. Im folgenden Spezialfall ist jedoch die Frage vollständig erledigt worden: Es sei der Körper $\mathfrak{K}_2$ im Körper $\mathfrak{K}_1$ enthalten, und $\mathfrak{K}_1$ besitze innere Punkte. Dann folgt aus 5., daß die gemischten Volumina $V_{(\nu)}(\mathfrak{K}_1, \mathfrak{K}_2)$ den Ungleichungen

$$V_{(0)} \geqq V_{(1)} \geqq \cdots \geqq V_{(n)}$$

genügen müssen. Da $V_{(0)}$ und $V_{(n)}$ die Volumina von $\mathfrak{K}_1$ und $\mathfrak{K}_2$ sind, so gilt dann und nur dann $V_{(0)} = V_{(n)}$, wenn $\mathfrak{K}_1$ und $\mathfrak{K}_2$ identisch sind. Es wurde für den dreidimensionalen Raum von Minkowski [4] § 28 und allgemein kürzlich von Favard [11] Kap. III bewiesen, daß dann und nur dann $V_{(0)} = V_{(p)}$ ist, wenn $\mathfrak{K}_1$ ein früher **12**, S. 18 definierter $n-p$-Tangentialkörper von $\mathfrak{K}_2$ ist (daß also insbesondere dann und nur dann $V_{(0)} = V_{(1)}$

ist, wenn $\mathfrak{K}_1$ Kappenkörper von $\mathfrak{K}_2$ ist). Diese Behauptung ist ohne Beweis auch schon von STEINITZ [2] S. 100 für den Fall, daß $\mathfrak{K}_1$ und $\mathfrak{K}_2$ Polyeder sind, ausgesprochen worden.

Ein anderer Spezialfall wird sich später sehr einfach erledigen lassen: Es sei $\mathfrak{K}_2$ in $\mathfrak{K}_1$ enthalten. $\mathfrak{S}$ sei die Einheitskugel. Dann gilt für ein beliebiges p zwischen 0 und n nach 5.

$$V_{(p)}(\mathfrak{K}_1, \mathfrak{S}) \geqq V_{(p)}(\mathfrak{K}_2, \mathfrak{S}) .$$

Hier steht das Gleichheitszeichen nur, falls $\mathfrak{K}_1$ und $\mathfrak{K}_2$ identisch sind oder falls $\mathfrak{K}_1$ höchstens $n-p-1$-dimensional ist. Im zweiten Fall und nur in diesem verschwinden beide Größen $V_{(p)}$. (Vgl. dazu **32**, S. 50.)

Eine bemerkenswerte Eigenschaft besitzen die folgenden speziellen gemischten Volumina[1]. Es bezeichne $\mathfrak{u}$ die Strecke, die den Nullpunkt mit dem Punkt u verbindet. Ferner seien $\mathfrak{K}_1, \ldots, \mathfrak{K}_{n-1}$ beliebige konvexe Körper. *Dann ist das gemischte Volumen*

$$G(u) = V(\mathfrak{K}_1, \ldots, \mathfrak{K}_{n-1}, \mathfrak{u})$$

als Funktion von u aufgefaßt eine Stützfunktion. D. h. $G(u)$ besitzt die Eigenschaften

$$G(\mu u) = \mu G(u) \text{ für } \mu \geqq 0, \quad G(u+v) \leqq G(u) + G(v),$$

von denen die erste ein Spezialfall der Eigenschaft 3. der gemischten Volumina ist. Daß auch die zweite erfüllt ist, erkennt man so: Sind $\mathfrak{u}$ und $\mathfrak{v}$ zwei Strecken mit den Endpunkten u und v, $\mathfrak{w}$ die Strecke mit dem Endpunkt $u+v$, so ist $\mathfrak{w}$ jedenfalls in dem durch Addition[2] von $\mathfrak{u}$ und $\mathfrak{v}$ entstehenden konvexen „Körper" $\mathfrak{u}+\mathfrak{v}$ (er besteht aus dem von $\mathfrak{u}$ und $\mathfrak{v}$ aufgespannten Parallelogramm) enthalten. Folglich gilt nach 5. und 3.

$$\begin{aligned} G(u+v) &= V(\mathfrak{K}_1, \ldots, \mathfrak{K}_{n-1}, \mathfrak{w}) \leqq V(\mathfrak{K}_1, \ldots, \mathfrak{K}_{n-1}, \mathfrak{u}+\mathfrak{v}) \\ &= V(\mathfrak{K}_1, \ldots, \mathfrak{K}_{n-1}, \mathfrak{u}) + V(\mathfrak{K}_1, \ldots, \mathfrak{K}_{n-1}, \mathfrak{v}) = G(u) + G(v) . \end{aligned}$$

Man kann somit in eindeutiger Weise je $n-1$ konvexen Körpern einen weiteren konvexen Körper, nämlich den mit der Stützfunktion $G(u)$ zuordnen. Man bestätigt sofort, daß dieser Körper stets den Nullpunkt zum Mittelpunkt hat; denn man kann die Strecke von 0 nach u durch Translation in die Strecke von 0 nach $-u$ überführen, woraus man wegen der Eigenschaft 1. der gemischten Volumina $G(u) = G(-u)$ entnimmt. Ersetzt man alle $n-1$ Körper durch denselben Körper $\mathfrak{K}$, so wird der durch $G(u)$ bestimmte Körper der Projektionenkörper von $\mathfrak{K}$.[3]

Mit der unwesentlichen Beschränkung auf diesen Fall und $n = 3$ rührt die obige Überlegung von MINKOWSKI [4] § 26 her. Weitere Spezialfälle betrachtet SÜSS [16], [17].

---

[1] Es handelt sich um die im folgenden Abschnitt zu besprechenden „gemischten Quermaße".

[2] Im Sinne von **20**. S. 29.

[3] Vgl. den folgenden Abschnitt.

30. Quermaße. Projektionenkörper. Es sei $\mathfrak{K}$ ein konvexer Körper und u eine beliebige Richtung. Man projiziere $\mathfrak{K}$ senkrecht auf eine zu u senkrechte Ebene $\mathfrak{E}$. Dann entsteht in $\mathfrak{E}$ wieder ein konvexer Körper, dessen $n - 1$-dimensionales Volumen als Quermaß von $\mathfrak{K}$ in der Richtung u bezeichnet wird. Gelegentlich wird dafür auch $n - 1$-dimensionales Quermaß oder auch zum Unterschied von den später zu definierenden inneren Quermaßen ($n - 1$-dimensionales) äußeres Quermaß gesagt.

Für die Quermaße eines Körpers $\mathfrak{K}$ läßt sich leicht eine Darstellung als gemischte Volumina angeben. Mit $\mathfrak{u}$ möge diejenige Strecke der Länge 1 bezeichnet werden, die den Nullpunkt mit dem Punkt u $(\sum u^2 = 1)$ verbindet. Man betrachte dann den Körper $\mathfrak{K} + \mu\mathfrak{u}$ $(\mu \geqq 0)$. Er entsteht dadurch, daß man von jedem Punkt von $\mathfrak{K}$ aus eine Strecke der Länge μ und der Richtung u abträgt. Von einer Geraden der Richtung u wird daher $\mathfrak{K} + \mu\mathfrak{u}$ in einer Strecke geschnitten, die um genau μ länger ist als die von derselben Geraden aus $\mathfrak{K}$ ausgeschnittene Strecke. Daraus entnimmt man, daß das Volumen von $\mathfrak{K} + \mu\mathfrak{u}$ um $\mu \cdot \sigma_u$ größer ist als das von $\mathfrak{K}$, wenn mit σ_u das Quermaß von $\mathfrak{K}$ in der Richtung u bezeichnet wird. Man hat also

$$V(\mathfrak{K} + \mu\mathfrak{u}) = V(\mathfrak{K}) + \mu\sigma_u$$

und daraus nach der Definition der gemischten Volumina:

Für das Quermaß σ_u von $\mathfrak{K}$ in der Richtung u gilt

$$\sigma_u = n V_{(1)}(\mathfrak{K}, \mathfrak{u}) = n V(\mathfrak{K}, \ldots, \mathfrak{K}, \mathfrak{u}) . \tag{1}$$

Das Quermaß ist demnach bis auf den Faktor n ein gemischtes Volumen der im vorangehenden Abschnitt zuletzt betrachteten speziellen Art, ist also als Funktion von u angesehen eine Stützfunktion; d. h.: *Die Ebenen, deren Abstände vom Nullpunkt gleich den zu ihren Richtungen gehörigen Quermaßen eines konvexen Körpers $\mathfrak{K}$ sind, umhüllen wieder einen konvexen Körper, den Projektionenkörper von $\mathfrak{K}$.* Der Nullpunkt ist stets Mittelpunkt des Projektionenkörpers.

Liegen $n - 1$ konvexe Körper $\mathfrak{K}_1, \ldots, \mathfrak{K}_{n-1}$ vor, so kann man ihr gemischtes Quermaß der Richtung u definieren als das $n - 1$-dimensionale gemischte Volumen der Orthogonalprojektionen von $\mathfrak{K}_1, \ldots, \mathfrak{K}_{n-1}$ auf eine Ebene der Richtung u. Für dieses gemischte Quermaß findet man aus (1), wenn man $\mathfrak{K}$ durch eine Linearkombination von $\mathfrak{K}_1, \ldots, \mathfrak{K}_{n-1}$ ersetzt, den Wert $nV(\mathfrak{K}_1, \ldots, \mathfrak{K}_{n-1}, \mathfrak{u})$. Folglich sind nach **29**, S. 44 auch die gemischten Quermaße Stützfunktionen als Funktionen von u, und es gilt: Die Ebenen, deren Abstände vom Nullpunkt gleich den zu ihren Richtungen gehörigen gemischten Quermaßen sind, bilden die Stützebenen eines konvexen Körpers mit Mittelpunkt.

Die obige Darstellung des Quermaßes als gemischtes Volumen rührt von Minkowski [4] § 26 her, ebenso der Begriff des Projektionenkörpers. Auf die zuletzt genannte Verallgemeinerung hat im wesentlichen Süss [16], [17] aufmerksam gemacht.

Es erweist sich als nützlich, den Begriff des Quermaßes folgendermaßen zu verallgemeinern: Es sei R^p ein beliebiger p-dimensionaler Unterraum ($p = 1, 2, \ldots, n - 1$). Man projiziere einen konvexen Körper $\mathfrak{K}$ senkrecht auf R^p; dann entsteht in R^p ein konvexer Körper, dessen p-dimensionales Volumen als ein (äußeres) p-dimensionales Quermaß von $\mathfrak{K}$ bezeichnet wird. Das eindimensionale Quermaß, also die Länge der Projektion von $\mathfrak{K}$ auf eine Gerade, heißt auch die Breite des Körpers in der Richtung der Geraden (vgl. dazu **33**, S. 51). Ist R^q ($q < p$) ein in R^p liegender Unterraum und projiziert man $\mathfrak{K}$ zunächst auf R^p und dann die Projektion auf R^q, so entsteht dasselbe, als wenn man $\mathfrak{K}$ direkt auf R^q projiziert. Folglich sind die q-dimensionalen Quermaße der p-dimensionalen Projektionen von $\mathfrak{K}$ zugleich q-dimensionale Quermaße von $\mathfrak{K}$ selbst.

Auch die p-dimensionalen Quermaße lassen sich als gemischte Volumina darstellen. Es bezeichne $\mathfrak{E}^{n-p}$ die $n - p$-dimensionale Einheitskugel, die in einem auf R^p senkrechten $n - p$-dimensionalen Unterraum liegt. Dann ist das p-dimensionale Quermaß bezüglich R^p bis auf einen nur von n und p abhängenden Faktor $V_{(n-p)}(\mathfrak{K}, \mathfrak{E}^{n-p})$.

Größtenteils ungeklärt ist die Frage, wie weit ein konvexer Körper durch die Vorgabe seiner Quermaße bestimmt ist. Es ist zu vermuten, daß durch die Vorgabe der Quermaße aller Dimensionen ein Körper eindeutig bestimmt ist, falls es sich um einen mindestens dreidimensionalen Raum handelt. Allein durch die eindimensionalen Quermaße (Breiten) ist ein Körper gewiß nicht bestimmt; denn es gibt eine große Klasse von der Kugel verschiedener Körper konstanter Breite (vgl. § 15, S. 127). Dasselbe gilt für die alleinige Vorgabe aller $n - 1$-dimensionalen Quermaße (Körper konstanter Helligkeit; vgl. **68**, S. 140). Inwiefern ein (dreidimensionaler) Körper durch seine zweidimensionalen Quermaße (seine Helligkeit in den verschiedenen Richtungen) bestimmt ist, untersucht HERGLOTZ [**1**].

Innere Quermaße. Man fasse eine feste Schar paralleler p-dimensionaler Unterräume ins Auge. Der Durchschnitt eines konvexen Körpers $\mathfrak{K}$ mit einem Unterraum der Schar ist ein (höchstens) p-dimensionaler konvexer Körper: Das Maximum der p-dimensionalen Volumina dieser Querschnitte für alle Unterräume der Schar wird als ein inneres p-dimensionales Quermaß von $\mathfrak{K}$ bezeichnet. Es hängt natürlich von der Richtung der Parallelschar ab. Das innere Quermaß ist stets kleiner oder gleich dem entsprechenden äußeren Quermaß. Über innere Quermaße vgl. BONNESEN [**9**], [**10**], [**12**] S. 56. Dort wird auch die Frage aufgeworfen, ob ein (dreidimensionaler) Körper durch seine zweidimensionalen inneren und äußeren Quermaße bestimmt ist.

31. Die Oberfläche eines konvexen Körpers.

Jeder konvexe Körper $\mathfrak{K}$ besitzt eine Oberfläche S, die als Grenzwert der Oberflächen von konvexen Polyedern, die gegen $\mathfrak{K}$ konvergieren, erhalten werden kann. Dabei wird unter der Oberfläche eines konvexen Polyeders die Summe der $n - 1$-dimensionalen Volumina seiner Seiten verstanden. (Im zweidimensionalen Fall wird statt „Oberfläche“ S die Bezeichnung „Länge“ L gebraucht werden[1].)

[1] Das sonst dafür auch gebräuchliche Wort „Umfang“ wird im folgenden gelegentlich in anderem Sinne verwendet (vgl. **39**, S. 67).

Für die Oberfläche eines konvexen Polyeders $\mathfrak{P}$ läßt sich aus der **29**, S. 41 abgeleiteten Formel (3) sofort eine Darstellung als gemischtes Volumen ablesen. Es seien wie früher $\mathfrak{p}_1, \ldots, \mathfrak{p}_N$ die Seiten von $\mathfrak{P}$, und $v(\mathfrak{p}_1), \ldots, v(\mathfrak{p}_N)$ ihre (n — 1-dimensionalen) Volumina. Der Einheitsvektor der zu $\mathfrak{p}_\nu$ gehörigen äußeren Normalen von $\mathfrak{P}$ sei $\xi^{(\nu)}$. Dann wurde a. a. O. für einen beliebigen konvexen Körper $\mathfrak{K}$ mit der Stützfunktion H bewiesen:

$$n\,V(\mathfrak{K}, \mathfrak{P}, \ldots, \mathfrak{P}) = \sum_{\nu=1}^{N} H(\xi^{(\nu)})\, v(\mathfrak{p}_\nu). \tag{1}$$

Wählt man hierin speziell für $\mathfrak{K}$ die Einheitskugel $\mathfrak{S}$, so wird auf der Einheitskugel $H = 1$, und auf der rechten Seite von (1) entsteht die Oberfläche $S(\mathfrak{P})$ von $\mathfrak{P}$. Also gilt

$$S(\mathfrak{P}) = n\,V(\mathfrak{S}, \mathfrak{P}, \ldots, \mathfrak{P}).$$

Man definiere nun die Oberfläche $S(\mathfrak{K})$ eines beliebigen konvexen Körpers $\mathfrak{K}$ durch

$$S(\mathfrak{K}) = n\,V(\mathfrak{S}, \mathfrak{K}, \ldots, \mathfrak{K}). \tag{2}$$

Dann ist wegen der Stetigkeit der gemischten Volumina die anfangs ausgesprochene Behauptung richtig.

Die Oberfläche $S(\mathfrak{K})$ besitzt die folgenden Eigenschaften:

1. $S(\mathfrak{K})$ *bleibt bei Bewegungen von* $\mathfrak{K}$ *ungeändert.*

2. $S(\mathfrak{K})$ *hängt stetig von* $\mathfrak{K}$ *ab.*

3. *Ist* $\mathfrak{K}$ n — *1-dimensional, so ist* $S(\mathfrak{K})$ *gleich dem doppelten* n — *1-dimensionalen Volumen von* $\mathfrak{K}$.

4. *Es ist dann und nur dann* $S(\mathfrak{K}) = 0$, *wenn* $\mathfrak{K}$ *höchstens* n — *2-dimensional ist.*

5. *Ist* $\mathfrak{K}$ *in* $\mathfrak{K}'$ *enthalten, so gilt*

$$S(\mathfrak{K}) \leqq S(\mathfrak{K}'),$$

und das Gleichheitszeichen steht nur, wenn $S(\mathfrak{K}') = 0$ *ist oder wenn* $\mathfrak{K}$ *und* $\mathfrak{K}'$ *identisch sind.*

Die Eigenschaft 5. wird sich mühelos aus der im folgenden Abschnitt zu besprechenden CAUCHYschen Formel für die Oberfläche ergeben. Die übrigen folgen leicht aus den früher genannten Eigenschaften der gemischten Volumina.

Sind $\mathfrak{K}_1, \ldots, \mathfrak{K}_{n-1}$ konvexe Körper, so wird $V(\mathfrak{S}, \mathfrak{K}_1, \ldots, \mathfrak{K}_{n-1})$ als ihre gemischte Oberfläche bezeichnet.

MINKOWSKIS Oberflächenbegriff. Die obige Formel (2) für die Oberfläche läßt sich nach Definition des gemischten Volumens folgendermaßen schreiben:

$$S(\mathfrak{K}) = \lim_{\mu \to +0} \frac{V(\mathfrak{K} + \mu\mathfrak{S}) - V(\mathfrak{K})}{\mu}, \tag{3}$$

wo wie bisher $\mathfrak{K} + \mu\mathfrak{S}$ den Parallelkörper von $\mathfrak{K}$ im Abstand $\mu > 0$ bezeichnet. Daß die Oberfläche in dieser Weise aus den Volumina der Parallelkörper erhalten werden kann, ist von STEINER [**3**] gezeigt worden. Zur

Definition der Oberfläche ist (2), also (3) von MINKOWSKI [2], [4] § 24 verwendet worden. Man kann mit MINKOWSKI [2] in ähnlicher Weise den Flächeninhalt eines beliebigen Flächenstücks definieren. Es werde um jeden Punkt des Flächenstücks eine Kugel vom Radius μ beschrieben. Das Volumen der Vereinigungsmenge dieser Kugeln sei v_μ. Dann ist nach MINKOWSKI unter dem Flächeninhalt der Grenzwert $\lim\limits_{\mu\to+0}\frac{v_\mu}{2\mu}$ zu verstehen, falls er existiert. Analog kann z. B. die Länge einer Kurve des dreidimensionalen Raumes so definiert werden: Um jeden Punkt der Kurve werde eine Kugel vom Radius μ beschrieben. Die Vereinigungsmenge habe das Volumen v'_μ. Dann ist die Länge der Kurve $\lim\limits_{\mu\to+0}\frac{v'_\mu}{\pi\mu^2}$, falls vorhanden. Vgl. dazu MINKOWSKI [2]. Über die Beziehung des MINKOWSKIschen Längen- und Oberflächenbegriffs zu anderen siehe ESTERMANN [1], FAVARD [12]. Über MINKOWSKIS Begriff der Relativoberfläche im folgenden **38**, S. 64.

32. CAUCHYsche Oberflächenformel. Quermaßintegrale. Es sei u ein Einheitsvektor und σ_u das (n — 1-dimensionale) Quermaß eines konvexen Körpers $\mathfrak{K}$ in der Richtung u. Dann gilt für die Oberfläche $S(\mathfrak{K})$ die Formel von CAUCHY:

(1) $$S(\mathfrak{K}) = \frac{1}{\varkappa_{n-1}}\int_\Omega \sigma_u\, d\omega .$$

Hierbei ist die Integration bei variablem Einheitsvektor u über die Oberfläche der Einheitskugel zu erstrecken[1]. In Worten: *Die Oberfläche eines konvexen Körpers ist gleich dem* $\frac{\omega_n}{\varkappa_{n-1}}$*-fachen arithmetischen Mittel seiner n — 1-dimensionalen Quermaße*[1].

Zum Beweis der Formel (1) zunächst eine Vorbemerkung! Es sei $\sum v^2 = 1$. Dann gilt identisch in v

(2) $$\int_\Omega |\textstyle\sum uv|\, d\omega_u = 2\varkappa_{n-1}$$

bei Integration über die Einheitskugel $\sum u^2 = 1$; denn die linke Seite ist genau das doppelte n — 1-dimensionale Volumen der Projektion einer Einheitskugel auf eine Ebene, also das doppelte Volumen der n — 1-dimensionalen Einheitskugel.

Da beide Seiten der CAUCHYschen Formel (1) stetig vom Körper $\mathfrak{K}$ abhängen, genügt es, den Beweis für ein konvexes Polyeder $\mathfrak{P}$ zu führen. Es seien $\mathfrak{p}_1, \ldots, \mathfrak{p}_N$ die Seiten, $v(\mathfrak{p}_1), \ldots, v(\mathfrak{p}_N)$ ihre n — 1-dimensionalen Volumina und $\xi^{(1)}, \ldots, \xi^{(N)}$ die Einheitsvektoren der zugehörigen äußeren Normalen von $\mathfrak{P}$. Ferner sei u ein Einheitsvektor und $\mathfrak{E}$ eine dazu senkrechte Ebene. Bei Orthogonalprojektion einer Seite $\mathfrak{p}_\nu$ auf $\mathfrak{E}$ multipliziert sich das Volumen $v(\mathfrak{p}_\nu)$ mit dem Betrag des Kosinus des Winkels zwischen Projektionsrichtung und Normalenvektor von $\mathfrak{p}_\nu$, also mit $|\sum u\xi^{(\nu)}|$. Die Summe der n — 1-dimensionalen Volumina der

[1] $d\omega$ bedeutet stets das Oberflächenelement, $\varkappa_n$ das Volumen, ω_n die Oberfläche der n-dimensionalen Einheitskugel (vgl. S. 2).

Projektionen aller $\mathfrak{p}_\nu$ auf $\mathfrak{E}$ ist genau gleich dem doppelten Quermaß σ_u von $\mathfrak{P}$ in der Richtung u. Es gilt also

$$2\sigma_u = \sum_{\nu=1}^{N} \left| \sum u \xi^{(\nu)} \right| v(\mathfrak{p}_\nu).$$

Integration dieser Gleichung über die Einheitskugel $\sum u^2 = 1$ ergibt mit Berücksichtigung von (2) die Behauptung für $\mathfrak{P}$.

Formel (1) ist für zwei und drei Dimensionen von CAUCHY [2], [3] angegeben worden. Beweise findet man auch bei MINKOWSKI [4] § 26, KUBOTA [9], [15] BONNESEN [12] S. 32. Die CAUCHYsche Formel steht in Zusammenhang mit gewissen Fragen über geometrische Wahrscheinlichkeiten bei konvexen Körpern. Vgl. dazu **39**, S. 67—69.

Ebenso wie die Oberfläche als arithmetisches Mittel der Quermaße kann die gemischte Oberfläche von $n-1$ Körpern $\mathfrak{K}_1, \ldots, \mathfrak{K}_{n-1}$ als arithmetisches Mittel ihrer gemischten Quermaße dargestellt werden. Ersetzt man nämlich in der CAUCHYschen Formel (1) den Körper $\mathfrak{K}$ durch eine Linearkombination von $\mathfrak{K}_1, \ldots, \mathfrak{K}_{n-1}$, so erhält man mit Berücksichtigung der oben **30**, S. 45 angegebenen Darstellung des Quermaßes als gemischtes Volumen durch Koeffizientenvergleich

$$V(\mathfrak{K}_1, \ldots, \mathfrak{K}_{n-1}, \mathfrak{S}) = \frac{1}{\varkappa_{n-1}} \int_{\Omega} V(\mathfrak{K}_1, \ldots, \mathfrak{K}_{n-1}, \mathfrak{u})\, d\omega, \tag{3}$$

wobei die Integration über die Einheitskugel $\sum u^2 = 1$ zu erstrecken ist.

Ein wichtiger Spezialfall von (3) ergibt sich, wenn man $\nu - 1$ $(\nu = 2, 3, \ldots, n-1)$ der Körper $\mathfrak{K}_1, \ldots, \mathfrak{K}_{n-1}$ durch die Einheitskugel $\mathfrak{S}$ und die übrigen $n-\nu$ durch einen beliebigen Körper $\mathfrak{K}$ ersetzt. Zur Abkürzung werde gesetzt

$$W_\nu = W_\nu(\mathfrak{K}) = V(\underbrace{\mathfrak{K}, \ldots, \mathfrak{K}}_{n-\nu}, \underbrace{\mathfrak{S}, \ldots, \mathfrak{S}}_{\nu}),$$

$$W'_{\nu-1}(\mathfrak{K}, \mathfrak{u}) = V(\underbrace{\mathfrak{K}, \ldots, \mathfrak{K}}_{n-\nu}, \underbrace{\mathfrak{S}, \ldots, \mathfrak{S}}_{\nu-1}, \mathfrak{u})$$

Die Größe W_ν wird aus einem gleich zu erörternden Grunde das νte Quermaßintegral von $\mathfrak{K}$ genannt. Das Volumen des Parallelkörpers von $\mathfrak{K}$ drückt sich durch die Quermaßintegrale so aus:

$$V(\mathfrak{K} + \mu\mathfrak{S}) = W_0 + \binom{n}{1} W_1 \mu + \cdots + \binom{n}{n} W_n \mu^n.$$

W_0 ist das Volumen, nW_1 die Oberfläche von $\mathfrak{K}$, und W_n ist stets gleich dem Volumen $\varkappa_n$ der Einheitskugel. Die Größe $W'_{\nu-1}(\mathfrak{K}, \mathfrak{u})$ ist das $\nu-1$te Quermaßintegral der Projektion von $\mathfrak{K}$ auf eine Ebene der Richtung u. Insbesondere $W'_0(\mathfrak{K}, \mathfrak{u})$ ist das Quermaß der Richtung u von $\mathfrak{K}$. Durch die obengenannte Spezialisierung von (3) erhält man die folgende KUBOTAsche Formel

$$W_\nu(\mathfrak{K}) = \frac{1}{\varkappa_{n-1}} \int_{\Omega} W'_{\nu-1}(\mathfrak{K}, \mathfrak{u})\, d\omega, \tag{4}$$

die besagt, *daß das νte Quermaßintegral eines Körpers bis auf einen nur von n abhängigen Faktor dem arithmetischen Mittel der $\nu - 1$ten Quermaßintegrale seiner Orthogonalprojektionen auf Ebenen gleich ist.* Für $\nu = 1$ kommt man auf die CAUCHYsche Formel (1) zurück.

Durch wiederholte Anwendung von (4) kann man schließen, daß sich W_ν durch die $n - \nu$-dimensionalen Quermaße von $\mathfrak{K}$ ausdrücken läßt. Wendet man nämlich (4) auf den durch Projektion von $\mathfrak{K}$ auf eine Ebene entstehenden $n - 1$-dimensionalen Körper $\mathfrak{K}'$ mit $\nu - 1$ statt ν an, so erhält man die Größen $W'_{\nu-1}(\mathfrak{K}, \mathfrak{u})$, also nach (4) auch W_ν ausgedrückt durch die $\nu - 2$ten Quermaßintegrale der Projektionen $\mathfrak{K}''$ von $\mathfrak{K}'$. Diese lassen sich auf dieselbe Weise durch die $\nu - 3$ten Quermaßintegrale der $n - 3$-dimensionalen Projektionen der $\mathfrak{K}''$ ausdrücken und so fort. Schließlich gelangt man zu 0ten Quermaßintegralen von Projektionen auf $n - \nu$-dimensionale Unterräume, also zu den $n - \nu$-dimensionalen Quermaßen von $\mathfrak{K}$. Auf diese Weise erkennt man: *Das νte Quermaßintegral $W_\nu(\mathfrak{K})$ ist bis auf einen nur von n abhängigen Faktor arithmetisches Mittel der $n - \nu$-dimensionalen Quermaße von $\mathfrak{K}$.* W_{n-1} stammt daher von den eindimensionalen Quermaßen, also den Breiten von $\mathfrak{K}$. Aus diesem Grunde heißt $\frac{2n}{\omega_n} W_{n-1}$ auch die mittlere Breite des Körpers und wird mit $\overline{B}$ bezeichnet. [Vgl. **38** (10), S. 63.]

Als einfache Folge hiervon ergibt sich die folgende, schon **29**, S. 44 genannte Tatsache, in der insbesondere für $\nu = 1$ die Eigenschaft 5. der Oberfläche (S. 47) enthalten ist. Ist $\mathfrak{K}_2$ in $\mathfrak{K}_1$ enthalten, so gilt

$$W_\nu(\mathfrak{K}_2) \leqq W_\nu(\mathfrak{K}_1),$$

und das Gleichheitszeichen steht nur, falls $W_\nu(\mathfrak{K}_1) = 0$, wenn also alle $n - \nu$-dimensionalen Quermaße von $\mathfrak{K}_1$ verschwinden oder wenn $\mathfrak{K}_1$ und $\mathfrak{K}_2$ identisch sind. Man schließt nämlich sofort, daß unter den genannten Annahmen je zwei entsprechende $n - \nu$-dimensionale Quermaße der beiden Körper übereinstimmen müssen. Anwendung der Eigenschaft 4. des Volumens auf die Projektionen der Körper $\mathfrak{K}_1$ und $\mathfrak{K}_2$ auf $n - \nu$-dimensionale Unterräume ergibt dann, daß entweder alle $n - \nu$-dimensionalen Quermaße von $\mathfrak{K}_1$ verschwinden oder daß die Projektionen von $\mathfrak{K}_1$ und $\mathfrak{K}_2$ auf einen willkürlichen $n - \nu$-dimensionalen Unterraum zusammenfallen. Dann müssen aber auch $\mathfrak{K}_1$ und $\mathfrak{K}_2$ identisch sein.

Die Formel (4) ist von KUBOTA [**15**] bewiesen worden. Die hier als Quermaßintegrale bezeichneten Größen W_ν heißen dort „Mittelvolumina" von $\mathfrak{K}$.

Es sei noch bemerkt, daß die Formel (3) für die gemischten Oberflächen verallgemeinert werden kann. Statt der Einheitskugel $\mathfrak{S}$ kann ein Körper gesetzt werden, der durch nichtnegative kontinuierliche (oder auch endliche) Linearkombination aus Strecken entsteht (vgl. **19**, S. 29). Unter dem Integral der rechten Seite von (3) ist dann noch die nichtnegative „Belegungsfunktion" der Linearkombination hinzuzufügen. Derartige Relationen finden sich in Spezialfällen bei SÜSS [**17**].

33. Breite, Durchmesser, Dicke. Der Abstand der beiden auf einer Richtung u senkrechten Stützebenen eines konvexen Körpers $\mathfrak{K}$ heißt die Breite von $\mathfrak{K}$ in der Richtung u und wird mit $B(u)$ bezeichnet. $B(u)$ ist das eindimensionale äußere Quermaß von $\mathfrak{K}$ in der Richtung u. Offenbar gilt, wenn u ein Einheitsvektor ist,

$$B(u) = B(-u) = H(u) + H(-u),$$

wo H die Stützfunktion von $\mathfrak{K}$ ist. $B(u)$ ist demnach wieder Stützfunktion. Der dazugehörige konvexe Körper heißt Breitenkörper oder auch Vektorkörper von $\mathfrak{K}$. Die letztere Bezeichnung rührt daher, daß dieser Körper entsteht, wenn man alle Vektoren, die in $\mathfrak{K}$ enthalten sind, vom Nullpunkt aus aufträgt. Man entnimmt dies daraus, daß der Vektorkörper durch Addition (im Sinne von **20**, S. 29) von $\mathfrak{K}$ und dem aus $\mathfrak{K}$ durch Spiegelung am Nullpunkt hervorgehenden Körper entsteht.

Das Maximum von $B(u)$ für alle Richtungen u, d. h. also der Maximalabstand paralleler Stützebenen, heißt der Durchmesser von $\mathfrak{K}$ und wird mit D bezeichnet. D ist zugleich das Maximum der Entfernungen irgend zweier Punkte des Körpers. Unmittelbar ergibt sich, daß das letztere Maximum, das für den Augenblick mit D' bezeichnet sei, mindestens D ist. Andererseits ist aber $D \geqq D'$; denn sind A und B zwei Punkte von $\mathfrak{K}$ mit maximalem Abstand D', so müssen die beiden auf der Strecke AB in ihren Endpunkten senkrechten Ebenen Stützebenen von $\mathfrak{K}$ sein.

Die kleinste Breite, also das Minimum von $B(u)$, heißt die Dicke von $\mathfrak{K}$ und wird mit Δ bezeichnet. Die Dicke kann auch in folgender Weise erhalten werden. Es bezeichne $l(u)$ das Maximum der Längen aller Sehnen von $\mathfrak{K}$, die die Richtung u haben[1]. Dann ist Δ das Minimum von $l(u)$ für alle Richtungen u. Der Beweis hierfür kann etwa so geführt werden: Bezeichne Δ' für den Augenblick das Minimum von $l(u)$. Aus der Definition von Δ entnimmt man, daß jedenfalls $\Delta' \leqq \Delta$ gelten muß. Sei nun AB eine Sehne der Richtung u und der Länge $l(u)$. Dann gibt es zwei parallele Stützebenen von $\mathfrak{K}$, die durch A bzw. B gehen. Hat man dies gezeigt, so ist man fertig. Denn der Abstand dieser Stützebenen ist einerseits höchstens $l(u)$, andererseits mindestens Δ. Für jede Richtung u gilt daher $l(u) \geqq \Delta$, also auch $\Delta' \geqq \Delta$. Um die Existenz zweier paralleler Stützebenen durch A und B einzusehen, verfährt man einfach so: Durch diejenige Translation des Raumes, die A in B überführt, gehe aus $\mathfrak{K}$ der Körper $\mathfrak{K}'$ hervor. $\mathfrak{K}$ und $\mathfrak{K}'$ haben keinen inneren Punkt gemeinsam, da sonst $\mathfrak{K}$ eine Sehne der Richtung u mit einer Länge größer $l(u)$ enthielte. Es gibt also eine $\mathfrak{K}$ und $\mathfrak{K}'$ trennende Ebene durch B, die für beide Körper Stützebene ist[2]. Diese Ebene und die Parallelebene durch A leisten das Gewünschte.

---

[1] $l(u)$ ist also eindimensionales inneres Quermaß.

[2] Vgl. dazu **2**, S. 5.

Besitzt eine Strecke die Eigenschaft, daß die beiden auf ihr senkrechten Ebenen durch ihre Endpunkte Stützebenen sind, so soll die Sehne eine Doppelnormale des Körpers heißen. Der Vergleich der beiden Definitionen der Dicke lehrt, daß es zu jedem Paar paralleler Stützebenen vom Abstand Δ eine Doppelnormale gibt, die auf den Ebenen senkrecht steht. Aus den obigen Bemerkungen über den Durchmesser D folgt unmittelbar, daß jede Sehne der Länge D Doppelnormale ist.

Weitere Untersuchungen über Sehnenlängen von konvexen Bereichen und Körpern bei ZINDLER [1] II., III.

34. Schwerpunkte und andere ausgezeichnete Punkte eines konvexen Körpers. Ein konvexer Körper $\mathfrak{K}$ mit inneren Punkten sei homogen mit Masse belegt. Die Koordinaten s des Schwerpunkts berechnen sich durch das über $\mathfrak{K}$ zu erstreckende Volumenintegral (vgl. **5**, S. 8)

$$s = \frac{1}{V(\mathfrak{K})} \int_{\mathfrak{K}} x \, dx .$$

x ist ein in $\mathfrak{K}$ variabler Punkt. Der Schwerpunkt hängt offenbar stetig von $\mathfrak{K}$ ab.

Der Schwerpunkt liegt, wie schon **6**, S. 8 bemerkt, im Innern von $\mathfrak{K}$; im hier vorliegenden Fall des homogen belegten konvexen Körpers läßt sich jedoch eine genauere Aussage über seine Lage machen. Es gilt nämlich, *daß der Abstand des Schwerpunkts von einer beliebigen Stützebene größer oder gleich* $\frac{B}{n+1}$ *und kleiner oder gleich* $\frac{nB}{n+1}$ *ist, wenn B die Breite des Körpers in der zu dieser Stützebene senkrechten Richtung ist.* Es genügt, dies für Polyeder zu zeigen. Sei also $\mathfrak{P}$ ein konvexes Polyeder, $\mathfrak{E}_1$ und $\mathfrak{E}_2$ ein Paar paralleler Stützebenen und B deren Abstand. Man wähle einen in $\mathfrak{E}_2$ gelegenen Randpunkt P von $\mathfrak{P}$ und zerlege $\mathfrak{P}$ in die Pyramiden, deren Spitzen P und deren „Grundflächen" die Seiten von $\mathfrak{P}$ sind. Dabei können alle die Seiten außer acht gelassen werden, denen P angehört. Man fasse nun eine dieser Pyramiden ins Auge. Die Verbindungsgerade der Spitze P mit dem Schwerpunkt S dieser Pyramide schneide ihre Basis in Q. Dann gilt, wie eine einfache Rechnung lehrt, für die Entfernungen PS, SQ und PQ

$$PS = n \cdot SQ = \frac{n}{n+1} \cdot PQ .$$

Daraus folgt, da die Strecke PQ ganz dem Parallelstreifen zwischen $\mathfrak{E}_1$ und $\mathfrak{E}_2$ angehört, daß der Abstand des Schwerpunkts S von $\mathfrak{E}_2$ höchstens $\frac{n}{n+1} B$, also der Abstand von S und $\mathfrak{E}_1$ mindestens $\frac{B}{n+1}$ ist. Da dies für die Schwerpunkte aller zusammen $\mathfrak{P}$ ergebender Pyramiden gilt, trifft diese Abschätzung auch für den Gesamtschwerpunkt zu.

Wird der Schwerpunkt eines konvexen Körpers $\mathfrak{K}$ als Nullpunkt gewählt, so erhält man aus dem Obigen für die Werte der Stützfunktion $H(u)$ von $\mathfrak{K}$ auf der Einheitskugel $\sum u^2 = 1$ folgende Abschätzung

$$(1) \qquad H(u) \geqq \frac{1}{n+1} B(u) \geqq \frac{1}{n} H(-u)$$

oder nach Definition von Durchmesser D und Dicke $\varDelta$

$$\frac{n}{n+1} D \geqq H(u) \geqq \frac{1}{n+1} \varDelta .$$

Dies kann man auch so aussprechen: Ein konvexer Körper ist ganz in der Kugel um den Schwerpunkt mit dem Radius $\frac{n}{n+1} D$ enthalten und enthält die Kugel um den Schwerpunkt mit dem Radius $\frac{1}{n+1} \varDelta$.

Über die Existenz des Schwerpunkts eines homogen belegten konvexen Körpers siehe Minkowski [4] § 7. Die obige Abschätzung der Lage des Schwerpunkts bei Minkowski [1] S. 105, Radon [1], Estermann [3] und Süss [13].

Indem man den konvexen Körper mit anderen Massenbelegungen versieht, gelangt man zu weiteren ausgezeichneten Punkten. Z. B. erhält man durch homogene Belegung der Oberfläche den Oberflächenschwerpunkt. Ferner kann man den Rand des Körpers mit Masse so belegen, daß die Dichte einer der Krümmungsfunktionen gleich wird. Im zweidimensionalen Fall kommt man so auf Steiners Krümmungsschwerpunkt, das ist der Schwerpunkt derjenigen Randbelegung eines konvexen Bereichs, deren Dichte in einem Randpunkt gleich der Krümmung in diesem Punkt ist. Der Krümmungsschwerpunkt besitzt die folgende von Steiner [2] entdeckte Minimumeigenschaft. Der Ort der Fußpunkte der von einem Punkt P auf die Stützgeraden des Bereichs gefällten Lote ist die „Fußpunktkurve" des Bereichs bezüglich P. Ihr Inhalt erreicht sein Minimum, wenn P mit dem Krümmungsschwerpunkt zusammenfällt. Bei Steiner [2] finden sich auch weitere Sätze dieser Art. — Untersuchungen über Fußpunktkurven, den Krümmungsschwerpunkt und verwandte Begriffsbildungen (zum Teil auch für den Raum) bei Kowalewski [1], Kubota [5], Hayashi [8], [10], Su [1], [3], Ball [1].

Schwerpunkte der Körper einer Linearschar. Ist $\mathfrak{K}$ ein Körper der Linearschar $\lambda_1 \mathfrak{K}_1 + \cdots + \lambda_r \mathfrak{K}_r$, so sind die noch mit dem Volumen von $\mathfrak{K}$ multiplizierten Koordinaten des Schwerpunkts von $\mathfrak{K}$ homogene Polynome $n+1$ten Grades der λ_ϱ. (Minkowski [4] §§ 20, 23. Dort wird auch die obige Lageabschätzung des Schwerpunkts auf anderem Wege gewonnen.)

Der Schwerpunkt des Parallelkörpers $\mathfrak{K} + \mu\, \mathfrak{S}\, (\mu \geqq 0)$ eines Körpers $\mathfrak{K}$ liegt bei homogener Belegung stets im Körper $\mathfrak{K}$ selbst. Dies ist für ebene konvexe Bereiche von Nicliborc [1] gezeigt worden. Blaschke [26] hat dafür einen einfachen Beweis angegeben, der mit geringen Modifikationen die folgende allgemeinere Tatsache abzuleiten gestattet: Ist $\mathfrak{K}$ ein beliebiger, $\mathfrak{K}'$ ein konvexer Körper, dessen Schwerpunkt in den Nullpunkt fällt, so liegt der Schwerpunkt von $\mathfrak{K} + \mu\, \mathfrak{K}'\, (\mu \geqq 0)$ in $\mathfrak{K}$. — Über Oberflächenschwerpunkte von Parallelkörpern siehe Duporcq [1], [2], Kubota [5].

Weitere ausgezeichnete Punkte eines konvexen Körpers. In ganz anderer Weise haben Süss [2], [5], [7] und Matsumura [3] Punkte eines konvexen Körpers ausgezeichnet. Z. B.: ein Punkt, bei dem alle durch ihn gehenden Sehnen gleiche Länge haben (Sehnenpunkt) oder bei dem alle durch ihn gehenden ebenen Schnitte gleichen Inhalt haben (Inhaltspunkt). Solche Punkte brauchen natürlich nicht immer zu existieren. Süss [2] bestimmt die Körper mit zwei Sehnen- oder Inhaltspunkten. Es ergeben sich gewisse Rotationsflächen. Nach Matsumura [3] gibt es in jedem ebenen konvexen Bereich wenigstens einen Punkt P mit folgender Eigenschaft: Es gibt durch P zwei verschiedene Sehnen, deren Länge das Minimum der Längen der durch P gehenden Sehnen ist. Dort finden sich auch allgemeinere Betrachtungen dieser Art. Verwandte Untersuchungen bei Zindler [1]. Man sehe auch **69**, S. 142.

35. Um- und Inkugel, Minimalkugelschale und andere einem konvexen Körper zugeordnete Figuren. Unter den Kugeln, die einen konvexen Körper enthalten, gibt es genau eine mit minimalem Radius R. Diese heißt die Umkugel[1], R der Umkugelradius des Körpers. Daß diese Kugel eindeutig bestimmt ist, folgt daraus, daß der Durchschnitt zweier Kugeln desselben Radius R in einer Kugel von kleinerem Radius enthalten ist. Die Menge der Punkte, die der Rand des Körpers mit der Umkugeloberfläche gemeinsam hat, ist so auf der Kugelfläche verteilt, daß sie nicht ganz innerhalb einer Halbkugel liegt. Anders ausgedrückt: Der Umkugelmittelpunkt gehört der konvexen Hülle dieser Menge an. Umgekehrt: Eine den Körper enthaltende Kugel mit dieser Eigenschaft ist die Umkugel.

Diejenigen in einem konvexen Körper enthaltenen Kugeln, deren Radien maximalen Wert r haben, heißen die Inkugeln[2] des Körpers, r der Inkugelradius. Die Menge der Randpunkte des Körpers, die auf einer Inkugel liegen, ist wieder so auf der Inkugeloberfläche verteilt, daß der Kugelmittelpunkt ihrer konvexen Hülle angehört, und eine dem Körper angehörige Kugel mit dieser Eigenschaft ist eine Inkugel. Die Inkugel eines konvexen Körpers ist nicht notwendig eindeutig bestimmt. Die Menge der Inkugelmittelpunkte kann einen beliebigen $n-1$-dimensionalen konvexen Körper erfüllen.

Über Um- und Inkugel vgl. z. B. Zindler [1]. Mit der Menge der Inkugelmittelpunkte beschäftigt sich auch Chamard [2].

Als Kugelschale[3] wird die abgeschlossene Menge der Punkte zwischen zwei konzentrischen Kugeloberflächen (die auch zusammenfallen dürfen) bezeichnet. Diejenige (eindeutig bestimmte) Kugelschale mit minimaler Radiendifferenz $\mathsf{P}-\varrho$, die den ganzen Rand eines konvexen Körpers enthält, heißt die Minimalkugelschale des Körpers. Die Existenz von wenigstens einer Schale minimaler Radiendifferenz erkennt man so: Man betrachte die Menge aller Kugelschalen, die den Körperrand enthalten und deren äußerer Radius in passender Weise beschränkt ist. Diese Menge ist abgeschlossen, wenn für den inneren Radius auch der Wert 0

---

[1] Im zweidimensionalen Fall „Umkreis".
[2] Im zweidimensionalen Fall „Inkreise".
[3] In der Ebene „Kreisring".

zugelassen wird. Folglich besitzt die Radiendifferenz in dieser Menge ein Minimum.

Die Menge 𝔄 derjenigen Randpunkte des Körpers, die auf der Oberfläche der äußeren Kugel, und die Menge 𝔍 der Randpunkte des Körpers, die auf der inneren Kugel der Minimalkugelschale liegen, haben die folgende Eigenschaft: Projiziert man 𝔄 vom Mittelpunkt der Schale auf ihre innere Kugeloberfläche, so entsteht eine Punktmenge, die sich durch keine Ebene von der Menge 𝔍 trennen läßt.

Der Minimalkreisring ist für ebene, aus endlich vielen Punkten bestehende Mengen wohl zuerst von D'OCAGNE [1] betrachtet worden. LEBESGUE [3] hat (mit Beschränkung auf Kurven konstanter Breite) die Frage nach der besten TSCHEBYSCHEFFschen Approximation einer konvexen Kurve durch einen Kreis gestellt. Als Lösung erhielt er den zum Minimalkreisring konzentrischen Kreis, dessen Radius gleich dem arithmetischen Mittel der beiden Radien des Kreisrings ist. Für beliebige ebene Kurven wurde der Minimalkreisring durch die obige Eigenschaft der Mengen 𝔄 und 𝔍 von BONNESEN [4], [12] S. 45 für einen Symmetrisierungsprozeß (vgl. **40**, S. 71) eingeführt und seine Eindeutigkeit bei konvexen Kurven bewiesen. Die Verteilungseigenschaft von 𝔄 und 𝔍 erweist sich als Spezialfall einer allgemeinen Eigenschaft der TSCHEBYSCHEFFschen Approximation (vgl. BONNESEN [11]). Die oben zugrunde gelegte Definition der Minimalkugelschale für beliebige Dimension und ein Beweis der Verteilungseigenschaft von 𝔄 und 𝔍 rührt von KRITIKOS [1] her. Eine Darstellung des Eindeutigkeitsbeweises auch bei BONNESEN [12] S. 50—51.

Weitere einem konvexen Körper ein- und umschriebene Figuren. Unter dem Hüllzylinder der Richtung u eines Körpers 𝔎 verstehe man mit ZINDLER [1] I. denjenigen Kreiszylinder mit der Erzeugendenrichtung u, der 𝔎 enthält und minimalen Radius hat. Es gibt, wie ZINDLER a. a. O. bemerkt, konvexe Körper, über die sich ein Kreis schieben läßt, dessen Radius kleiner als der kleinste Hüllzylinderradius ist.

In jede ebene konvexe Kurve läßt sich wenigstens ein Quadrat einschreiben. Um jede konvexe Kurve läßt sich ein Quadrat beschreiben, dessen Seiten Stützgeraden sind. Vgl. zu diesen Fragen EMCH [1], [2], HAYASHI [1], ZINDLER [1] II. Die Existenz von wenigstens zwei eingeschriebenen Rechtecken mit passend gegebenem Verhältnis der Seitenlängen beweist KAKEYA [4]. Um jeden konvexen Körper des dreidimensionalen Raumes lassen sich unendlich viele Würfel beschreiben. (HAYASHI [2], ZINDLER [1] III.)

§ 8. Integralformeln für das Volumen und die gemischten Volumina.

In diesem Paragraphen werden nur solche konvexe Körper in Betracht gezogen, die folgende Eigenschaften besitzen: Die Distanz- und Stützfunktionen sind im ganzen Raum (mit Ausnahme des Nullpunktes) analytische Funktionen ihrer Argumente. Die Stützebenen haben Berührungen von genau erster Ordnung. Daraus folgt (vgl. **14**, S. 23 und **16**, S. 26), daß der Rand eines solchen Körpers durch gleichsinnig parallele Stützebenen umkehrbar eindeutig und analytisch auf die Einheitskugeloberfläche abgebildet ist.

Die im folgenden abzuleitenden Formeln haben durchweg allgemeinere Gültigkeit. Es genügt stets, stetige Differenzierbarkeit der Distanz- oder Stützfunktion von einer passenden endlichen Ordnung vorauszusetzen. Auf die genaue Abgrenzung des Gültigkeitsbereiches der einzelnen Formeln wird hier kein Wert gelegt. Für einige Anwendungen des Folgenden ist jedoch wichtig, zu bemerken, daß nach einem **27**, S. 36 bewiesenen MINKOWSKIschen Approximationssatz ein beliebiger konvexer Körper durch Körper der obigen Art approximiert werden kann.

36. Formeln in Punktkoordinaten. Man denke die Oberfläche Ω der Einheitskugel in zwei Halbkugeln Ω_1 und Ω_2 zerlegt und auf jeder dieser Halbkugeln bis zum Rand reguläre analytische Parameter α_1, $\alpha_2, \ldots, \alpha_{n-1}$ eingeführt. Die Koordinaten der Punkte ξ der Einheitskugel $\sum \xi^2 = 1$ sind auf jeder Halbkugel Ω_i analytische Funktionen $\xi(\alpha_1, \ldots, \alpha_{n-1})$ dieser Parameter. Ferner mögen die Parameter so numeriert sein, daß die Determinante[1]

$$(1) \qquad \left\| \xi, \frac{\partial \xi}{\partial \alpha_1}, \frac{\partial \xi}{\partial \alpha_2}, \ldots, \frac{\partial \xi}{\partial \alpha_{n-1}} \right\| > 0$$

stets positiv ist.

Sei jetzt $\mathfrak{K}$ ein konvexer Körper der eingangs beschriebenen Art. Bildet man die Oberfläche der Einheitskugel durch gleichsinnig parallele Stützebenen auf den Rand des Körpers ab, so erhält man die Koordinaten x der Randpunkte von $\mathfrak{K}$ als Funktionen $x(\alpha_1, \ldots, \alpha_{n-1})$ der Parameter, die auf jeder Halbkugel Ω_i analytisch sind. Wird der Nullpunkt im Innern von $\mathfrak{K}$ angenommen, so gilt

$$(2) \qquad \left\| x, \frac{\partial x}{\partial \alpha_1}, \frac{\partial x}{\partial \alpha_2}, \ldots, \frac{\partial x}{\partial \alpha_{n-1}} \right\| > 0.$$

Das Volumen von $\mathfrak{K}$ ist dann das über Ω erstreckte Integral[2]

$$(3) \qquad V(\mathfrak{K}) = \frac{1}{n} \int_{\Omega} \left\| x, \frac{\partial x}{\partial \alpha_1}, \ldots, \frac{\partial x}{\partial \alpha_{n-1}} \right\| d\alpha_1 \, d\alpha_2 \ldots d\alpha_{n-1}.$$

Aus (3) lassen sich leicht Integraldarstellungen der gemischten Volumina gewinnen. Es seien $\mathfrak{K}_1, \ldots, \mathfrak{K}_n$ konvexe Körper. Die Randpunkte $x^{(\varrho)}$ von $\mathfrak{K}_\varrho$ seien in der obigen Weise als Funktionen der α_ν aufgefaßt. Dann gilt für den Randpunkt $x(\alpha_1, \ldots, \alpha_{n-1})$ des Körpers

$$(4) \qquad \mathfrak{K} = \lambda_1 \mathfrak{K}_1 + \cdots + \lambda_n \mathfrak{K}_n,$$

wie man aus **22**, S. 31 unter Berücksichtigung der Regularitätsvoraussetzungen über die hier betrachteten Körper entnimmt,

$$(5) \qquad x(\alpha_1, \ldots, \alpha_{n-1}) = \lambda_1 x^{(1)}(\alpha_1, \ldots, \alpha_{n-1}) + \cdots + \lambda_n x^{(n)}(\alpha_1, \ldots, \alpha_{n-1}).$$

---

[1] Über die Determinantenbezeichnung s. S. 2.

[2] Im Grunde genommen ist dieses und alle später vorkommenden Integrale über Ω als Summe zweier Integrale über Ω_1 und Ω_2 aufzufassen. Es erübrigt sich jedoch, dies in der Bezeichnung zum Ausdruck zu bringen.

Wendet man nun (3) auf den Körper (4) an und ersetzt man das x der rechten Seite demgemäß durch (5), so findet man durch Vergleich der Koeffizienten von $\lambda_1 \lambda_2 \ldots \lambda_n$ auf beiden Seiten

$$(6)\qquad n!\, V_{12\ldots n} = \frac{1}{n} \sum_{(\varrho_1, \ldots, \varrho_n)} \int_{\Omega} \left\| x^{(\varrho_n)}, \frac{\partial x^{(\varrho_1)}}{\partial \alpha_1}, \ldots, \frac{\partial x^{(\varrho_{n-1})}}{\partial \alpha_{n-1}} \right\| d\alpha_1 \ldots d\alpha_{n-1},$$

wo rechts über alle Permutationen $(\varrho_1, \ldots, \varrho_n)$ der Ziffern $(1, \ldots, n)$ zu summieren ist.

Der Ausdruck (6) läßt eine erhebliche und für die Anwendungen wichtige Vereinfachung zu; und zwar lassen sich die $n!$ Glieder der rechten Seite auf $(n-1)!$ reduzieren. Zwischen den Integralen in (6) bestehen nämlich gewisse Relationen, die sich aus der folgenden, leicht nachzuprüfenden Identität ergeben:

$$(7)\quad \left\{ \begin{aligned} &\sum_{\nu=1}^{n-1} \frac{\partial}{\partial \alpha_\nu} \left\| z, \frac{\partial y}{\partial \alpha_1}, \ldots, \frac{\partial y}{\partial \alpha_{\nu-1}}, y, \frac{\partial y}{\partial \alpha_{\nu+1}}, \ldots, \frac{\partial y}{\partial \alpha_{n-1}} \right\| \\ &= (n-1) \left\| z, \frac{\partial y}{\partial \alpha_1}, \ldots, \frac{\partial y}{\partial \alpha_{n-1}} \right\| - \sum_{\nu=1}^{n-1} \left\| y, \frac{\partial y}{\partial \alpha_1}, \ldots, \frac{\partial y}{\partial \alpha_{\nu-1}}, \frac{\partial z}{\partial \alpha_\nu}, \frac{\partial y}{\partial \alpha_{\nu+1}}, \ldots \frac{\partial y}{\partial \alpha_{n-1}} \right\|. \end{aligned} \right.$$

Die linke Seite von (7) ist ein Divergenzausdruck, ihr Integral über jede der beiden Halbkugeln Ω_1 und Ω_2 läßt sich also in ein Randintegral verwandeln, und die beiden Randintegrale sind dem Betrage nach gleich, aber von entgegengesetztem Vorzeichen[1]. Addiert man also die beiden aus (7) durch Integration über Ω_1 und Ω_2 entstehenden Gleichungen, so liefert die linke Seite 0, und man erhält

$$\begin{aligned} &(n-1) \int_{\Omega} \left\| z, \frac{\partial y}{\partial \alpha_1}, \ldots, \frac{\partial y}{\partial \alpha_{n-1}} \right\| d\alpha_1 \ldots d\alpha_{n-1} \\ &= \sum_{\nu=1}^{n-1} \int_{\Omega} \left\| y, \frac{\partial y}{\partial \alpha_1}, \ldots, \frac{\partial y}{\partial \alpha_{\nu-1}}, \frac{\partial z}{\partial \alpha_\nu}, \frac{\partial y}{\partial \alpha_{\nu+1}}, \ldots \frac{\partial y}{\partial \alpha_{n-1}} \right\| d\alpha_1 \ldots d\alpha_{n-1}. \end{aligned}$$

Hierin ersetze man nun z durch $x^{(n)}$ und y durch die Linearkombination $y = \mu_1 x^{(1)} + \cdots + \mu_{n-1} x^{(n-1)}$ und vergleiche die Koeffizienten von $\mu_1 \mu_2 \ldots \mu_{n-1}$. Dann erhält man nach einfacher Umformung mit Berücksichtigung von (6)

$$(8)\qquad V_{12\ldots n} = \frac{1}{n!} \sum_{(\sigma_1, \ldots, \sigma_{n-1})} \int_{\Omega} \left\| x^{(n)}, \frac{\partial x^{(\sigma_1)}}{\partial \alpha_1}, \ldots, \frac{\partial x^{(\sigma_{n-1})}}{\partial \alpha_{n-1}} \right\| d\alpha_1 \ldots d\alpha_{n-1}.$$

Dabei ist rechts über alle Permutationen $(\sigma_1, \ldots, \sigma_{n-1})$ von $(1, \ldots, n-1)$ zu summieren. Da die linke Seite von (8) definitionsgemäß bei Vertauschungen der Indizes ungeändert bleibt, kann auf der rechten Seite der ausgezeichnete Index n mit einem beliebigen anderen vertauscht werden. So erhält man n verschiedene Darstellungen von $V_{12\ldots n}$.

[1] Um dies einzusehen, hat man die Invarianz der entstehenden Randintegrale gegenüber Parametertransformationen heranzuziehen.

Wählt man speziell für $\mathfrak{K}_n$ die Einheitskugel $\mathfrak{S}$ und für die Körper $\mathfrak{K}_1, \ldots, \mathfrak{K}_{n-1}$ einen Körper $\mathfrak{K}$, so erhält man nach **31**, S. 47 die folgende, auch leicht direkt beweisbare Darstellung der Oberfläche

$$S(\mathfrak{K}) = \int\limits_{\Omega} \left\| \xi, \frac{\partial x}{\partial \alpha_1}, \ldots, \frac{\partial x}{\partial \alpha_{n-1}} \right\| d\alpha_1 \ldots d\alpha_{n-1}.$$

Die vorstehenden Formeln sind Verallgemeinerungen von Formeln MINKOWSKIS [**5**] § 4.

37. Darstellungen der gemischten Volumina durch die Stützfunktionen. Die Koordinaten x_ν der Randpunkte eines konvexen Körpers der hier betrachteten Art drücken sich nach **16**, S. 26 durch die Stützfunktion $H(u_1, \ldots, u_n)$ des Körpers folgendermaßen aus:

$$(1) \qquad x_\nu = \frac{\partial H}{\partial u_\nu} = H_\nu. \qquad \nu = 1, \ldots, n$$

Ist $\xi = (\xi_1, \ldots, \xi_n)$ der Einheitsvektor der äußeren Stützebenennormalen, so sind die Koordinaten des vom Nullpunkt auf die Stützebene gefällten Lotes

$$z_\nu = \xi_\nu \cdot H(\xi_1, \ldots, \xi_n).$$

Der der Stützebene parallele Vektor $x_\nu - z_\nu$ läßt sich aus den Tangentialvektoren $\frac{\partial x}{\partial \alpha_1}, \ldots, \frac{\partial x}{\partial \alpha_{n-1}}$ linear kombinieren. In der Formel (3) des vorigen Abschnitts darf also der Vektor x an erster Stelle der Determinante durch z ersetzt werden. So ergibt sich für das Volumen

$$(2) \qquad V(\mathfrak{K}) = \frac{1}{n} \int\limits_{\Omega} H(\xi) \left\| \xi, \frac{\partial x}{\partial \alpha_1}, \ldots, \frac{\partial x}{\partial \alpha_{n-1}} \right\| d\alpha_1 \ldots d\alpha_{n-1}$$

oder, wenn das „Oberflächenelement“ dS des Körpers eingeführt wird,

$$(3) \qquad V(\mathfrak{K}) = \frac{1}{n} \int H\, dS,$$

wo jetzt die Integration über die Oberfläche von $\mathfrak{K}$ zu erstrecken ist.

Aus (1) findet man durch Differentiation

$$\frac{\partial x_\mu}{\partial \alpha_\varrho} = \sum_{\nu=1}^{n} H_{\mu\nu} \frac{\partial \xi_\nu}{\partial \alpha_\varrho}.$$

Hierbei bedeutet $H_{\mu\nu}$ wie stets im folgenden die partielle Ableitung $\frac{\partial^2 H}{\partial u_\mu \partial u_\nu}$, wo als Argumente die Koordinaten des Einheitsvektors ξ zu nehmen sind.

Setzt man dies in (2) ein und beachtet, daß

$$\left\| \xi, \frac{\partial \xi}{\partial \alpha_1}, \ldots, \frac{\partial \xi}{\partial \alpha_{n-1}} \right\| d\alpha_1 \ldots d\alpha_{n-1}$$

das Oberflächenelement $d\omega$ der Einheitskugel ist, so erhält man nach leichter Umformung

$$V(\mathfrak{K}) = \frac{1}{n} \int_{\Omega} H D_{n-1}(H) d\omega . \tag{4}$$

Hierbei ist $D_{n-1}(H)$ die Summe aller $n-1$-reihigen Hauptminoren der Matrix $H_{\mu\nu}$. $D_{n-1}(H)$ ist demnach ein homogener Differentialausdruck zweiter Ordnung und $n-1$ten Grades in H, der nach **36** (1) und (2) für die Stützfunktionen der hier betrachteten Körper stets positiv ist.

Seien jetzt $\mathfrak{K}_1, \ldots, \mathfrak{K}_n$ Körper mit den Stützfunktionen $H^{(1)}, \ldots, H^{(n)}$. Durch Einsetzen von

$$x_\nu^{(\varrho)} = \frac{\partial H^{(\varrho)}}{\partial u_\nu} = H_\nu^{(\varrho)}$$

in die Formel (6) des vorigen Abschnitts erhält man wie oben für das Volumen die folgende Darstellung des gemischten Volumens

$$V_{12\ldots n} = \frac{1}{n} \int_{\Omega} H^{(n)} D(H^{(1)}, \ldots, H^{(n-1)})\, d\omega , \tag{5}$$

wobei die Indizes $1, 2, \ldots, n$ beliebig permutiert werden dürfen. Es gilt also insbesondere

$$\int_{\Omega} H^{(n)} D(H^{(1)}, \ldots, H^{(n-1)})\, d\omega = \int_{\Omega} H^{(1)} D(H^{(2)}, \ldots, H^{(n)})\, d\omega . \tag{6}$$

Der Ausdruck D in (5) wird folgendermaßen erhalten. Man setze $H = \mu_1 H^{(1)} + \cdots + \mu_{n-1} H^{(n-1)}$ und bilde $D_{n-1}(H)$. Dann entsteht ein Polynom $n-1$ten Grades der μ_ϱ. Der Koeffizient des Produkts $\mu_1 \mu_2 \ldots \mu_{n-1}$ ist genau $(n-1)!D$. Insbesondere ist

$$D_{n-1}(H) = D(H, \ldots, H).$$

$(n-1)!D$ ist eine Summe von $n-1$-reihigen Determinanten, deren Elemente die zweiten partiellen Ableitungen $H_{\mu\nu}^{(\varrho)}$ sind. D ändert sich bei Vertauschungen der Funktionen $H^{(1)}, \ldots, H^{(n-1)}$ nicht und ist in bezug auf jede einzelne Funktion $H^{(\varrho)}$ ein linearer homogener Differentialausdruck zweiter Ordnung. Denkt man einen beliebigen Punkt u durch seinen Abstand r vom Nullpunkt und den Einheitsvektor ξ festgelegt, und sieht man ξ als Funktion der $\alpha_1, \ldots, \alpha_{n-1}$ an, so kann man $\alpha_1, \ldots, \alpha_{n-1}, r$ als verallgemeinerte Polarkoordinaten im Raum auffassen. Die zweiten Ableitungen $H_{\mu\nu}$ einer Stützfunktion lassen sich dann durch Ableitungen nach diesen Koordinaten ausdrücken. Wegen der aus $H(\mu u) = \mu H(u)$ für $\mu \geqq 0$ folgenden EULERschen Homogenitätsrelationen

$$\sum_{\nu=1}^{n} H_\nu \xi_\nu = H, \qquad \sum_{\nu=1}^{n} H_{\mu\nu} \xi_\nu = 0 \qquad \mu = 1, \ldots, n$$

lassen sich nun die Ableitungen nach r eliminieren. Es bleiben demnach nur Ableitungen tangential zur Einheitskugel. Die D können daher als Differentialausdrücke auf der Kugel angesprochen werden.

Die Differentialausdrücke $D(H^{(1)}, \ldots, H^{(n-1)})$ *sind stets nichtnegativ, wenn* $H^{(1)}, \ldots, H^{(n-1)}$ *Stützfunktionen konvexer Körper sind*[1]. Um dies einzusehen, beachte man, daß D als Koeffizient von $\lambda_0 \lambda_1 \ldots \lambda_{n-1}$ in der Determinante

$$\| \lambda_0 \delta_{\mu\nu} + \lambda_1 H^{(1)}_{\mu\nu} + \cdots + \lambda_{n-1} H^{(n-1)}_{\mu\nu} \|$$

aufgefaßt werden kann. Hierbei ist $\delta_{\mu\nu}$ die Einheitsmatrix. Da die $H^{(\varrho)}$ konvexe Funktionen sind, gehören die Matrizen $H^{(\varrho)}_{\mu\nu}$ zu nichtnegativen quadratischen Formen (**13**, S. 18). Die Behauptung ergibt sich daher durch einen einfachen Grenzübergang aus dem folgenden allgemeinen Satz: Sind $A^1, \ldots, A^r$ symmetrische Matrizen der gleichen Reihenzahl, deren zugehörige quadratische Formen positiv definit sind, so hat die Determinante

$$\Phi = \| \lambda_1 A^1 + \cdots + \lambda_r A^r \|,$$

als Polynom in den λ_ϱ betrachtet, lauter positive Koeffizienten. Dies kann man[2] sehr einfach durch Induktion nach r so einsehen. Man transformiere die Matrizen $A^1, \ldots, A^r$ simultan derart, daß A^r in die Einheitsmatrix übergeht, und entwickle die durch die Transformation aus Φ entstehende Determinante, die sich von Φ nur um einen positiven Faktor unterscheidet, nach Potenzen von λ_r. Die Koeffizienten dieser Entwicklung sind dann Summen von Determinanten der Form Φ, aber mit $r - 1$ statt r.

Als Anwendung der Darstellung (5) der gemischten Volumina sei folgendes hervorgehoben. Man wähle für $\mathfrak{K}_n$ speziell die Strecke $\mathfrak{u}$, die den Punkt $-\frac{u}{2}$ mit dem Punkt $\frac{u}{2}$ verbindet. Dann findet man

$$(7) \quad n V(\mathfrak{K}_1, \ldots, \mathfrak{K}_{n-1}, \mathfrak{u}) = \tfrac{1}{2} \int\limits_{\Omega} \left| \sum u \xi \right| D(H^{(1)}, \ldots, H^{(n-1)})\, d\omega .$$

Das links stehende gemischte Volumen, nach **30**, S. 45, das gemischte Quermaß von $\mathfrak{K}_1, \ldots, \mathfrak{K}_{n-1}$, ist nach **29**, S. 44 die Stützfunktion eines Körpers mit Mittelpunkt. (7) besagt dann, daß dieser Körper durch nichtnegative Linearkombination von Strecken entsteht (vgl. **19**, S. 29). Insbesondere gilt dies also für den Projektionenkörper (**30**, S. 45) eines konvexen Körpers.

Nach **29**, S. 40, bleibt das gemischte Volumen $V(\mathfrak{K}_1, \ldots, \mathfrak{K}_n)$ ungeändert, wenn man einen der Körper einer beliebigen Translation unterwirft. Mit anderen Worten: Die rechte Seite von (5) muß ungeändert bleiben, wenn man z. B. zu $H^{(n)}$ eine beliebige lineare Funktion $\sum\limits_{\nu=1}^{n} a_\nu \xi_\nu$

[1] Damit und mit (5) kann man sofort die Monotonieeigenschaft 5. (**29**, S. 41) der gemischten Volumina aufs neue bestätigen.

[2] Nach einer brieflichen Mitteilung von R. Brauer.

hinzufügt. Daraus schließt man, daß die folgenden Relationen stets erfüllt sind

$$(8) \qquad \int_{\Omega} \xi_\nu D(H^{(1)}, \ldots, H^{(n-1)})\, d\omega = 0 . \qquad \nu = 1, 2, \ldots, n$$

D. h.: *Wird die Oberfläche der Einheitskugel derart mit Masse belegt, daß die Dichte in jedem Punkt gleich dem zugehörigen Wert von $D(H^{(1)}, \ldots, H^{(n-1)})$ ist, so fällt der Schwerpunkt dieser Massenbelegung in den Kugelmittelpunkt*[1].

Der Inhalt dieses Abschnitts ist für $n = 3$ im wesentlichen von MINKOWSKI [5] § 3—4 entwickelt worden. Beweise insbesondere der Formel (6) für $n = 3$ findet man auch bei HILBERT [3], WEYL [2], GRONWALL [1]. WEYL hat a. a. O. ein Verfahren angegeben, das (6) unter alleiniger Annahme zweimaliger stetiger Differenzierbarkeit der Stützfunktionen liefert, während das obige, wie man sich leicht überzeugt, die dreimalige erfordert.

Es sei noch darauf hingewiesen, daß bei der Ableitung der obigen Formel (6) kein wesentlicher Gebrauch davon gemacht wurde, daß die Funktionen $H^{(\varrho)}$ Stützfunktionen konvexer Körper sind. Es wurde vielmehr nur ihre Homogenitätseigenschaft benutzt.

38. Krümmungsfunktionen und -integrale. Relative Differentialgeometrie. Die früher **32**, S. 49 eingeführten Quermaßintegrale eines Körpers $\mathfrak{K}$, also die gemischten Volumina von $\mathfrak{K}$ mit der Einheitskugel $\mathfrak{S}$, stehen in engster Beziehung zu den Krümmungsgrößen der den Körper $\mathfrak{K}$ berandenden Fläche. Dieser Zusammenhang soll jetzt hergestellt werden.

Hauptkrümmungsrichtung einer Fläche nennt man eine Fortschreitungsrichtung dx, die ihrer durch parallele Normalen vermittelten Bildrichtung $d\xi$ auf der Einheitskugel parallel ist. Ist R der zugehörige Hauptkrümmungsradius, so gilt

$$dx = R\, d\xi .$$

Führt man für die Koordinaten x_ν die Werte H_ν ein, so lautet diese Bedingung

$$\sum_{\nu=1}^{n} H_{\mu\nu}\, d\xi_\nu = R\, d\xi_\mu . \qquad \mu = 1, 2, \ldots, n$$

Die Hauptkrümmungsradien müssen daher der Gleichung

$$(1) \qquad \begin{vmatrix} H_{11} - R & \ldots & H_{1n} \\ \cdot & & \cdot \\ \cdot & & \cdot \\ \cdot & & \cdot \\ H_{n1} & \ldots & H_{nn} - R \end{vmatrix} = 0$$

genügen. Da die Determinante $H_{\mu\nu}$ wegen der Homogenitätsrelationen

$$(2) \qquad \sum_{\nu=1}^{n} H_{\mu\nu}\, \xi_\nu = 0 \qquad \mu = 1, 2, \ldots, n$$

[1] Man kann dies auch daraus schließen, daß das gemischte Volumen von Körpern, deren einer ein Punkt ist, verschwindet.

verschwindet, läßt sich von (1) ein Faktor R abspalten, und es bleibt für die Hauptkrümmungsradien $R_1, \ldots, R_{n-1}$ die Gleichung $n-1$ ten Grades

(3) $$R^{n-1} - D_1(H) R^{n-2} + D_2(H) R^{n-3} + \cdots + (-1)^{n-1} D_{n-1}(H) = 0\,.$$

Hierin ist $D_\nu(H)$ die Summe aller ν-reihigen Hauptminoren der Matrix $H_{\mu\nu}$. $D_{n-1}(H)$ ist also der früher eingeführte, in gleicher Weise bezeichnete Differentialausdruck. Aus (3) entnimmt man: *$D_\nu(H)$ ist die νte elementarsymmetrische Funktion der Hauptkrümmungsradien.* Mit der Bezeichnung $\{R_1 \ldots R_\nu\}$ für die νte elementarsymmetrische Funktion von $R_1, \ldots, R_{n-1}$ kann also geschrieben werden

(4) $$D_\nu(H) = \{R_1 \ldots R_\nu\}\,.$$

Insbesondere ist

$$D_{n-1}(H) = R_1 R_2 \ldots R_{n-1}$$

das Produkt der Krümmungsradien, also die reziproke Gaussssche Krümmung der Fläche und

(5) $$D_1(H) = H_{11} + \cdots + H_{nn} = R_1 + \cdots + R_{n-1}$$

die Summe der Krümmungsradien. *Die Krümmungsradien und damit auch die Ausdrücke $D_\nu(H)$ sind nicht negativ, also wegen $D_{n-1} > 0$ sämtlich positiv.*

Zu einer zweiten Darstellung der symmetrischen Funktionen $\{R_1 \ldots R_\nu\}$ gelangt man mit Hilfe der Bemerkung, daß die R_ν auch der Gleichung

(6) $$D_{n-1}(H - RE) = 0$$

genügen müssen, wo E eine Abkürzung für die Stützfunktion $\sqrt{\sum u^2}$ der Einheitskugel ist. Man erkennt dies am schnellsten an der Identität

$$\left\| \xi, \frac{\partial x}{\partial \alpha_1}, \ldots, \frac{\partial x}{\partial \alpha_{n-1}} \right\| = D_{n-1}(H) \left\| \xi, \frac{\partial \xi}{\partial \alpha_1}, \ldots, \frac{\partial \xi}{\partial \alpha_{n-1}} \right\|,$$

durch die D_{n-1} im vorigen Abschnitt eingeführt wurde. Ersetzt man nämlich hierin x durch $x - R\xi$, was der Ersetzung von H durch $H - RE$ entspricht, so entsteht

$$\left\| \xi, \frac{\partial x}{\partial \alpha_1} - R\frac{\partial \xi}{\partial \alpha_1}, \ldots, \frac{\partial x}{\partial \alpha_{n-1}} - R\frac{\partial \xi}{\partial \alpha_{n-1}} \right\| = D_{n-1}(H - RE) \left\| \xi, \frac{\partial \xi}{\partial \alpha_1}, \ldots, \frac{\partial \xi}{\partial \alpha_{n-1}} \right\|,$$

Für eine Hauptkrümmungsrichtung $dx = \sum_{\varrho=1}^{n-1} \frac{\partial x}{\partial \alpha_\varrho} d\alpha_\varrho$ und den zugehörigen Krümmungsradius R ist aber

$$\sum_{\varrho=1}^{n-1} \left(\frac{\partial x}{\partial \alpha_\varrho} - R\frac{\partial \xi}{\partial \alpha_\varrho} \right) d\alpha_\varrho = 0\,,$$

d. h. die Zeilen der Determinante links sind linear abhängig. Mithin verschwindet $D_{n-1}(H - RE)$, da der zweite Faktor rechts positiv ist.

(6) ist eine Gleichung $n-1$ten Grades mit höchstem Koeffizienten 1 (wegen $D_{n-1}(E) = 1$) und den gleichen Wurzeln wie (3), folglich mit (3) identisch[1]. Die Koeffizienten von (6) sind, wie man aus der Definition der gemischten Differentialausdrücke D entnimmt, abgesehen von Zahlenfaktoren, von der Form $D(E, \ldots, E, H, \ldots, H)$. Durch Koeffizientenvergleich von (3) und (6) findet man

$$(7) \qquad \{R_1 \ldots R_\nu\} = D_\nu(H) = \binom{n-1}{\nu} D(\underbrace{E, \ldots, E}_{n-\nu-1}, \underbrace{H, \ldots, H}_{\nu}).$$

Diese Gleichung und die allgemeine Formel (5) bzw. (6) des vorigen Abschnitts für die gemischten Volumina liefern für die Quermaßintegrale[2] $W_\nu(\mathfrak{K})$ eines Körpers $\mathfrak{K}$, also die gemischten Volumina von $\mathfrak{K}$ und der Einheitskugel, die folgenden Darstellungen

$$(8) \quad W_\nu = \frac{1}{n\binom{n-1}{n-\nu}} \int_\Omega D_{n-\nu}(H)\,d\omega = \frac{1}{n\binom{n-1}{n-\nu-1}} \int_\Omega H D_{n-\nu-1}(H)\,d\omega.$$

Dies gilt für $\nu = 1, 2, \ldots, n-2$ und, falls $D_0 = 1$ gesetzt wird, auch für $\nu = n-1$. Führt man in (8) die Hauptkrümmungsradien ein, so ergibt sich für $\nu = 1, 2, \ldots, n-2$

$$(9)\; W_\nu = \frac{1}{n\binom{n-1}{n-\nu}} \int_\Omega \{R_1 \ldots R_{n-\nu}\}\,d\omega = \frac{1}{n\binom{n-1}{n-\nu-1}} \int_\Omega H\{R_1 \ldots R_{n-\nu-1}\}\,d\omega$$

und für $\nu = n-1$

$$(10)\; W_{n-1} = \frac{1}{n(n-1)} \int_\Omega (R_1 + \cdots + R_{n-1})\,d\omega = \frac{1}{n}\int_\Omega H\,d\omega = \frac{1}{2n}\int_\Omega B\,d\omega,$$

also bis auf den Faktor $\frac{2n}{\omega_n}$ die mittlere Breite B (vgl. **32**, S. 50).

Eine andere wichtige Gestalt nehmen diese Formeln an, wenn die Integration über Ω auf die Integration über die Oberfläche S von $\mathfrak{K}$ transformiert wird. Man erhält so, wenn man $dS = R_1 R_2 \ldots R_{n-1}\,d\omega$ beachtet, die W_ν ausgedrückt durch die elementarsymmetrischen Funktionen der Hauptkrümmungen $\frac{1}{R_1}, \ldots, \frac{1}{R_{n-1}}$:

$$(11)\; W_\nu = \frac{1}{n\binom{n-1}{n-\nu}} \int_S \left\{\frac{1}{R_1} \cdots \frac{1}{R_{\nu-1}}\right\} dS = \frac{1}{n\binom{n-1}{n-\nu-1}} \int_S H\left\{\frac{1}{R_1} \cdots \frac{1}{R_\nu}\right\} dS.$$

Für $\nu = 2$ hat man insbesondere

$$(12) \qquad W_2 = \frac{M}{n} = \frac{1}{n(n-1)} \int_S \left(\frac{1}{R_1} + \cdots + \frac{1}{R_{n-1}}\right) dS,$$

---

[1] Die direkte Verifikation dieser Identität erfordert eine etwas umständliche Rechnung, die sich auf die Gleichungen (2) zu stützen hat.

[2] Vgl. **32**, S. 49.

also bis auf den Faktor $1/n$ das Integral M der mittleren Krümmung erstreckt über die Oberfläche von $\mathfrak{K}$.

Darstellungen der Krümmungsgrößen einer Fläche durch „Stützebenenkoordinaten" sind in sehr allgemeiner Form von PAINVIN [**1**] angegeben worden. Man vgl. dazu auch BLASCHKE [**11**] § 26, [**24**] § 94. Die Fundamentalgrößen der Flächentheorie, ausgedrückt durch die Stützfunktion bei ČEBOTAREV [**1**]. Formel (12), ist (für $n = 3$) von STEINER [**3**] gefunden worden. (9), (10), (11), (12) für $n = 3$ bei MINKOWSKI [**5**] § 4, allgemein bei KUBOTA [**15**], wo das von STEINER verwendete Verfahren verallgemeinert wird. Eine den Formeln (9) erste Hälfte entsprechende Darstellung der Quermaßintegrale von konvexen Polyedern hat im Anschluß an STEINER [**3**] ($n = 3$) STEINITZ [**2**] S. 100—103 angegeben.

Relative Differentialgeometrie. Die Differentialgeometrie der in **14**, S. 23 beschriebenen MINKOWSKIschen Maßbestimmung wird als relative Differentialgeometrie bezeichnet. Die Rolle der Einheitskugel und ihres Mittelpunktes übernimmt hier ein konvexer Körper, der Eichkörper, und der in seinem Innern zu wählende Nullpunkt. Der Eichkörper werde, wie früher die Einheitskugel, mit $\mathfrak{S}$, seine Stützfunktion mit E bezeichnet, um die Analogie zum Vorstehenden hervortreten zu lassen. $\mathfrak{K}$ sei ein weiterer konvexer Körper mit der Stützfunktion H. Unter der „Relativoberfläche" von $\mathfrak{K}$ versteht man mit MINKOWSKI [**2**], [**4**] § 27 in voller Analogie zu **31** (2), S. 47 das $n$fache gemischte Volumen

$$n V_{(1)}(\mathfrak{K}, \mathfrak{S}) = \int_{\mathfrak{K}} E\, dS = \bar{S},$$

wo S und dS wie oben Oberfläche und Oberflächenelement von $\mathfrak{K}$ bedeuten. Dementsprechend wird $d\bar{S} = E\,dS$ als „Relativoberflächenelement" von $\mathfrak{K}$ bezeichnet. In diesem Sinne ist die Relativoberfläche des Eichkörpers selbst das $n$fache seines Volumens. Unter der „Relativstützfunktion" werde

$$\bar{H}(u) = \frac{H(u)}{E(u)} \sqrt{\sum u^2}$$

verstanden; für $\sum u^2 = 1$ ist das der „Relativabstand" der Stützebenen des Körpers $\mathfrak{K}$ vom Nullpunkt. Ist der Relativabstand konstant, so heißt $\mathfrak{K}$ „Relativsphäre" und ist zum Eichkörper homothetisch. Unter einer „Relativkrümmungsrichtung" von $\mathfrak{K}$ wird eine Fortschreitungsrichtung auf der Oberfläche von $\mathfrak{K}$ verstanden, die ihrer durch parallele Normalen vermittelten Bildrichtung auf dem Eichkörper parallel ist. Für die zugehörigen „Relativkrümmungsradien" $\bar{R}_1, \ldots, \bar{R}_{n-1}$ erhält man [genau wie oben S. 62 die Gleichung (6)]

$$D_{n-1}(H - \bar{R}E) = 0,$$

also für die elementarsymmetrischen Funktionen der Relativkrümmungsradien die (7) entsprechende Darstellung[1]

$$\text{(12)} \qquad \{\bar{R}_1 \ldots \bar{R}_\nu\} = \frac{\binom{n-1}{\nu}}{D_{n-1}(E)} D(\underbrace{E, \ldots, E}_{n-\nu-1}, \underbrace{H, \ldots, H}_{\nu}).$$

[1] $D_{n-1}(E)$ ist die gewöhnliche reziproke GAUSSsche Krümmung des Eichkörpers.

Aus **37** (5), S. 59 ergeben sich damit die zu (9), (10), (11), (12) analogen Darstellungen der gemischten Volumina von $\mathfrak{K}$ und dem Eichkörper $\mathfrak{S}$

(13)
$$V_{(\nu)}(\mathfrak{K},\mathfrak{S}) = \frac{1}{n\binom{n-1}{n-\nu}}\int\{\overline{R}_1\ldots\overline{R}_{n-\nu}\}\,d\overline{\omega} = \frac{1}{n\binom{n-1}{n-\nu-1}}\int\overline{H}\{\overline{R}_1\ldots\overline{R}_{n-\nu-1}\}\,d\overline{\omega}$$
$$= \frac{1}{n\binom{n-1}{n-\nu}}\int\left\{\frac{1}{\overline{R}_1}\cdots\frac{1}{\overline{R}_{\nu-1}}\right\}d\overline{S} = \frac{1}{n\binom{n-1}{n-\nu-1}}\int\overline{H}\left\{\frac{1}{\overline{R}_1}\cdots\frac{1}{\overline{R}_\nu}\right\}d\overline{S}.$$

Hierin bedeutet $d\overline{\omega}$ das Relativoberflächenelement $E\,d\omega$ des Eichkörpers.

Über relative Differentialgeometrie siehe außer MINKOWSKI [**2**], [**4**] die Arbeiten von E. MÜLLER [**1**], [**2**], DUSCHEK [**1**] und eine größere Reihe der Arbeiten von SÜSS, insbesondere [**9**], [**12**], [**16**]. Die zuletzt genannten Integralformeln sind von SÜSS [**16**], weitere hierhergehörige Formeln von MATSUMURA [**22**] bewiesen worden. Über „Relativbreite" siehe MATSUMURA [**12**]. — SÜSS [**9**] hat bemerkt, daß sich die affine Differentialgeometrie der relativen als Spezielfall unterordnet, wenn man als Eichfläche das Affinkrümmungsbild (vgl. BLASCHKE [**25**] § 62) zugrunde legt.

39. Spezielle Formeln. Geometrische Wahrscheinlichkeiten bei konvexen Körpern. Es sollen hier noch die Formeln zusammengestellt werden, die sich aus den im vorigen Abschnitt abgeleiteten durch Spezialisierung auf die Ebene und den dreidimensionalen Raum ergeben. Zugleich sollen die entsprechenden Spezialfälle der CAUCHYschen Oberflächenformel **32** (1), S. 48 herangezogen werden.

In der Ebene mögen Polarkoordinaten eingeführt werden. φ sei der Polarwinkel. Die Stützfunktion $H(u_1, u_2)$ eines konvexen Bereichs auf dem Einheitskreis $u_1^2 + u_2^2 = 1$ kann als Funktion $h(\varphi)$ des Polarwinkels angesehen werden. Es ist also

$$h(\varphi) = H(\cos\varphi,\, \sin\varphi). \tag{1}$$

Für den Krümmungsradius R der Randkurve des Bereiches gilt

$$R = H_{11} + H_{22} = h + h'', \tag{2}$$

wobei Ableitungen nach φ durch $'$ angedeutet werden.

Für die Länge L der Randkurve, die ja der doppelte gemischte Flächeninhalt des Bereichs und des Einheitskreises ist, findet man

$$L = \int_0^{2\pi} R\,d\varphi = \int_0^{2\pi}(h + h'')\,d\varphi = \int_0^{2\pi} h\,d\varphi = \tfrac{1}{2}\int_0^{2\pi} B\,d\varphi = \pi\overline{B}. \tag{3}$$

Hierbei ist B die **33**, S. 51 eingeführte Breite des Bereichs in der Richtung φ.

Für den Flächeninhalt F des Bereichs ergibt sich, wenn ds das Bogenelement der Randkurve bedeutet

$$F = \tfrac{1}{2}\int_0^{2\pi} h\,ds = \tfrac{1}{2}\int_0^{2\pi} hR\,d\varphi = \tfrac{1}{2}\int_0^{2\pi} h(h + h'')\,d\varphi. \tag{4}$$

Durch partielle Integration erhält man aus dem letzten Integral

(5) $$F = \frac{1}{2}\int_0^{2\pi} (h^2 - h'^2)\, d\varphi.$$

Für die Formel (5) läßt sich nach BONNESEN [1], [8] eine einfache anschauliche Begründung geben. Es beruht dies auf folgendem: Es bezeichne f den Fußpunkt des vom Nullpunkt auf die zu φ senkrechte Stützgerade gefällten Lotes und t den Berührungspunkt dieser Stützgeraden mit der Kurve. Dann ist $|h'|$ der Abstand ft. Ferner ist der Inhalt der von den Punkten f beschriebenen „Fußpunktkurve" $\frac{1}{2}\int_0^{2\pi} h^2 d\varphi$, und für den Inhalt des von den Strecken ft beschriebenen Ringbereichs zwischen der konvexen Kurve und ihrer Fußpunktkurve ergibt sich $\frac{1}{2}\int_0^{2\pi} h'^2 d\varphi$. Auch (3) wird bei BONNESEN a. a. O. anders abgeleitet.

Im dreidimensionalen Raume seien auf der Einheitskugel zwei Parameter, etwa Polarkoordinaten, eingeführt. Die Stützfunktion H eines konvexen Körpers werde auf der Einheitskugel — als Funktion dieser Parameter betrachtet — mit h bezeichnet. Man findet dann für die Summe der Hauptkrümmungsradien

(6) $$R_1 + R_2 = H_{11} + H_{22} + H_{33} = 2h + \Delta h$$

Hierbei bedeutet Δh den zweiten BELTRAMIschen Differentialoperator[1] bezüglich der Kugel, also z. B. für Polarkoordinaten φ, ϑ

$$\Delta h = \frac{1}{\cos^2\varphi}\frac{\partial^2 h}{\partial\vartheta^2} + \frac{1}{\cos\varphi}\frac{\partial}{\partial\varphi}\left(\cos\varphi\frac{\partial h}{\partial\varphi}\right).$$

Ferner ist

(7) $$H_1^2 + H_2^2 + H_3^2 - H^2 = \nabla h$$

der erste BELTRAMIsche Differentialoperator[1], also in Polarkoordinaten

$$\nabla h = \frac{1}{\cos^2\varphi}\left(\frac{\partial h}{\partial\vartheta}\right)^2 + \left(\frac{\partial h}{\partial\varphi}\right)^2.$$

∇h ist, wie man sofort der linken Seite von (7) entnimmt, das Quadrat des Abstandes des Berührungspunktes der Stützebene von dem Fußpunkt des Lotes vom Nullpunkt auf diese Stützebene. (Das von der „Fußpunktfläche" begrenzte Volumen ist übrigens $\frac{1}{3}\int h^3 d\omega$.)

Mit diesen Bezeichnungen findet man für das Integral der mittleren Krümmung, also nach **38** (12), S. 63 für das dreifache gemischte Volumen $V(\mathfrak{K}, \mathfrak{S}, \mathfrak{S})$ von $\mathfrak{K}$ und der Einheitskugel

(8) $$M = \frac{1}{2}\int_S \left(\frac{1}{R_1} + \frac{1}{R_2}\right) dS = \frac{1}{2}\int_\Omega (R_1 + R_2)\, d\omega = \int_\Omega \left(h + \frac{1}{2}\Delta h\right) d\omega,$$

(9) $$M = \int_\Omega h\, d\omega = \frac{1}{2}\int_\Omega B\, d\omega = 2\pi \overline{B}.$$

[1] Vgl. z. B. BLASCHKE [**24**] § 79—82.

B bedeutet wieder die Breite. Für die Oberfläche S ergibt sich

$$(10)\qquad S = \int_\Omega R_1 R_2 d\omega = \tfrac{1}{2}\int_\Omega h(R_1 + R_2)\,d\omega = \int_\Omega h(h + \tfrac{1}{2}\Delta h)\,d\omega$$

und aus der letzten Darstellung durch Anwendung der GREENschen Formel[1]

$$(11)\qquad S = \int_\Omega (h^2 - \tfrac{1}{2}\nabla h)\,d\omega.$$

Der Flächeninhalt der Orthogonalprojektion eines Körpers auf eine Ebene ist (**30**, S. 45) sein Quermaß genannt worden. Das Quermaß werde jetzt kurz mit σ bezeichnet. Man bestätigt leicht, daß

$$(12)\qquad \sigma = \tfrac{1}{2}\int |\cos\alpha|\, R_1 R_2 d\omega$$

gilt (Spezialfall von **37** (7), S. 60). Dabei ist α der Winkel zwischen der Projektionsrichtung und dem bei der Integration variablen Einheitsvektor. Die Randlänge der Orthogonalprojektion auf eine Ebene heißt der Umfang U des Körpers in der Projektionsrichtung. Für U findet man

$$(13)\qquad U = \tfrac{1}{2}\int |\cos\alpha|(R_1 + R_2)\,d\omega = \int_0^{2\pi} h\,d\psi = \tfrac{1}{2}\int_0^{2\pi} B\,d\psi,$$

wo in den beiden letzten Integralen über den zur Projektionsebene parallelen Einheitskreis zu integrieren ist!

Die CAUCHYsche Oberflächenformel lautet hier

$$(14)\qquad S = \frac{1}{\pi}\int_\Omega \sigma\,d\omega.$$

Man erhält sie direkt durch Integration von (12) über die Einheitskugel. Aus (13) erhält man durch Integration über die Einheitskugel die Formel

$$(15)\qquad M = \frac{1}{2\pi}\int_\Omega U\,d\omega,$$

die als Spezialfall der KUBOTAschen Formel (**32** (4) S. 49) angesehen werden kann.

Alle vorstehenden Formeln finden sich mehr oder weniger explizit in den Abhandlungen [**4**], [**5**] von MINKOWSKI. Einfache Ableitungen findet man auch bei BLASCHKE [**11**] § 23, BONNESEN [**12**]. Die Formel (11) für die Oberfläche, auf deren Begründung mit Hilfe der GREENschen Formel hingewiesen wurde, läßt sich nach BONNESEN [**8**] S. 130—139 sehr einfach aus der CAUCHYschen Formel (14) durch Anwendung von (5) auf die Orthogonalprojektionen gewinnen. Einige Formeln für ebene Kurven auch bei JORDAN u. FIEDLER [**2**] und für $n = 3$ bei SCHOLZ [**1**]. Über (14) und (15) vgl. auch die Literaturangaben **32**, S. 49.

Geometrische Wahrscheinlichkeiten. Man denke eine Menge $\mathfrak{M}$ geometrischer Gebilde gegeben. Z. B. eine Punktmenge, eine Menge von Geraden in der Ebene oder im Raum, eine Menge von Ebenen usw. Einer

[1] Vgl. z. B. BLASCHKE [**11**] S. 108—110, [**24**] § 82.

solchen Menge werde ein „Maß" zugeordnet, und zwar in folgender Weise. Ein Element von $\mathfrak{M}$ (Punkt, Gerade, Ebene) sei durch (unabhängige) Koordinaten $\alpha_1, \ldots, \alpha_k$ festgelegt. $f(\alpha_1, \ldots, \alpha_k)$, kurz $f(\alpha)$, sei eine zunächst willkürliche positive Funktion der α. Unter dem Maß $\mu(\mathfrak{M})$ von $\mathfrak{M}$ verstehe man dann das über $\mathfrak{M}$ erstreckte Integral $\int f(\alpha)\,d\alpha$.[1] Ist $\mathfrak{M}'$ eine Teilmenge von $\mathfrak{M}$, so wird der Quotient der Maße $\mu(\mathfrak{M}')/\mu(\mathfrak{M})$ als die Wahrscheinlichkeit dafür bezeichnet, daß ein willkürlich herausgegriffenes Element von $\mathfrak{M}$ zur Teilmenge $\mathfrak{M}'$ gehört.

Für die hier zu beschreibenden geometrischen Probleme liegt es nahe, die willkürliche „Dichtefunktion" f der Bedingung zu unterwerfen, daß das Maß einer Menge $\mathfrak{M}$ bei Bewegungen (in der Ebene bzw. im Raume) ungeändert bleiben soll. Mit anderen Worten: Geht die Menge $\mathfrak{M}$ durch eine Bewegung in $\overline{\mathfrak{M}}$ über, so soll $\mu(\mathfrak{M}) = \mu(\overline{\mathfrak{M}})$ sein. Durch diese Forderung bestimmt sich bis auf einen willkürlich bleibenden positiven Faktor die Funktion f eindeutig für Punkt-, Geraden- und Ebenenmengen[2]. Für Punktmengen erhält man als Maß auf diese Weise natürlich den Flächeninhalt bzw. das Volumen. Wird eine Gerade in der Ebene durch ihren Abstand p vom Nullpunkt und der Winkel φ ihrer Normalen gegen eine feste Richtung fixiert, so ergibt sich für das Maß einer Menge von Geraden der Ebene $\iint dp\,d\varphi$ erstreckt über die Menge. Bei dieser Koordinatenwahl ist f also konstant. Ebenso ergibt sich als Maß einer Ebenenmenge $\iint dp\;d\omega$, wenn eine Ebene durch ihren Abstand p vom Nullpunkt und ihre Normalenrichtung festgelegt wird. $d\omega$ ist das Oberflächenelement der Einheitskugel, deren Punkte den Normalenrichtungen entsprechen. Auch für die Geraden im Raum ergibt sich f aus der obigen Forderung in eindeutiger Weise.

Nach den Regeln der Wahrscheinlichkeitsrechnung können aus den so definierten Maßen und Wahrscheinlichkeiten bei Punkt- usw. Mengen Maße und Wahrscheinlichkeiten für Mengen von geometrischen Gebilden erhalten werden, die sich aus einer endlichen Anzahl von Punkten, Geraden, Ebenen zusammensetzen, z. B. Mengen von Punktepaaren, Ebenentripeln usw.

Die Mengen $\mathfrak{M}$, die hier betrachtet werden sollen, bestehen nun z. B. aus der Gesamtheit der Geraden (Ebenen), die einen konvexen Bereich (Körper) treffen. Es mögen einige diesbezügliche Sätze genannt werden: 1. Das Maß der Geraden (Ebenen), die einen konvexen Bereich (Körper) treffen, ist seine Randlänge L (sein Integral M der mittleren Krümmung). Man findet nämlich durch Ausführung der Integration nach p sofort

$$\iint dp\,d\varphi = \int h\,d\varphi \quad \text{bzw.} \quad \iint dp\,d\omega = \int h\,d\omega, \tag{16}$$

also nach (3) bzw. (9) die Behauptung. 2. Als Maß der Menge der Geraden des Raumes, die einen konvexen Körper treffen, ergibt sich seine Oberfläche. Dies kann sehr einfach durch Integration in passender Reihenfolge auf die CAUCHYsche Formel (14) zurückgeführt werden. 3. Die Wahrscheinlichkeit dafür, daß eine willkürliche, einen konvexen Bereich treffende Gerade auch einen zweiten im ersten enthaltenen konvexen Bereich trifft, ist der Quotient der Randlängen der Bereiche. 4. Die Wahrscheinlichkeit dafür, daß sich zwei einen konvexen Bereich treffende Geraden in diesem

[1] $\mathfrak{M}$ und f mögen so beschaffen sein, daß dieses Integral irgendeinen Sinn hat. — $d\alpha$ ist Abkürzung für $d\alpha_1\,d\alpha_2 \ldots d\alpha_k$.

[2] Dies ist jedoch nicht immer der Fall, sondern nur falls die Bewegungsgruppe bezüglich der Elemente der betrachteten Menge transitiv ist, wenn also jedes Element durch eine Bewegung in ein beliebiges anderes übergeführt werden kann. Bei der Menge der Kreise in der Ebene trifft dies z. B. nicht zu. Hier kann f noch eine willkürliche Funktion des Radius sein, der ja bei Bewegungen invariant ist.

Bereich schneiden, ist $\frac{2\pi F}{L^2}$; also ist $1 - \frac{2\pi F}{L^2}$ die Wahrscheinlichkeit dafür, daß sie sich außerhalb schneiden. Die letztere Behauptung ist im wesentlichen gleichwertig mit der CROFTONschen Formel

$$\iint (\vartheta - \sin\vartheta)\, dx\, dy = \tfrac{1}{2} L^2 - \pi F, \tag{17}$$

wo x, y kartesische Koordinaten und ϑ den Winkel bedeutet, unter dem der konvexe Bereich vom Punkt x, y gesehen wird. Die Integration ist über das ganze Äußere des Bereichs zu erstrecken. 5. Die Wahrscheinlichkeit dafür, daß die Schnittgerade zweier einen konvexen Körper treffenden Ebenen gleichfalls den Körper schneidet, ist $\frac{\pi^3 S}{4M^2}$. 6. Die Wahrscheinlichkeit dafür, daß der Schnittpunkt von drei einen konvexen Körper schneidenden Ebenen im Körper liegt, ist $\frac{\pi^4 V}{M^3}$.

Über die obige Einführung des Begriffs der geometrischen Wahrscheinlichkeit sehe man PÓLYA [1], DELTHEIL [1], [2], über den Maßbegriff für Geraden- und Ebenenmengen auch CARTAN [1]. Derartige Fragestellungen sind zuerst von CROFTON [1], [2], [3] behandelt worden. Von ihm rühren u. a. die Resultate 1, 4 und die bemerkenswerte Formel (17) her. Direkte Beweise dieser Formel bei SERRET [1], HURWITZ [2] S. 389—392, LEBESGUE [1]. Die Tatsache, daß das Maß der Geraden, die eine konvexe Kurve schneiden, gleich ihrer Länge ist, kann nach LEBESGUE [1] und FAVARD [8] so verallgemeinert werden: Es sei $\mathfrak{C}$ eine beliebige Kurve. Mit $N(p, \varphi)$ werde die Anzahl der Schnittpunkte von $\mathfrak{C}$ mit der Geraden p, φ bezeichnet (unendlich zugelassen). Dann ist unter sehr allgemeinen Voraussetzungen über $\mathfrak{C}$

$$\tfrac{1}{2}\iint N(p, \varphi)\, dp\, d\varphi$$

die Länge von $\mathfrak{C}$. — Über die auf den Raum bezüglichen Sätze 2, 5, 6 und weitere Sätze dieser Art siehe CZUBER [1], PÓLYA [2], HOSTINSKÝ [2]. Satz 3 rührt in einer allgemeineren Fassung (ohne die Lagebeschränkung der beiden Bereiche) von SYLVESTER [1] her. Er enthält die Lösung des BUFFONschen Nadelproblems, wenn für den ersten Bereich ein Kreis, für den zweiten eine darin enthaltene Strecke gewählt wird. (Über das Nadelproblem vgl. BARBIER [1] und Lehrbücher der Wahrscheinlichkeitsrechnung.) Die auf die Ebene bezüglichen Ergebnisse der angedeuteten Untersuchungen sind in dem Buch von CZUBER [2] zusammengestellt. Eine einheitliche Darstellung sämtlicher genannten und weiterer Ergebnisse unter dem anfangs beschriebenen Gesichtspunkt gibt das Buch von DELTHEIL [2]. Einige dort nicht berücksichtigte Sätze in der schon genannten Arbeit von HOSTINSKY [2].

Gewisse, teilweise auf SYLVESTER zurückgehende Extremumprobleme für geometrische Wahrscheinlichkeiten sind von BLASCHKE [19] und [25] §§ 24, 25 gelöst worden.

§ 9. Symmetrisierungen und verwandte Abänderungen konvexer Körper.

40. STEINERsche und Kreisringsymmetrisierung. Es sei $\mathfrak{K}$ ein konvexer Körper und $\mathfrak{E}$ eine Ebene. Jede zu $\mathfrak{E}$ senkrechte Gerade, die den Körper $\mathfrak{K}$ schneidet, hat mit ihm eine Strecke gemeinsam. Diese Strecke verschiebe man so in ihrer Geraden, daß ihr Mittelpunkt in die

Ebene $\mathfrak{E}$ fällt. Die Gesamtheit der in dieser Weise erhaltenen Strecken erfüllt einen neuen Körper $\bar{\mathfrak{K}}$, der $\mathfrak{E}$ zur Symmetrieebene hat. Man sagt, $\bar{\mathfrak{K}}$ gehe durch STEINERsche Symmetrisierung aus $\mathfrak{K}$ hervor.

Durch Symmetrisierung entsteht aus einem konvexen Körper stets wieder ein konvexer Körper. Um dies einzusehen, bemerke man: Ist $\mathfrak{K}'$ irgendein in $\mathfrak{K}$ enthaltener Körper, so ist der aus $\mathfrak{K}'$ durch Symmetrisierung an $\mathfrak{E}$ entstehende Körper in $\bar{\mathfrak{K}}$ enthalten. Nun seien $\bar{A}$ und $\bar{B}$ zwei Punkte von $\bar{\mathfrak{K}}$. Zu zeigen ist, daß die Strecke $\bar{A}\bar{B}$ ganz zu $\bar{\mathfrak{K}}$ gehört. Durch $\bar{A}$ und $\bar{B}$ lege man die zu $\mathfrak{E}$ senkrechten Geraden. Ihre Schnittpunkte mit dem Rand von $\bar{\mathfrak{K}}$ seien $\bar{A}_1$, $\bar{A}_2$ bzw. $\bar{B}_1$, $\bar{B}_2$. Das (gleichschenklige) Trapez $\bar{A}_1\bar{B}_1\bar{B}_2\bar{A}_2$ entsteht, durch Symmetrisierung an $\mathfrak{E}$ aus einem Trapez $A_1B_1B_2A_2$, das zu $\mathfrak{K}$ gehört und natürlich konvex ist. Folglich gehört $\bar{A}_1\bar{B}_1\bar{B}_2\bar{A}_2$, also auch die Strecke $\bar{A}\bar{B}$, zu $\bar{\mathfrak{K}}$.

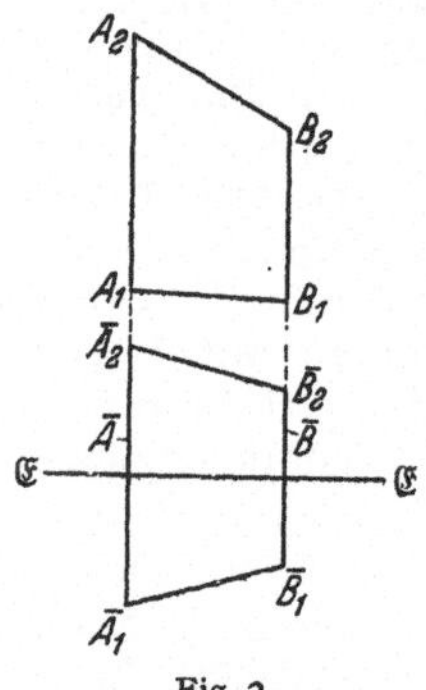

Fig. 2.

Interpretiert man die Körper einer einparametrigen konkaven Schar (wie **24**, S. 33 ausgeführt) als Schnitte eines $n+1$-dimensionalen konvexen Körpers, und wendet man das eben Bewiesene auf diesen $n+1$-dimensionalen Körper an, so erhält man: *Symmetrisiert man die Körper einer konkaven (oder linearen) Schar an derselben Ebene, so entsteht wieder eine konkave Schar konvexer Körper.*

Die STEINERsche Symmetrisierung besitzt die folgenden Eigenschaften:

1. *Das Volumen eines Körpers bleibt bei Symmetrisierung unverändert.* Dies folgt unmittelbar aus der Definition.

2. *Die Oberfläche eines konvexen Körpers wird bei Symmetrisierung an einer Ebene $\mathfrak{E}$ verkleinert. Sie bleibt nur dann unverändert, wenn $\mathfrak{E}$ schon Symmetrieebene des Körpers war.*

3. Bei Symmetrisierung eines Körpers wird sein Durchmesser nicht vergrößert.

STEINER [1], [4] hat die Symmetrisierung zur Behandlung des isoperimetrischen Problems eingeführt und das durch 2. ausgedrückte Verhalten von Länge bzw. Oberfläche festgestellt. Eine ausführliche Behandlung der Symmetrisierung und ihrer Eigenschaften findet man bei BLASCHKE [11] §§ 15, 19, 22, 25 und [24] § 114. Bei BLASCHKE [11] S. 100 wird auch festgestellt, wann aus einer Linearschar wieder eine Linearschar entsteht. — ZINDLER [3] gibt für $n = 2$ und 3 Integraldarstellungen für die Längen- bzw. Oberflächenänderung bei Symmetrisierung, aus denen die Eigenschaft 2. abgelesen werden kann. — Über die Symmetrisierung nicht notwendig konvexer Körper und ihre Eigenschaften sehe man GROSS [1] und BONNESEN [12]. Das Verhalten 3. des Durchmessers ist von BIEBERBACH [1] bemerkt worden; vgl. auch BLASCHKE [11] S. 121—122. — BLASCHKE [11] S. 123—126 zeigt, daß das Minimum der GAUSSschen Krümmung einer stetig gekrümmten konvexen Fläche bei Symmetrisierung nicht verkleinert wird. Weitere Eigenschaften der Symmetrisierung bei BLASCHKE [25] §§ 22, 24, 26, 72, 73.

Schüttelung. Verschiebt man die Schnittstrecken eines konvexen Körpers mit den zu einer Ebene senkrechten Geraden so in ihren Geraden, daß der eine Endpunkt in die Ebene fällt und daß alle Strecken auf derselben Seite der Ebene liegen, so entsteht wieder ein inhaltsgleicher konvexer Körper. Über Eigenschaften und Anwendungen dieses Prozesses siehe BIEHL [1], ferner FAVARD [5] I.

Kreisringsymmetrisierung. Man betrachte einen ebenen konvexen Bereich $\mathfrak{K}$ und seinen Minimalkreisring (**35**, S. 54). Durch den Mittelpunkt M des Rings werde eine Gerade g gelegt. Aus $\mathfrak{K}$ wird dann in folgender Weise eine Figur erzeugt, die g zur Symmetrieachse hat: k sei ein dem Ring angehöriger Kreis um M, A und B seine Schnittpunkte mit g und l die Gesamtlänge der von $\mathfrak{K}$ aus k ausgeschnittenen Kreisbögen. Man ersetze nun alle diese Bögen durch zwei Bögen des Kreises k mit den Mittelpunkten A und B und den Längen $l/2$. Wird dies für jeden dem Ring angehörigen Kreis k getan, so bilden die neuen Kreisbögen zusammen mit der Fläche des inneren Ringkreises einen in bezug auf g (und übrigens auch auf die Senkrechte zu g in M) symmetrischen Bereich $\overline{\mathfrak{K}}$. Die Gesamtlänge des Randes von $\overline{\mathfrak{K}}$ ist kleiner als die des Randes von $\mathfrak{K}$, falls nicht die vier im Innern des Ringes verlaufenden Randbögen von $\mathfrak{K}$ paarweise symmetrisch waren. Die Flächeninhalte von $\mathfrak{K}$ und $\overline{\mathfrak{K}}$ stimmen überein. $\overline{\mathfrak{K}}$ braucht nicht wieder konvex zu sein. Jedenfalls ist aber die konvexe Hülle von $\overline{\mathfrak{K}}$ ein konvexer Bereich mit demselben Minimalkreisring, nicht kleinerem Flächeninhalt und nicht größerer Randlänge als $\mathfrak{K}$ (BONNESEN [4], [12] S. 67.)

41. SCHWARZsche Abrundung. BLASCHKES Beweis des BRUNN-MINKOWSKIschen Satzes. Es sei ein konvexer Körper $\mathfrak{K}$ und eine Gerade g gegeben. Den Durchschnitt von $\mathfrak{K}$ und einer beliebigen zu g senkrechten Ebene $\mathfrak{E}$ ersetze man durch diejenige in $\mathfrak{E}$ liegende $n-1$-dimensionale Kugel, deren Mittelpunkt auf g liegt und deren $n-1$-dimensionales Volumen gleich dem Volumen des Durchschnitts von $\mathfrak{E}$ und $\mathfrak{K}$ ist. Die Gesamtheit der so erhaltenen $n-1$-dimensionalen Kugeln bildet einen zu $\mathfrak{K}$ volumengleichen Rotationskörper $\mathfrak{K}'$. Es wird gesagt, $\mathfrak{K}'$ entstehe aus $\mathfrak{K}$ durch Abrundung bezüglich g.

Nicht so auf der Hand liegend wie bei der Symmetrisierung ist die folgende Tatsache: *Durch Abrundung entsteht aus einem konvexen Körper stets wieder ein konvexer Körper.* Diese Behauptung ist gleichwertig mit dem grundlegenden BRUNNschen Satz: *Ein konvexer Körper $\mathfrak{K}$ werde mit den Ebenen $\mathfrak{E}_\vartheta$ einer Parallelschar geschnitten. ϑ bedeute den Abstand der Ebene $\mathfrak{E}_\vartheta$ von einer festen Ebene $\mathfrak{E}_0$ der Schar. Dann ist die $n-1$te Wurzel aus dem ($n-1$-dimensionalen) Volumen des Schnittes von $\mathfrak{E}_\vartheta$ mit $\mathfrak{K}$ eine konkave Funktion*[1] *von ϑ.* Bis auf einen konstanten Faktor ist nämlich die eben genannte $n-1$te Wurzel gleich dem Radius der in der Definition der Abrundung genannten $n-1$-dimensionalen Kugel.

[1] Vgl. **13**, S. 18.

Nach **24**, S. 33 erhält man durch Projektion der parallelen ebenen Schnitte eines $n+1$-dimensionalen konvexen Körpers die allgemeinste einparametrige konkave Schar von n-dimensionalen konvexen Körpern. Daraus entnimmt man, daß sich der BRUNNsche Satz auch so aussprechen läßt: *Die nte Wurzel aus dem Volumen der Körper einer konkaven Schar ist eine konkave Funktion des Scharparameters.* Hierin darf man sich, wie aus der Definition der konkaven Schar (**24**, S. 33) unmittelbar ersichtlich, auf lineare Scharen beschränken, und der Satz läuft auf die Ungleichung

$$\sqrt[n]{V((1-\vartheta)\mathfrak{K}_0+\vartheta\mathfrak{K}_1)} \geqq (1-\vartheta)\sqrt[n]{V(\mathfrak{K}_0)}+\vartheta\sqrt[n]{V(\mathfrak{K}_1)} \tag{1}$$

für $0\leqq\vartheta\leqq 1$ und beliebige konvexe Körper $\mathfrak{K}_0$ und $\mathfrak{K}_1$ hinaus. Es gilt der MINKOWSKIsche Zusatz: *Das Gleichheitszeichen steht in* (1) *nur, wenn* $\mathfrak{K}_0$ *und* $\mathfrak{K}_1$ *homothetisch sind.* (Über den BRUNN-MINKOWSKIschen Satz siehe § 11, S. 87.)

BLASCHKES Beweis des BRUNN-MINKOWSKIschen Satzes. Die Tatsache, daß durch Abrundung eines konvexen Körpers $\mathfrak{K}$ wieder ein konvexer Körper $\mathfrak{K}'$ entsteht, und damit der BRUNNsche Satz, läßt sich nach BLASCHKE folgendermaßen beweisen. Durch die Gerade g denke man sich $n-1$ Ebenen $\mathfrak{E}_1, \mathfrak{E}_2, \ldots, \mathfrak{E}_{n-1}$ gelegt, von denen je zwei einen Winkel miteinander bilden, der ein irrationales Vielfaches von π ist. Nun werde $\mathfrak{K}$ an $\mathfrak{E}_1$ symmetrisiert, der so entstehende Körper $\mathfrak{K}_1$ an $\mathfrak{E}_2$ usw. Nachdem man so nacheinander an $\mathfrak{E}_1, \mathfrak{E}_2, \ldots, \mathfrak{E}_{n-1}$ symmetrisiert hat, beginne man wieder bei $\mathfrak{E}_1$ und so fort. Auf diese Weise entsteht eine Folge konvexer Körper $\mathfrak{K}_1$, $\mathfrak{K}_2, \ldots$, denn durch Symmetrisierung entsteht (**40**, S. 70) aus einem konvexen wieder ein konvexer Körper. Mit Hilfe des BLASCHKEschen Auswahlsatzes und der Eigenschaft 2. der Symmetrisierung (**40**, S. 70) kann man nun zeigen, daß diese Folge gegen einen konvexen Körper $\mathfrak{K}'$ konvergiert, der die Ebenen $\mathfrak{E}_1, \ldots, \mathfrak{E}_{n-1}$ zu Symmetrieebenen hat. Wegen der obigen Voraussetzung über die Winkel dieser Ebenen folgt dann, daß die Gerade g Rotationsachse von $\mathfrak{K}'$ ist, und damit, daß $\mathfrak{K}'$ genau der durch Abrundung aus $\mathfrak{K}$ entstehende Körper $\mathfrak{K}'$ ist. Auch der obengenannte Zusatz MINKOWSKIS zum BRUNNschen Satz läßt sich mit diesen Mitteln leicht beweisen. Vgl. BLASCHKE [11] §§ 21, 22; der dort für $n=2$ und 3 geführte Beweis läßt sich ohne Schwierigkeit auf beliebige n übertragen. Über andere Beweise siehe § 11. Dieser Beweis lehrt zugleich, daß sich die früher genannten Eigenschaften der Symmetrisierung sinngemäß auf die Abrundung übertragen. Insbesondere:

Bei Abrundung eines konvexen Körpers bezüglich einer Geraden g *wird seine Oberfläche verkleinert, wenn* g *nicht schon Rotationsachse des Körpers war.*

Ferner: *Durch Abrundung der Körper einer konkaven Schar bezüglich derselben Geraden entsteht wieder eine konkave Schar.*

Die Abrundung ist von SCHWARZ [1] für beliebige (nicht notwendig konvexe) Körper eingeführt worden, um das isepiphane Problem auf das für Rotationskörper zurückzuführen. Über Abrundung beliebiger Körper und ihre Anwendung sehe man auch TONELLI [1] und BONNESEN [12] S. 140, im übrigen das schon genannte Buch von BLASCHKE [11].

Das Abrundungsverfahren läßt sich etwas verallgemeinern, was gelegentlich zweckmäßig ist. Statt durch $n - 1$-dimensionale Kugeln können die ebenen Schnitte durch inhaltsgleiche $n - 1$-dimensionale konvexe Körper ersetzt werden, die untereinander homothetisch sind wobei dafür zu sorgen ist, daß auf der Geraden g solche Punkte der Körper liegen, die einander zugeordnet sind. Daß bei einer solchen Transformation durch homothetische Schnitte aus konvexen Körpern wieder konvexe entstehen, ist ebenfalls mit dem obigen BRUNNschen Satz gleichwertig. (Über diese Konstruktion siehe BRUNN [2], BONNESEN [10], [12] S. 122.)

42. Zentralsymmetrisierung und Verwandtes. Es sollen noch einige Symmetrisierungsprozesse beschrieben werden, bei denen die Stützfunktion eines konvexen Körpers in passender Weise abgeändert wird. Diese Prozesse sind aber im Gegensatz zu den bisher genannten nicht volumentreu.

Nach **19**, S. 28 ist, wenn $H(u)$ die Stützfunktion eines konvexen Körpers $\mathfrak{K}$ bezeichnet, $\frac{1}{2}(H(u) + H(-u))$ wieder Stützfunktion eines konvexen Körpers $\mathfrak{K}^*$. Es wird gesagt: $\mathfrak{K}^*$ geht durch Zentralsymmetrisierung aus $\mathfrak{K}$ hervor. $\mathfrak{K}^*$ ist nichts anderes als der im Verhältnis 1 : 2 ähnlich verkleinerte Breiten- oder Vektorkörper (vgl. **33**, S. 51) von $\mathfrak{K}$. Es ist nach Definition der Breite (**33**, S. 51) evident, daß ein konvexer Körper und der zentralsymmetrisierte in jeder Richtung gleiche Breiten, also gleiche Durchmesser und Dicken besitzen. Und daraus folgt wieder, daß das $n - 1$te Quermaßintegral W_{n-1} bei Zentralsymmetrisierung ungeändert bleibt; denn W_{n-1} ist ja bis auf einen nur von n abhängigen Faktor das arithmetische Mittel der Breiten (vgl. **32**, S. 50). Das Volumen und die übrigen Quermaßintegrale können, wie sich aus dem BRUNN-MINKOWSKIschen Satz ergibt, nicht verkleinert werden (**54**, S. 106).

Die Zentralsymmetrisierung ist von KUBOTA [11], [15] mehrfach verwendet worden (vgl. dazu **45**, S. 81, und **54**, S. 106). Ferner sehe man FUJIVARA [9]. Eine anschauliche Ableitung der Eigenschaften der Zentralsymmetrisierung ohne Heranziehung der Stützfunktion gibt NAGY [2]. Für $n = 2$ ist dieser Prozeß auch von JORDAN u. FIEDLER [2] studiert worden. (Zentrik einer konvexen Kurve.)

Einen der STEINERschen Symmetrisierung analogen Prozeß hat BLASCHKE [11] S. 103—104 folgendermaßen eingeführt. Es sei $\mathfrak{K}$ ein konvexer Körper, $\mathfrak{E}$ eine Ebene. Man spiegele $\mathfrak{K}$ an der Ebene. Dadurch entsteht ein Körper $\bar{\mathfrak{K}}$. Der Körper $\frac{1}{2}(\mathfrak{K} + \bar{\mathfrak{K}})$ besitzt dann die Symmetrieebene $\mathfrak{E}$. W_{n-1} bleibt, wie man sofort erkennt, auch bei diesem Prozeß erhalten. Dagegen werden Volumen und Oberfläche vergrößert, falls $\mathfrak{K}$ nicht schon eine zu $\mathfrak{E}$ parallele Symmetrieebene besaß. Es ist dies eine unmittelbare Folge des BRUNN-MINKOWSKIschen Satzes und der CAUCHYschen Formel **32** (1), S. 48.

Versteifung. Einen der SCHWARZschen Abrundung entsprechenden Prozeß kann man so definieren: Der Einfachheit halber werde $n = 3$ angenommen. Durch die zu einem Durchmesser g der Einheitskugel senkrechten Ebenen wird die Oberfläche der Einheitskugel in einer Schar von Parallelkreisen geschnitten. Man ersetze nun den Wert der Stützfunktion H

in jedem Punkt der Kugeloberfläche durch den Mittelwert von H auf dem durch diesen Punkt gehenden Parallelkreis. Dadurch erhält man die Stützfunktion eines konvexen Rotationskörpers mit der Achse g. Diese „Versteifung" eines konvexen Körpers ist im Anschluß an FUNK [**2**] von BLASCHKE [**11**] § 26 eingeführt worden. Ähnlich wie die Abrundung aus der STEINERschen kann die Versteifung durch unendlichfach wiederholte Symmetrisierung der zuletzt genannten Art erhalten werden. Demnach übertragen sich die Eigenschaften dieser Symmetrisierung sinngemäß auf die Versteifung. Es sei noch erwähnt, daß das Maximum der GAUSSschen Krümmung durch Versteifung nicht vergrößert wird (BLASCHKE a. a. O.).

§ 10. Ungleichungen, Extremum- und Deckelprobleme.

43. Allgemeines über Extremumprobleme. In § 7 ist eine Reihe von Größen definiert worden, die mit einem konvexen Körper verknüpft sind, so z. B. das Volumen V (in der Ebene: Flächeninhalt F), die Oberfläche S (in der Ebene: Länge L), allgemein die Quermaß- oder, wie nach **38** auch gesagt werden kann, die Krümmungsintegrale W_ν, von denen die mittlere Breite $\overline{B} = \frac{2}{\varkappa_n} W_{n-1}$ besonders erwähnt sei. $\overline{B}$ ist im zweidimensionalen Fall L/π nach **39** (3), S. 65 und im dreidimensionalen $M/2\pi$ nach **39** (9), S. 66, wo M wie bisher das Integral der mittleren Krümmung bedeutet. Ferner seien genannt: Durchmesser D, Dicke Δ, Umkugelradius R, Inkugelradius r und die Radien P und ϱ der Minimalkugelschale. Schließlich kann man auch noch bei Körpern mit stetig gekrümmtem Rand die Extremwerte von Krümmungsgrößen dazu zählen. Es erhebt sich nun die Frage, welche Relationen zwischen diesen Größen bestehen, genauer, wie die genannten Größen vorgeschrieben werden müssen, damit dazu ein konvexer Körper gehört. In dieser Allgemeinheit dürfte das Problem hoffnungslos kompliziert sein. Man beschränkt sich daher auf Fragestellungen der folgenden Art: Es seien einige der Größen in passender Weise vorgegeben[1]. Gefragt wird dann, wie durch eine solche Vorgabe eine weitere Größe oder eine passende Funktion anderer Größen eingeschränkt wird, welches also insbesondere Maximum oder Minimum dieser Größe oder Funktion ist. Weiter erhebt sich dann die Frage nach den konvexen Körpern, für die die Extrema erreicht werden.

Nur wenige der so entstehenden Probleme sind den klassischen Methoden der Variationsrechnung zugänglich, da es sich zumeist um „Ungleichungsnebenbedingungen" handelt. Vor allem bedeutet die Beschränkung auf konvexe Körper eine solche. Nur in Fällen, wo diese Nebenbedingung unwesentlich ist, wie z. B. beim isoperimetrischen Problem, können unter Umständen die klassischen Methoden herangezogen werden. Es müssen also für die einzelnen Probleme „direkte" Methoden entwickelt werden. Die Existenz wenigstens einer Lösung

[1] D. h. so, daß es zu den Vorgaben wirklich einen konvexen Körper gibt.

läßt sich unter den folgenden sehr allgemeinen Voraussetzungen leicht einsehen: Die durch die Vorgaben eingeschränkte Menge konvexer Körper ist beschränkt, die zum Maximum (Minimum) zu machende Größe oder Funktion ist infolge der Vorgaben nach oben (unten) beschränkt und hängt stetig vom Körper ab. Das letzte ist bei den obengenannten Größen mit Ausnahme der Extrema der Krümmungsgrößen stets der Fall. Unter diesen Annahmen liefert der Auswahlsatz von BLASCHKE (**25**, S. 34) sofort die Existenz eines konvexen Körpers, für den das fragliche Extremum erreicht wird. Eindeutigkeit ist bei vielen Problemen nicht zu erwarten. Für die geometrischen Fragestellungen ist damit allein noch nicht viel gewonnen. Um die Extremalkörper für ein vorgegebenes Problem wirklich zu bestimmen, muß im allgemeinen die besondere geometrische Struktur des Problems ausgenutzt werden.

Allgemeines über Extremumfragen bei ebenen konvexen Bereichen findet man bei KAKEYA [**5**]. Im übrigen sehe man die folgenden Abschnitte. — Über die Beziehungen zwischen Extremalproblemen mit Nebenbedingungen und zugehörigen Extremalungleichungen im Fall der Anwendbarkeit klassischer Methoden vgl. BONNESEN [**13**] sowie [**12**] Kap. I u. VIII.

44. Ungleichungen zwischen zwei Größen. Die zu besprechenden Fragestellungen sind diese: Es sei eine der Größen V (bzw. F), S (bzw. L), $\bar{B}$, D, Δ, R, r gegeben. Gefragt wird nach Maximum oder Minimum einer anderen[1]. Sei etwa X gegeben und das Maximum von Y zu bestimmen. Dann hat man also eine Funktion $\Phi(X)$ — nämlich das Maximum von Y — zu bestimmen, so daß stets die Extremalungleichung

$$Y \leqq \Phi(X)$$

gilt und daß zu jedem positiven X wenigstens ein konvexer Körper existiert, für den hierin das Gleichheitszeichen steht. Man stellt leicht fest, daß Φ monoton wachsend und stetig ist, und daraus entnimmt man weiter, daß die genannte Aufgabe gleichwertig mit der ist, bei gegebenem Y das Minimum von X zu bestimmen.

Läßt man von diesen Extremumfragen bezüglich der obengenannten Größen die trivialen oder sinnlosen fort, so bleiben die im folgenden dargestellten.

V sei gegeben, das Minimum von S zu bestimmen (isoperimetrisches Problem). Die zugehörige Extremalungleichung ist die „isoperimetrische Ungleichung"

$$\left(\frac{V}{\varkappa_n}\right)^{n-1} \leqq \left(\frac{S}{\omega_n}\right)^n, \tag{1}$$

in der das Gleichheitszeichen für die Kugel und nur für diese gilt. (Über Beweise vgl. **56**, S. 109, und **57**, S. 111 ff.)

[1] Natürlich muß die zweite Größe bei Festhaltung der ersten nach oben oder unten beschränkt bleiben.

Auch das Minimum der mittleren Breite $\overline{B}$ bei gegebenem V wird für die Kugel und nur für diese erreicht, was durch die Ungleichung

$$(2) \qquad \frac{V}{\varkappa_n} \leqq \left(\frac{\overline{B}}{2}\right)^n$$

zum Ausdruck gebracht werden kann (Satz von URYSOHN. Beweis in **56**, S. 109). Beachtet man, daß aus der Definition der mittleren Breite unmittelbar die Ungleichungen

$$(3) \qquad \Delta \leqq \overline{B} \leqq D$$

folgen, wo das Gleichheitszeichen nur an beiden Stellen gleichzeitig im Fall $\Delta = D$, also für Körper konstanter Breite (vgl. **63**, S. 127) steht, so entnimmt man aus (2)

$$(4) \qquad \frac{V}{\varkappa_n} \leqq \left(\frac{D}{2}\right)^n,$$

worin das Gleichheitszeichen nur für die Kugel gilt. (4) besagt: Unter allen konvexen Körpern gegebenen Volumens hat die Kugel den kleinsten Durchmesser. (Anderer Beweis **54**, S. 107.)

Dieses Ergebnis rührt von BIEBERBACH [**1**] her und ist von ihm direkt so erhalten worden: Durch Symmetrisierung an paarweise senkrechten Ebenen kann aus einem beliebigen konvexen Körper ein volumengleicher mit Mittelpunkt hergestellt werden. Dabei wird nach der Eigenschaft (3) (**40**, S. 70) der Symmetrisierung der Durchmesser nicht vergrößert. Für Körper mit Mittelpunkt ist aber die obige Behauptung sofort einzusehen. Vgl. auch BLASCHKE [**11**] S. 122. Die entsprechende Aufgabe für konvexe Polygone ist von REINHARDT [**2**] gelöst worden.

Das Problem, bei gegebenem V das Maximum von Δ zu bestimmen, ist allgemein noch nicht behandelt, wohl aber für $n = 2$. Es werde in diesem Fall so formuliert: Unter allen ebenen konvexen Bereichen $\mathfrak{K}$ mit gegebener Dicke Δ soll der mit kleinstem Flächeninhalt bestimmt werden. Es ergibt sich das gleichseitige Dreieck mit der Höhe Δ, also dem Inhalt $\Delta^2/\sqrt{3}$, was man so einsehen kann. Ohne Beschränkung der Allgemeinheit darf $\Delta = 1$ angenommen werden (Ähnlichkeitstransformation). Sei also $\mathfrak{K}$ ein konvexer Bereich der Dicke 1 und $\mathfrak{C}$ der oder ein Inkreis von $\mathfrak{K}$. Der Inkreisradius sei $r (\leqq \frac{1}{2})$. $\mathfrak{C}$ hat mit dem Rand von $\mathfrak{K}$ entweder zwei diametrale Punkte oder wenigstens drei Punkte P, Q, R gemeinsam, die ein spitzwinkliges Dreieck bilden (**35**, S. 54). Im ersten Fall ist die Dicke von $\mathfrak{K}$ gleich dem Durchmesser von $\mathfrak{C}$, also $r = \frac{1}{2}$, also der Inhalt F von $\mathfrak{K}$ mindestens $\frac{\pi}{4} > \frac{1}{\sqrt{3}}$. Dieser Fall kann daher außer acht gelassen werden. Im zweiten Fall lege man durch P, Q und R die Tangenten an $\mathfrak{C}$. So erhält man ein $\mathfrak{K}$ umbeschriebenes Dreieck. Auf jedem der Randbögen PQ, QR, RP von $\mathfrak{K}$ muß es wenigstens einen Punkt R', P' bzw. Q' geben, der vom Mittelpunkt von $\mathfrak{C}$ den Abstand $1 - r$ besitzt. Andernfalls wäre nämlich die Dicke von $\mathfrak{K}$ kleiner als 1. Die konvexe Hülle von $\mathfrak{C}$ und den Punkten P', Q', R' — sie besteht aus $\mathfrak{C}$ und drei kongruenten Kappen — muß in $\mathfrak{K}$ enthalten sein. Für ihren Inhalt findet man

$$f(r) = \pi r^2 + 3\left(r\sqrt{1-2r} - r^2 \arccos\frac{r}{1-r}\right).$$

$f(r)$ ist für $0 < r \leqq \frac{1}{2}$ monoton wachsend. Nun ist der kleinste Wert, der für r in Betracht kommt, nach der im folgenden zu begründenden Ungleichung (8) gleich $\frac{1}{3}$, und dieser Wert kommt nur beim gleichseitigen Dreieck vor. Folglich gilt für den Inhalt von $\mathfrak{K}$

$$F \geqq f(r) \geqq f\left(\frac{1}{3}\right) = \frac{1}{\sqrt{3}},$$

und beide Gleichheitszeichen stehen zugleich nur für das gleichseitige Dreieck.

Satz und Beweis stammen von Pál [**2**].

Sei jetzt die Oberfläche S gegeben. Gefragt werde nach dem Minimum von $\overline{B}$. Wie später (**56**, S. 110) gezeigt wird, gilt die Ungleichung

$$(5) \qquad \frac{S}{\omega_n} \leqq \left(\frac{\overline{B}}{2}\right)^{n-1}.$$

Hierin steht das Gleichheitszeichen im Fall $n = 2$ wegen $L = \pi\overline{B}$ für jeden konvexen Bereich, im Fall $n = 3$ und vermutlich auch für $n > 3$ nur für die Kugel. Jedoch ist letzteres noch nicht sichergestellt (**56**, S. 110). Mit Hilfe von (3) folgert man aus (5) die Ungleichung

$$(6) \qquad \frac{S}{\omega_n} \leqq \left(\frac{D}{2}\right)^{n-1},$$

die die Frage nach dem kleinsten Durchmesser bei gegebener Oberfläche beantwortet. Hier steht das Gleichheitszeichen bei $n \geqq 3$ nur für die Kugel (vgl. **54**, S. 107).

Für $n = 2$ ist (6) wegen $L = \pi\overline{B}$ in (3) enthalten und kann so ausgesprochen werden: Unter allen konvexen Bereichen gegebener Randlänge haben die von konstanter Breite den kleinsten Durchmesser (Blaschke [**9**], [**10**]). Von Rosenthal u. Szász [**1**] ist dies durch geometrische Betrachtungen bewiesen worden. Vgl. dazu Reinhardt [**2**], wo die Frage auch für konvexe Polygone beantwortet wird.

Die Frage nach maximaler Dicke bei gegebener Oberfläche ist allgemein nicht behandelt. Für $n = 2$ ist die Lösung wieder wegen $L = \pi\overline{B}$ in (3) enthalten.

Sei nun der Umkugelradius R gegeben. Gefragt werde nach dem Minimum des Durchmessers D. Sei also $\mathfrak{K}$ ein konvexer Körper mit der Umkugel $\mathfrak{C}$ des Radius R. Nach **35**, S. 54 hat $\mathfrak{K}$ mit der Oberfläche der Umkugel $\mathfrak{C}$ eine Menge gemeinsam, deren konvexer Hülle der Mittelpunkt von $\mathfrak{C}$ angehört. Folglich gibt es nach **6**, S. 9 in dieser Menge $n+1$ oder weniger Punkte, so daß das durch sie bestimmte Simplex den Kugelmittelpunkt enthält. Dieses Simplex hat daher dieselbe Umkugel 𝔈 wie 𝔎 und ist in 𝔎 enthalten. Ersetzt man nun 𝔎 durch dieses Simplex, so bleibt also R erhalten, und der Durchmesser D kann höchstens verkleinert werden. Diese Bemerkung zeigt, daß man sich darauf beschränken kann, unter allen Simplexen mit fester Umkugel das mit kleinstem Durchmesser zu bestimmen. Der Durchmesser eines Simplex ist gleich der Länge der längsten seiner (eindimensionalen) Kanten. Folglich hat man unter den Simplexen mit fester Umkugel das zu suchen, dessen längste Kante möglichst kurz ist. Man erhält das „reguläre" Simplex, dessen Kanten alle gleich lang sind. Sein Umkugelradius ist $a\sqrt{\frac{n}{2n+2}}$, wenn a seine Kantenlänge bedeutet. Es gilt demnach allgemein

$$R \leq D\sqrt{\frac{n}{2n+2}}, \tag{7}$$

wo das Gleichheitszeichen für das reguläre Simplex, aber nicht nur für dieses, sondern für jeden konvexen Körper vom Durchmesser D steht, der das reguläre Simplex der Kantenlänge D enthält.

Dieses Ergebnis kann auch so ausgesprochen werden: Die Kugel vom Radius $D\sqrt{\frac{n}{2n+2}}$ ist die kleinste, in die jede Punktmenge vom Durchmesser D gelegt werden kann[1]. In dieser Form rührt der Satz von Jung [**1**], [**2**] her. Später sind mehrere Beweise (teilweise mit Beschränkung auf den Fall der Ebene) angegeben worden: Bricard [**1**], Nagy [**1**], Reinhardt [**1**], Lebesgue [**3**].

Dem eben behandelten in gewisser Hinsicht dual gegenüberstehend ist das Problem, bei gegebenem Inkugelradius r das Maximum der Dicke Δ zu bestimmen. Zunächst werde der Fall der Ebene behandelt. Der Rand eines konvexen Bereiches hat mit der Peripherie eines Inkreises entweder zwei diametrale oder drei Punkte gemeinsam, die ein spitzwinkliges Dreieck bilden (**35**, S. 54, und **6**, S. 9). Im ersten Fall ist die Dicke Δ gleich dem Durchmesser $2r$ des Inkreises, also gleich dem kleinsten möglichen Wert. Im zweiten Fall bilden die Tangenten des Inkreises durch die Ecken des Dreiecks ein dem Bereich 𝔎 umbeschriebenes Dreieck, das denselben Inkreis wie 𝔎 und nicht kleinere Dicke besitzt. Es genügt also, unter allen Dreiecken mit gegebenem Inkreis das mit größter Dicke zu bestimmen. Die Dicke eines Dreiecks ist gleich der Länge der kürzesten seiner Höhen. Seien nun $a \geqq b \geqq c$ die Seitenlängen des Dreiecks und h die zur Seite a gehörige Höhe. Dann ist der Inhalt des Dreiecks

$$\frac{h\,a}{2} = \frac{(a+b+c)\,r}{2},$$

also

$$\Delta \leqq h = \left(1 + \frac{b+c}{a}\right) r \leqq 3r,$$

[1] Die konvexe Hülle einer Menge hat denselben Durchmesser wie die Menge selbst.

wo die Gleichheitszeichen nur für das gleichseitige Dreieck gelten. Folglich gilt allgemein

(8) $$\Delta \leqq 3r.$$

Soll hierin Gleichheit bestehen, so muß sich um den konvexen Bereich nach dem Obigen ein gleichseitiges Dreieck mit demselben Inkreis beschreiben lassen. Ein konvexer Teilbereich eines gleichseitigen Dreiecks, der nicht mit diesem Dreieck identisch ist, hat aber kleinere Dicke. Folglich gilt in (8) das Gleichheitszeichen nur für das gleichseitige Dreieck.

Bei beliebigem n hat man sich zunächst zu überzeugen, daß unter allen Simplexen mit gegebener Inkugel das reguläre die größte Dicke besitzt[1]. Es werde für den Augenblick die Dicke des n-dimensionalen regulären Simplex mit δ_n bezeichnet. δ_n ist bei geradem n gleich dem Abstand einer $\frac{n}{2}$-dimensionalen von der gegenüberliegenden $\left(\frac{n}{2}-1\right)$-dimensionalen und bei ungeradem n gleich dem Abstand zweier gegenüberliegender $\frac{n-1}{2}$-dimensionalen Seiten. Für δ_n findet man[1]

$$\delta_n = \begin{cases} 2r\,\dfrac{n+1}{\sqrt{n+2}} & \text{für gerades } n, \\[2ex] 2r\sqrt{n} & \text{für ungerades } n. \end{cases}$$

Sei nun $\mathfrak{K}$ ein konvexer Körper, dessen Inkugelradius r ist. Es gibt nach **35**, S. 54, und **6**, S. 9 ein höchstens n-dimensionales Simplex, dessen Ecken dem Rand von $\mathfrak{K}$ und zugleich der Oberfläche einer Inkugel von $\mathfrak{K}$ angehören und das den Inkugelmittelpunkt in seinem Innern enthält. Ist dieses Simplex n-dimensional, so lege man durch seine Ecken die Tangentialebenen an die Inkugel. Dann erhält man ein $\mathfrak{K}$ umbeschriebenes Simplex mit dem Inkugelradius r. Dessen Dicke, also auch die von $\mathfrak{K}$, ist kleiner oder gleich δ_n. Ist dagegen das eben genannte Simplex ν-dimensional ($\nu < n$), so bestimmen die Tangentialebenen der Inkugel durch seine $\nu+1$ Ecken einen (unbeschränkten) prismenartigen Raumteil, der $\mathfrak{K}$ umbeschrieben ist und dessen Dicke höchstens gleich der Dicke eines ν-dimensionalen Simplex mit dem Inkugelradius r, also kleiner oder gleich δ_ν ist. Da aber die δ_ν, wie man an den obigen Werten sofort bestätigt, mit ν wachsen, gilt in allen Fällen $\Delta \leqq \delta_n$, also

(9) $$r \geqq \begin{cases} \Delta\,\dfrac{\sqrt{n+2}}{2n+2} & \text{für gerades } n, \\[2ex] \Delta\,\dfrac{1}{2\sqrt{n}} & \text{für ungerades } n. \end{cases}$$

Für $n \geqq 3$ gilt in (9) jedoch das Gleichheitszeichen nicht nur für das reguläre Simplex. Z. B. kann man ($n = 3$) von den Ecken des regulären

[1] Steinhagen [1], [2].

Tetraeders Stücke abschneiden, ohne daß sich Dicke und Inkugel ändern.

Dieses Problem ist für $n = 2$ auf dem obigen Wege von BLASCHKE [**6**] gelöst worden. Für $n > 2$ ist dort ein falsches Resultat angegeben. $n = 2$ auch bei FAVARD [**5**] I. S. 367. Dort wird S. 368 der Fall $n = 3$ sehr einfach gelöst; jedoch ist die Behauptung über das Gleichheitszeichen unzutreffend. Für beliebiges n ist das obige Resultat von STEINHAGEN [**1**], [**2**] auf dem angedeuteten Wege erhalten worden.

Zu weiteren Extremalfragen der hier betrachteten Art gelangt man, wenn man zu den obengenannten Größen noch die Extremwerte von Krümmungsgrößen, z. B. Maximum oder Minimum der GAUSSschen oder mittleren Krümmung, hinzunimmt. Einfachste Integralabschätzungen ergeben aus Formeln von **39**, S. 65 Ungleichungen zwischen derartigen Extremwerten und Länge, Oberfläche, mittlerer Breite usw. Vgl. dazu HURWITZ [**2**], HAYASHI [**6**]. Ein tiefliegendes Ergebnis dieser Art hat BONNET [**1**] gefunden. Ist das Minimum der GAUSSschen Krümmung eines (dreidimensionalen) konvexen Körpers $1/A^2$, so gilt für den Durchmesser $D \leqq \pi A$. Vgl. dazu auch BLASCHKE [**11**] S. 134—136, [**24**] § 100 und **46** (6), S. 85.

Eine große Anzahl hierhergehöriger Extremumfragen für A f f i n v a r i a n t e n konvexer Bereiche und Körper ist von BLASCHKE und anderen gelöst worden. Ein Haupthilfsmittel dabei ist die STEINERsche Symmetrisierung. Wegen der zugehörigen Begriffsbildungen, Beweise und Literatur muß auf BLASCHKE [**25**], insbesondere Kap. 2 und 6, verwiesen werden.

Extremumprobleme für die „Kapazität" eines Körpers löst SZEGÖ [**1**].

45. Ungleichungen zwischen mehr als zwei Größen ebener Bereiche. Die einfachsten Fragestellungen dieser Art erhält man so: Es seien zwei Größen X und Y — etwa von den zu Beginn des vorigen Abschnitts genannten — vorgegeben, und zwar derart, daß die zwischen diesen Größen bestehenden Ungleichungen erfüllt sind. Gesucht werde Maximum und Minimum einer dritten Größe Z. Die Lösung einer solchen Aufgabe drückt sich durch Extremalungleichungen

$$\varphi(X, Y) \leqq Z \leqq \Phi(X, Y)$$

aus. Diese Extremalungleichungen werden als scharf bezeichnet, wenn zu jedem zulässigen Wertepaar X, Y wenigstens ein Bereich existiert, für den in der ersten Ungleichung, und wenigstens ein Bereich, für den in der zweiten das Gleichheitszeichen steht. Hängen φ und Φ monoton von einer Veränderlichen, etwa X ab, so können die Ungleichungen nach X aufgelöst werden, und man findet die Extremwerte von X bei gegebenen Y, Z.

Bei den im folgenden beschriebenen Aufgaben dieser Art stellen sich als Extremalfiguren stets Bereiche heraus, deren Ränder sich ausschließlich aus Strecken und Kreisbögen zusammensetzen.

F, L, D, Δ. Von einem ebenen konvexen Bereich seien Durchmesser D und Dicke Δ gegeben ($D \geqq \Delta$). Dann gelten für Länge L und Flächeninhalt F die folgenden Ungleichungen:

(1)
$$L \leqq 2\sqrt{D^2 - \Delta^2} + 2D \arcsin\frac{\Delta}{D},$$

(2) $$L \geqq 2\sqrt{D^2 - \Delta^2} + 2\Delta \arcsin \frac{\Delta}{D},$$

(3) $$F \leqq \Delta\sqrt{D^2 - \Delta^2} + D^2 \arcsin \frac{\Delta}{D}.$$

Diese Schranken sind scharf, denn in (1) und (3) gilt das Gleichheitszeichen für den Durchschnitt eines Kreises vom Durchmesser D mit einem symmetrisch zum Kreismittelpunkt gelegenen Parallelstreifen der Breite Δ, und in (2) besteht Gleichheit für einen Bereich, der aus dem Kreis vom Durchmesser Δ durch Aufsetzen zweier Kappen entsteht, deren Spitzen auf einer Geraden durch den Kreismittelpunkt liegen und vom Mittelpunkt den Abstand $D/2$ haben. Diese Resultate sind von KUBOTA [**11**] mit Hilfe der Zentralsymmetrisierung (**42**, S. 73) gewonnen worden. Sie sind als Spezialfälle in später (**54**, S. 106) zu beweisenden Abschätzungen der Quermaßintegrale enthalten, die gleichfalls von KUBOTA herrühren. Nicht ganz abschließend ist das Ergebnis von KUBOTA [**11**] bezüglich des Minimums von F. Es gilt

(4) $$2F \geqq \Delta D.$$

Diese Schranke ist jedoch nur für $\sqrt{3} \cdot D \geqq 2\Delta$ scharf. Dann besteht Gleichheit für ein Dreieck, dessen eine Seite die Länge D besitzt und dessen zugehörige Höhe Δ ist. Für $\sqrt{3}D < 2\Delta$ sind aber bei einem solchen Dreieck D und Δ nicht Durchmesser und Dicke, so daß das Dreieck dann nicht den gestellten Bedingungen genügt.

Ferner sind Schranken für den Flächeninhalt F bei gegebenen D und L oder Δ und L gefunden worden. (Die vorgegebenen Werte D und L bzw. Δ und L müssen den Bedingungen $\pi D \geqq L \geqq 2D$ bzw. $L \geqq \pi\Delta$ genügen.) In beiden Fällen ist das Maximum von F bekannt (KUBOTA [**11**]). Es wird im ersten für die „symmetrische Linse", d. h. für den Durchschnitt zweier gleich großer Kreise erreicht. Dabei sind Radius und gegenseitige Lage der Kreise so zu bestimmen, daß ihr Durchschnitt den Durchmesser D und die Randlänge L bekommt. Man findet so

(5) $$F \leqq \frac{\cos\varphi}{8\varphi} L(L - 2D),$$

wobei φ, der halbe Winkel zwischen den beiden Kreisen der Linse, als positive Wurzel der transzendenten Gleichung

(5') $$L\sin\varphi = 2D\varphi$$

zu bestimmen ist. Hierin ist eine schwächere Abschätzung $4F \leqq LD$ von HAYASHI [**4**] enthalten, die auch direkt aus der isoperimetrischen Ungleichung mit Berücksichtigung von $L \leqq \pi D$ folgt. Die durch (5) ausgedrückte Beziehung zwischen F, L, D kann nach FAVARD (Note zu BONNESEN [**12**]) auch so ausgesprochen werden: Unter allen konvexen Bereichen mit gegebenen F, L besitzt die symmetrische Linse den größten Durchmesser.

Für vorgeschriebene Δ, L wird das Maximum von F für denjenigen den Vorschriften genügenden Bereich angenommen, der aus einem Rechteck durch Ansetzen zweier Halbkreise mit gegenüberliegenden Seiten als Durchmesser entsteht (KUBOTA [**11**]). Die entsprechende Ungleichung lautet

(6) $$F \leqq 2\Delta L - \pi L^2.$$

Weniger befriedigend sind die vorliegenden Ergebnisse bezüglich der unteren Schranke von F bei diesen Vorgaben. Es gelten die von KUBOTA [**11**] bzw. [**14**] herrührenden Ungleichungen

$$4F \geqq (L - 2D)\sqrt{4LD - L^2}, \tag{7}$$

$$4F \geqq (L - 2D)\sqrt{3}D, \tag{8}$$

die aber beide nicht scharf sind. In (8) sind frühere Ergebnisse von HAYASHI [**4**] und KUBOTA [**12**], [**13**] enthalten. Von FAVARD [**5**] I. S. 365 wurde (8) auf neuem Wege bewiesen. Ferner gilt

$$4F \geqq \Delta L - \frac{2}{\sqrt{3}}\Delta^2. \tag{9}$$

Dies wurde von FAVARD (a. a. O. S. 367) vermutet, von KAWAI [**1**] bewiesen und von YAMANOUTI [**1**] verschärft. In der zuletzt genannten Arbeit wird insbesondere das genaue Minimum von F bestimmt, falls $L \geqq 2\sqrt{3}\,\Delta$ ist. Es wird dann für dasjenige gleichschenklige Dreieck mit dem Umfang L erreicht, das zwei Höhen der Länge Δ besitzt. Über die Extremalfigur im Fall $2\sqrt{3}\,\Delta > L\,(\geqq \pi\Delta)$, in dem ein solches Dreieck nicht existiert, wird eine Vermutung aufgestellt.

Über das Maximum von F bei gegebenen L, D, Δ vgl. FUKASAWA [**3**].

F, L, R, r. Es werde zunächst angenommen, daß außer L der Inkreisradius r vorgegeben ist ($L \geqq 2\pi r$). Das Minimum von F bestimmt sich dann leicht mit Hilfe der Flächeninhaltsformel

$$F = \tfrac{1}{2}\int H\,ds,$$

wo H die Stützfunktion und ds das Bogenelement der Randkurve des konvexen Bereichs sind. Wird der Nullpunkt in den Inkreismittelpunkt gelegt, so gilt $H \geqq r$, also

$$2F \geqq Lr. \tag{10}$$

Das Gleichheitszeichen gilt hier für alle Kappenbereiche (**12**, S. 17) des Kreises vom Radius r, deren Randlänge den gegebenen Wert L hat. Das Maximum von F bei gegebenen r und L hat BONNESEN [**2**], [**3**], [**12**] S. 60—61 bestimmt. Es gilt die Ungleichung

$$F \leqq r(L - \pi r), \tag{11}$$

in der Gleichheit für ein Rechteck besteht, dem zwei Halbkreise mit gegenüberliegenden Seiten als Durchmesser angesetzt sind. [(11) läßt sich als Verschärfung der isoperimetrischen Ungleichung ansehen; vgl. dazu **57**, S. 112.] Einen zweiten Beweis gab FAVARD [**5**] II.

Komplizierter sind die Extremwerte von F bei gegebenen L und R ($2\pi R \geqq L \geqq 4R$). Das Minimum von F wird für dasjenige dem R-Kreis eingeschriebene Polygon der Länge L angenommen, dessen Seiten bis auf eine, deren Länge höchstens gleich der der übrigen ist, gleich lang sind (FAVARD [**5**] I. S. 357; in anderer Formulierung (Minimum von R bei gegebenen L, F) dasselbe noch einmal in [**5**] II). Die einfachere, jedoch nicht scharfe Schranke

$$F \geqq R(L - 4R)$$

ist gleichfalls von FAVARD [**5**] I. S. 361 gefunden worden. Das Maximum von F bei gegebenen L, R liefert die (schon obengenannte) symmetrische Linse. Um die zugehörige Extremalungleichung zu erhalten, hat man in (5) und (5′) nur D durch $2R$ zu ersetzen, da bei der Linse der Umkreisradius gleich dem halben Durchmesser ist (FAVARD, Note zu BONNESEN [**12**] und [**5**] II.)

F, L, P, ϱ. Bei vorgegebenem Minimalkreisring mit den Radien P und ϱ haben BONNESEN [**4**], [**12**] S. 70 und FAVARD [**5**] I. Probleme behandelt, die sich nach FAVARD der folgenden Fragestellung unterordnen. Es sei eine in den Variablen L und $\sqrt{F}$ homogene Funktion $\Phi(L, \sqrt{F})$ gegeben, die in bezug auf L nicht abnehmend, in bezug auf $\sqrt{F}$ nicht zunehmend ist. Welches sind die Extremwerte von Φ? Für Φ kann insbesondere das „isoperimetrische Defizit" $\frac{L^2}{4\pi} - F$ gewählt werden. Nach BONNESEN (a. a. O.) erreicht es das Minimum für eine Figur, die sich aus zwei parallelen Geradenstücken, die den inneren Kreis berühren, und vier kongruenten Kreisbögen zusammensetzt (Fig. 3). Haupthilfsmittel beim Beweis ist die **40**, S. 71 beschriebene Kreisringsymmetrisierung. (Vgl. dazu auch FRANKE [**1**].) Aus dem angegebenen Resultat kann man die folgende Verschärfung der isoperimetrischen Ungleichung (**57**, S. 111) gewinnen (BONNESEN a. a. O.)

$$L^2 - 4\pi F \geqq 4\pi(\mathsf{P} - \varrho)^2 .$$

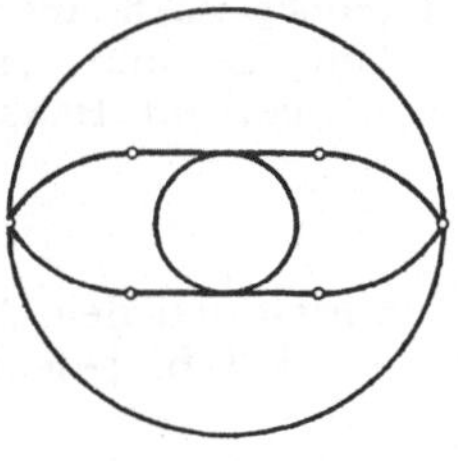

Fig. 3.

Das Maximum des isoperimetrischen Defizits wird nach FAVARD [**1**] für das Polygon angenommen, das dem inneren Kreis umschrieben ist und dessen Ecken mit höchstens einer Ausnahme auf dem äußeren Kreis des Ringes liegen. Aus diesem Ergebnis folgt nach FAVARD (a. a. O.) die allerdings nicht sehr scharfe Ungleichung

$$L^2 - 4\pi F \leqq 4\pi^2 \mathsf{P}(\mathsf{P} - \varrho) .$$

Hilfsmittel beim Beweis ist eine Art Schüttelungsprozeß (**40**, S. 71). In ähnlicher Weise hat FAVARD [**5**] I. S. 351 das Maximum von L^2/F bei gegebenem Minimalkreisring ermittelt. Hier ist die Extremalfigur das Polygon, das dem äußeren Kreis eingeschrieben ist und dessen Seiten mit höchstens einer Ausnahme den inneren Kreis berühren.

Durch die Extremwerte R_{Max} und R_{Min} des Krümmungsradius läßt sich das isoperimetrische Defizit nach BOTTEMA [**1**] folgendermaßen nach oben abschätzen:

$$L^2 - 4\pi F \leqq \pi^2 (R_{\mathrm{Max}} - R_{\mathrm{Min}})^2 .$$

Eine etwas schwächere Abschätzung dieser Art findet sich schon bei LIEBMANN [**6**].

46. Ungleichungen zwischen mehreren Größen konvexer Körper.

In den MINKOWSKIschen Ungleichungen sind als Spezialfälle Ungleichungen zwischen Quermaßintegralen eines konvexen Körpers enthalten (vgl. **56**, S. 109). Ferner sind von KUBOTA Abschätzungen von Quermaßintegralen bei gegebenen D und Δ gefunden worden (vgl. **54**, S. 106). Hier soll über Ergebnisse berichtet werden, die sich auf Körper des dreidimensionalen Raumes beziehen und nicht in den erwähnten enthalten sind.

V, S, M. BLASCHKE [**14**] und später FAVARD [**6**] haben die Frage nach den sämtlichen Beziehungen zwischen Volumen V, Oberfläche S und dem

Integral M der mittleren Krümmung (oder, was dasselbe besagt, der mittleren Breite $\bar{B} = M/2\pi$) aufgeworfen. Aus den Ungleichungen (1), (2), (5) von **44**, S. 75—77 ergeben sich für $n = 3$ zunächst die Relationen

$$(1) \qquad 36\pi V^2 \leqq S^3,$$

$$(2) \qquad 48\pi^2 V \leqq M^3,$$

$$(3) \qquad 4\pi S \leqq M^2.$$

Ferner gilt nach **56**, S. 110 die MINKOWSKIsche Ungleichung

$$(4) \qquad 3VM \leqq S^2.$$

Aus (3) und (4) folgen (1) und (2), so daß die Frage darauf hinausläuft, ob und evtl. welche Relationen außer (3) und (4) zwischen V, S, M bestehen. Es zeigt sich, daß (3) und (4) nicht ausreichen. Die fehlende Relation ist jedoch noch unbekannt.

Um die unwesentlichen Ähnlichkeitstransformationen auszuschalten, kann man mit BLASCHKE (a. a. O.)

$$x = \frac{4\pi S}{M^2}, \qquad y = \frac{48\pi^2 V}{M^3}$$

einführen und den Wertebereich W von x, y untersuchen. (3) und (4) besagen, daß W jedenfalls in

$$(5) \qquad 0 \leqq x \leqq 1, \qquad 0 \leqq y \leqq x^2$$

enthalten ist. Die Parabel $y = x^2$ $(0 \leqq x \leqq 1)$ gehört zum Rand von W. In (4) steht nämlich (nach MINKOWSKI; vgl. **56**, S. 110) das Gleichheitszeichen für alle Kappenkörper (**12**, S. 17) der Kugel, und man kann zu beliebigen Werten M, S, die (3) erfüllen, einen Kappenkörper der Kugel finden. Insbesondere entspricht der Punkt $A = (0, 0)$ einer Strecke, der Punkt $B = (1, 1)$ der Kugel. Ferner müssen die Punkte der x-Achse, für die $V = 0$ ist, ebenen konvexen Bereichen entsprechen. Für ebene Bereiche ist aber $S = 2F$, $M = \frac{\pi}{2} L$, also wegen der isoperimetrischen Ungleichung $L^2 - 4\pi F \geqq 0$

$$2M^2 \geqq \pi^3 S.$$

Dies besagt, daß $x \leqq \frac{8}{\pi^2}$ für $y = 0$ ist; mit anderen Worten: das Stück der x-Achse zwischen $C = (1, 0)$ und dem der Kreisscheibe entsprechenden Punkt $D = \left(\frac{8}{\pi^2}, 0\right)$ kann nicht zu W gehören. Unbekannt ist demnach noch ein Kurvenbogen DB, der für $\frac{8}{\pi^2} < x < 1$ die Minimalwerte von y darstellt, oder, anders ausgedrückt, das Minimum von V, falls M und S so vorgegeben sind, daß $2M^2 < \pi^3 S$ ist.

Der Schar der Parallelkörper im Abstand $\mu > 0$ eines konvexen Körpers $\mathfrak{K}$ entspricht in der x, y-Ebene eine Kurve dritter Ordnung, die von dem $\mathfrak{K}$ entsprechenden Punkt ausgeht und für $\mu \to \infty$ in den Punkt B einmündet. Eine dieser Kurven geht vom Punkt D aus. Sie entspricht den Parallelkörpern einer Kreisscheibe, also den konvexen Hüllen von Torusflächen. BLASCHKE hat a. a. O. die Vermutung ausgesprochen, daß diese Kurve die fehlende Begrenzung von W darstellt. Dies trifft jedoch nicht zu. Eine kleine Rechnung lehrt, daß der der Halbkugel $\left(V = \frac{3\pi}{2},\ S = 3\pi,\ M = 2\pi + \frac{\pi^2}{2}\right)$ entsprechende Punkt außerhalb des so abgegrenzten Gebiets liegt. Die Vermutung hat von vornherein wenig für sich. Es ist vielmehr anzunehmen, daß sich die Begrenzung der fraglichen Körper aus Kugel- und Ebenenstücken zusammensetzt. Man könnte etwa an die zu den Kappenkörpern der Kugel polaren Körper denken, die aus der Kugel entstehen, wenn durch endlich oder auch abzählbar unendlich viele Ebenen paarweise punktfremde Kalotten abgeschnitten werden.

Die Extremwerte der Gaussschen Krümmung einer stetig gekrümmten konvexen Fläche stehen mit dem Durchmesser D und dem Inkugelradius r einerseits, der Dicke Δ und dem Umkugelradius R andererseits in bemerkenswerten Beziehungen, die von Blaschke [**13**], [**11**] §§ 25—26 entdeckt worden sind. Sei etwa $1/A^2$ das Minimum, $1/B^2$ das Maximum der Gaussschen Krümmung, so gelten die Ungleichungen

$$D < 2 \int_0^{\frac{\pi}{2}} \sqrt{A^2 - r^2 \sin^2\sigma}\, d\sigma, \tag{6}$$

$$\Delta > 2 \int_0^{\frac{\pi}{2}} \sqrt{R^2 - B^2 \sin^2\sigma}\, d\sigma - 2(R^2 - B^2) \int_0^{\frac{\pi}{2}} \frac{d\sigma}{\sqrt{R^2 - B^2 \sin^2\sigma}}. \tag{7}$$

D und Δ können diesen Schranken beliebig nahekommen. Gleichheit besteht allerdings nur für „spindelförmige" bzw. „käseförmige" Rotationsflächen konstanten Krümmungsmaßes, die nicht überall stetig gekrümmt sind. Diese Flächen lassen sich aber durch zulässige beliebig gut approximieren. Haupthilfsmittel sind beim Beweis von (6) Steinersche Symmetrisierung und Schwarzsche Abrundung, beim Beweis von (7) die **42**, S. 73 erwähnte Symmetrisierung und die Versteifung (**42**, S. 73). In (6) ist insbesondere die schon **44**, S. 80 genannte Ungleichung von Bonnet [**1**] $D \leqq \pi A$ enthalten.

Über Ungleichungen zwischen V, S, R, r siehe Franke [**1**].

47. Deckel. Es sei eine Menge $\mathfrak{M}$ von Punktmengen in der Ebene gegeben. Eine weitere Punktmenge $\mathfrak{D}$ heiße ein Deckel der Mengen $\mathfrak{M}$, wenn es möglich ist, eine beliebige Menge aus $\mathfrak{M}$ nach Ausführung einer passenden Parallelverschiebung durch $\mathfrak{D}$ zu überdecken. Mit $\mathfrak{D}$ ist auch jede $\mathfrak{D}$ umfassende Menge ein Deckel von $\mathfrak{M}$. Es ist daher naturgemäß nach Deckeln zu suchen, die überdies gewisse Extremumeigenschaften besitzen.

Derartige Probleme sind in **44** und **45** schon mehrfach — wenn auch in anderer Formulierung — behandelt worden. So ist z. B. die hierher gehörige Frage nach dem kleinsten kreisförmigen Deckel, mit dem alle Punktmengen vom Durchmesser D überdeckt werden können, in **44**, S. 78 insbesondere durch die Ungleichung (7) gelöst. Der fragliche Deckel ist der Umkreis eines gleichseitigen Dreiecks der Kantenlänge D.

Ein weiteres Deckelproblem ist das Kakeyasche Nadelproblem: Es soll der konvexe Bereich kleinsten Flächeninhalts bestimmt werden, der Einheitsstrecken aller Richtungen enthält. Ein solcher konvexer Bereich muß notwendig die Dicke $\Delta \geqq 1$ besitzen. Umgekehrt enthält aber auch ein Bereich mit $\Delta \geqq 1$ Einheitsstrecken aller Richtungen;

denn **33**, S. 51 ist gezeigt worden, daß die längste aller Sehnen, die einer beliebigen Richtung parallel sind, mindestens die Länge Δ besitzt. Das obige Problem läuft also darauf hinaus, unter allen konvexen Bereichen der Dicke $\Delta \geqq 1$ den mit kleinstem Flächeninhalt zu bestimmen. **44**, S. 76 wurde gezeigt, daß das gleichseitige Dreieck der Höhe 1 die einzige Lösung ist. Dieses ist daher auch die einzige Lösung des Nadelproblems.

Die Aufgabe rührt von Kakeya [**5**] her und ist von Pál [**2**] in der angegebenen Weise gelöst worden. Man kann ihr nach Kakeya und Pál noch eine andere Fassung geben. Man kann nach dem konvexen Bereich kleinsten Inhalts fragen, in dem eine Strecke der Länge 1 durch kontinuierliche Bewegung um π gedreht — kurz „gewendet" — werden kann. Um zu erkennen, daß diese Frage mit der obigen identisch ist, hat man sich nur zu überzeugen, daß die Einheitsstrecke in jedem konvexen Bereich mit $\Delta \geqq 1$ gewendet werden kann. Nach Pál kann dies mit Hilfe analytischer Betrachtungen geschehen. Die gewünschte Bewegung läßt sich aber auch geometrisch leicht herstellen.

Merkwürdigerweise wird das Nadelproblem unlösbar, wenn die Beschränkung auf konvexe Bereiche aufgehoben wird. Es gibt nämlich, wie Besicovitch [**1**] gezeigt hat, Bereiche beliebig kleinen Inhalts, in denen die Einheitsstrecke gewendet werden kann. (Vgl. dazu auch Perron [**1**].) Vor Besicovitch hatte sich Ford [1] ohne abschließendes Ergebnis mit dieser Frage beschäftigt.

Weitere Wendungsprobleme bei Kakeya [**5**]. Über Kurven, die in gegebenen regulären Polygonen gewendet werden können, siehe **68**, S. 139. — Über den Durchmesser des kleinsten Deckels von zwei konvexen Bereichen siehe Fukasawa [**2**].

Die Favardschen Deckelprobleme. Favard [**4**], [**5**] II. hat, die zu Beginn des Abschnitts genannte Fragestellung teils erweiternd, teils spezialisierend, folgende Problemklasse behandelt:

Es seien $\mathfrak{k}$ und $\mathfrak{K}$ zwei konvexe Bereiche. Unter allen zu $\mathfrak{K}$ homothetischen Bereichen, die $\mathfrak{k}$ enthalten, sollen diejenigen, deren Ähnlichkeitsverhältnis zu $\mathfrak{K}$ minimal ist, als $\mathfrak{k}$ umbeschrieben bezeichnet werden. Die notwendige und hinreichende Minimalbedingung ist, daß die Richtungen der $\mathfrak{k}$ und dem umbeschriebenen Bereich gemeinsamen orientierten Stützgeraden nicht in einer offenen Halbebene gelegen sind. Nur wenn der Rand von $\mathfrak{K}$ parallele Strecken enthält, kann es mehr als einen umschriebenen Bereich geben. Analog soll ein zu $\mathfrak{K}$ homothetischer Bereich als $\mathfrak{k}$ eingeschrieben bezeichnet werden, wenn er in $\mathfrak{k}$ enthalten ist und maximales Ähnlichkeitsverhältnis zu $\mathfrak{K}$ hat. Die Bedingung hierfür ist dieselbe wie oben. Mehrere eingeschriebene Bereiche kann es nur geben, wenn $\mathfrak{k}$ zwei parallele Strecken enthält.

Es sei nun $\mathfrak{M}$ eine bis auf Parallelverschiebungen gegebene Menge konvexer Bereiche und $\mathfrak{K}$ ein weiterer konvexer Bereich. Dann kann man nach Favard die folgenden Probleme stellen:

I. Den größten der zu $\mathfrak{K}$ homothetischen, den Bereichen von $\mathfrak{M}$ umschriebenen Bereich zu bestimmen.

I'. Den kleinsten umschriebenen zu bestimmen.

II. Den kleinsten zu $\mathfrak{K}$ homothetischen, den Bereichen von $\mathfrak{M}$ eingeschriebenen Bereich zu bestimmen.

II'. Den größten eingeschriebenen zu bestimmen.

Insbesondere kann man für $\mathfrak{M}$ die Menge der konvexen Bereiche gegebenen Inhalts F wählen, deren gemischter Flächeninhalt mit einem weiteren konvexen Bereich $\mathfrak{L}$ außerdem noch vorgeschrieben ist. Ist $\mathfrak{L}$ ein Kreis, so wird $\mathfrak{M}$ die Menge aller konvexen Bereiche mit gegebenem Flächeninhalt F und gegebener Randlänge L.

Ist auch $\mathfrak{K}$ ein Kreis, so gehen die obigen vier Fragen in die nach Maximum und Minimum von In- und Umkreisradius bei gegebenen F und L über. Diese Fragen sind alle beantwortet worden. Über ihre Lösungen ist in anderer Formulierung in **45**, S. 82—83 berichtet worden.

Neben einigen weiteren derartigen Aufgaben löst FAVARD die folgende: Das kleinste gleichseitige Dreieck zu bestimmen, in dem alle konvexen Bereiche mit gegebenen F und L gewendet werden können, oder in Analogie zu den obigen Fragestellungen: Das größte den Bereichen mit gegebenen F, L umschriebene Dreieck zu finden. Die Antwort hängt von der Größe des Verhältnisses F/L^2 ab. Ist $36F \leqq \sqrt{3}\,L^2$, so gibt es ein gleichschenkliges Dreieck mit dem Inhalt F und dem Umfang L. Diesem gleichschenkligen Dreieck umschreibe man ein gleichseitiges, dessen eine Seite parallel der Grundlinie des gleichschenkligen ist. Das so gefundene gleichseitige Dreieck löst die Aufgabe. Ist $36F > \sqrt{3}\,L^2$, so gibt es ein reguläres Kreisbogendreieck mit Inhalt F und Umfang L. Das diesem umschriebene gleichseitige Dreieck, dessen Seiten den Verbindungslinien der Ecken des Kreisbogendreiecks parallel sind, gibt in diesem Fall die Lösung. — Eine etwas allgemeinere Frage, nämlich die nach dem Minimum von F, wenn L und irgendein umschriebenes Dreieck gegeben ist, behandelt FUKASAWA [**4**].

Das LEBESGUEsche Problem. LEBESGUE [**2**], von dem auch die Bezeichnung Deckel (couvercle) herrührt, hat das schwierige, bisher nicht gelöste Problem gestellt, den konvexen Deckel kleinsten Inhalts zu bestimmen, mit dem jede Punktmenge vom Durchmesser D überdeckt werden kann. Hierbei werden im Gegensatz zu den früher genannten Problemen auch Drehungen des Deckels zugelassen[1]. Dieses Problem ist von PÁL [**1**] — wenn auch nicht abschließend — behandelt worden. Die Existenz wenigstens eines Minimaldeckels wird aus dem BLASCHKEschen Auswahlsatz (**25**, S. 34) gefolgert. Ein Minimaldeckel wird nicht gefunden; es werden aber einige brauchbare Deckel angegeben und somit obere Schranken für den Flächeninhalt des oder der Minimaldeckel gewonnen. Aus **64**, S. 130, und **65**, S. 131 kann man entnehmen, daß z. B. das reguläre Sechseck, dessen Gegenseiten den Abstand D haben, ein brauchbarer, allerdings, wie PÁL zeigt, nicht der Minimaldeckel ist. Auch die analoge Frage nach dem Deckel minimaler Randlänge wird von PÁL gefördert.

§ 11. Der BRUNN-MINKOWSKIsche Satz und die MINKOWSKIschen Ungleichungen.

Zwischen den gemischten Volumina mehrerer konvexer Körper besteht eine größere Zahl von Ungleichungen, mit denen sich dieser Paragraph beschäftigt. Die bisher bekannten Ungleichungen dieser Art fließen im wesentlichen aus dem BRUNN-MINKOWSKIschen Satz und seiner Verschärfung. Es ist jedoch sicher, daß weitere Ungleichungen gelten, die sich nicht auf diese Weise erhalten lassen.

---

[1] Werden hier nur Translationen zugelassen, so ist der Deckel, wie man mühelos einsieht, ein Kreis, und zwar nach dem oben Gesagten der Umkreis des gleichseitigen Dreiecks der Seitenlänge l.

48. Der Brunn-Minkowskische Satz. Mit $\mathfrak{K}(\Lambda)$ werde eine beliebige lineare oder konkave Schar (**24**, S. 32) konvexer Körper des n-dimensionalen Raumes bezeichnet. Λ vertritt das Wertesystem $\lambda_1, \ldots, \lambda_s$ der Scharparameter. Der fundamentale, nun zu beweisende Satz besagt im wesentlichen:

Die nte Wurzel aus dem Volumen der Körper einer linearen oder konkaven Schar ist eine konkave Funktion[1] *der Scharparameter.*

Diese Behauptung bedeutet: Für irgend zwei Körper $\mathfrak{K}(\Lambda_0)$ und $\mathfrak{K}(\Lambda_1)$ der Schar gilt, wenn das Volumen von $\mathfrak{K}(\Lambda)$ mit $V(\Lambda)$ bezeichnet wird

$$\sqrt[n]{V((1-\vartheta)\Lambda_0 + \vartheta\Lambda_1)} \geqq (1-\vartheta)\sqrt[n]{V(\Lambda_0)} + \vartheta\sqrt[n]{V(\Lambda_1)} \quad \text{für } 0 \leqq \vartheta \leqq 1.$$

Da nach Definition der konkaven bzw. linearen Schar der Körper $(1-\vartheta)\mathfrak{K}(\Lambda_0) + \vartheta\mathfrak{K}(\Lambda_1)$ im Körper $\mathfrak{K}((1-\vartheta)\Lambda_0 + \vartheta\Lambda_1)$ enthalten bzw. mit ihm identisch ist, ist die obige Behauptung eine Folge des Brunn-Minkowskischen Satzes:

Es seien $\mathfrak{K}_0$ und $\mathfrak{K}_1$ beliebige konvexe Körper, V_0 und V_1 ihre Volumina. Ferner sei V_ϑ das Volumen des Körpers

$$\mathfrak{K}_\vartheta = (1-\vartheta)\mathfrak{K}_0 + \vartheta\mathfrak{K}_1 .$$

Dann gilt für $0 \leqq \vartheta \leqq 1$

$$\sqrt[n]{V_\vartheta} \geqq (1-\vartheta)\sqrt[n]{V_0} + \vartheta\sqrt[n]{V_1} . \tag{1}$$

Hierbei gilt das Gleichheitszeichen dann und nur dann, wenn $\mathfrak{K}_0$ und $\mathfrak{K}_1$ homothetisch sind oder in parallelen Ebenen liegen[2].

Zunächst werde der Fall erledigt, wo wenigstens einer der Körper das Volumen 0 besitzt. Sei etwa $V_0 = 0$. Dann gehört also $\mathfrak{K}_0$ einer Ebene an. Liegt $\mathfrak{K}_1$ in einer zu dieser parallelen Ebene, so hat auch der allgemeine Scharkörper $\mathfrak{K}_\vartheta$ das Volumen 0, und (1) gilt stets mit dem Gleichheitszeichen. Liegt $\mathfrak{K}_1$ in keiner Ebene, die parallel einer $\mathfrak{K}_0$ enthaltenden ist, so besitzt der Scharkörper für $0 < \vartheta < 1$ innere Punkte (**23**, S. 32), und es ist daher $V_\vartheta > 0$. Für einen beliebigen Punkt $\mathfrak{p}$ von $\mathfrak{K}_0$ ist der zu $\mathfrak{K}_1$ homothetische Körper $(1-\vartheta)\mathfrak{p} + \vartheta\mathfrak{K}_1$, dessen Volumen $\vartheta^n V_1$ ist, in $\mathfrak{K}_\vartheta$ enthalten. Wegen $V_0 = 0$ ist demnach (1) richtig. Soll das Gleichheitszeichen stehen, so muß $\vartheta^n V_1 = V_\vartheta$ sein, was zur Folge hat, daß $(1-\vartheta)\mathfrak{p} + \vartheta\mathfrak{K}_1$ mit $\mathfrak{K}_\vartheta$ identisch ist[3]. Daraus folgt wiederum, daß $\mathfrak{K}_0$ nur aus dem Punkt $\mathfrak{p}$ bestehen kann. Dann sind aber $\mathfrak{K}_0$ und $\mathfrak{K}_1$ homothetisch (**21**, S. 30).

Der allgemeine Fall, daß V_0 und V_1 beide positiv sind, wird durch Induktion bewiesen. Für $n = 1$ ist die Behauptung richtig; denn die Länge der Linearkombination von Strecken einer Geraden ist eine

[1] Vgl. **13**, S. 18.

[2] Über eine geometrische Interpretation des Satzes im $n+1$-dimensionalen Raum s. **41**, S. 71.

[3] Eigenschaft 4. des Volumens **28**, S. 38.

lineare Funktion der Scharparameter. Angenommen, es sei die Behauptung schon für $n-1$ $(n \geqq 2)$ als richtig erkannt.

Ohne Beschränkung der Allgemeinheit kann $V_0 = V_1 = 1$ vorausgesetzt werden; denn sonst betrachte man die Körper $V_0^{-\frac{1}{n}} \mathfrak{K}_0$ und $V_1^{-\frac{1}{n}} \mathfrak{K}_1$ statt $\mathfrak{K}_0$ und $\mathfrak{K}_1$ und $\dfrac{\vartheta V_1^{\frac{1}{n}}}{(1-\vartheta) V_0^{\frac{1}{n}} + \vartheta V_1^{\frac{1}{n}}}$ statt ϑ. Es bleibt dann zu beweisen, daß

$$V_\vartheta \geqq 1 \tag{2}$$

ist und daß hier Gleichheit nur dann besteht, wenn $\mathfrak{K}_0$ und $\mathfrak{K}_1$ durch Parallelverschiebung ineinander übergeführt werden können.

Die Koordinaten des Raumes seien $x_1, \ldots, x_{n-1}$ und $x_n = z$. c_i sei das Minimum, C_i das Maximum von z für die Punkte des Körpers $\mathfrak{K}_i$ $(i = 0$ und $1)$. Für jeden Wert eines Parameters τ zwischen 0 und 1 sei $z = z_i(\tau)$ diejenige zur z-Achse senkrechte Ebene, für die der im Halbraum $z \leqq z_i(\tau)$ liegende Teil von $\mathfrak{K}_i$ gerade das Volumen τ hat. Wird das $n-1$-dimensionale Volumen des Durchschnitts von $\mathfrak{K}_i$ mit der Ebene $z = \zeta$ mit $v_i(\zeta)$ bezeichnet, so ist also für $i = 0$ und 1

$$\tau = \int_{c_i}^{z_i(\tau)} v_i(\zeta)\, d\zeta .$$

Da $v_i(\zeta)$ für $c_i < \zeta < C_i$ stetig und positiv ist, kann $z_i(\tau)$ nach τ differenziert werden, und es ist

$$v_0(z_0) \frac{d z_0}{d\tau} = v_1(z_1) \frac{d z_1}{d\tau} = 1. \tag{3}$$

Nun sei ϑ ein fester Wert zwischen 0 und 1, für den (2) bewiesen werden soll. Mit $\mathfrak{k}_i = \mathfrak{k}_i(\tau)$ werde der Durchschnitt des Körpers $\mathfrak{K}_i$ $(i = 0, 1)$ mit der Ebene $z = z_i(\tau)$ bezeichnet. Die Linearkombination $\mathfrak{k}_\vartheta(\tau) = (1-\vartheta)\mathfrak{k}_0 + \vartheta \mathfrak{k}_1$ dieser beiden Durchschnitte ist in dem Schnitt des Körpers $\mathfrak{K}_\vartheta$ mit der Ebene $z_\vartheta(\tau) = (1-\vartheta) z_0 + \vartheta z_1$ enthalten. Das $n-1$-dimensionale Volumen von $\mathfrak{k}_\vartheta$ sei v_ϑ. Wenn τ von 0 bis 1 variiert, durchläuft z_ϑ monoton die z-Werte zwischen $c_\vartheta = (1-\vartheta) c_0 + \vartheta c_1$ und $C_\vartheta = (1-\vartheta) C_0 + \vartheta C_1$. Für das Volumen V_ϑ von $\mathfrak{K}_\vartheta$ ergibt sich somit

$$V_\vartheta \geqq \int_{c_\vartheta}^{C_\vartheta} v_\vartheta\, d z_\vartheta ,$$

was mit Berücksichtigung von (3) folgendermaßen geschrieben werden kann

$$V_\vartheta \geqq \int_0^1 v_\vartheta \frac{d z_\vartheta}{d\tau}\, d\tau = \int_0^1 v_\vartheta \left(\frac{1-\vartheta}{v_0} + \frac{\vartheta}{v_1}\right) d\tau . \tag{4}$$

Nach Induktionsannahme gilt (1) für das $n-1$-dimensionale Volumen v_ϑ von $\mathfrak{k}_\vartheta$, also

$$\sqrt[n-1]{v_\vartheta} \geqq (1-\vartheta) \sqrt[n-1]{v_0} + \vartheta \sqrt[n-1]{v_1} .$$

daher nach (4)

$$V_\vartheta \geqq \int_0^1 \left[(1-\vartheta)\sqrt[n-1]{v_0} + \vartheta \sqrt[n-1]{v_1}\right]^{n-1} \left(\frac{1-\vartheta}{v_0} + \frac{\vartheta}{v_1}\right) d\tau .$$

Aus einer JENSENschen Ungleichung[1] folgt aber, daß der Integrand stets größer oder gleich 1 ist, und damit (2).

Um nun den Fall des Gleichheitszeichens in (2) aufzuklären, bringe man zunächst durch eine Translation die Schwerpunkte der beiden Körper $\mathfrak{K}_0$ und $\mathfrak{K}_1$ zur Koinzidenz[2]. Für die z-Koordinate z^* des gemeinsamen Schwerpunkts ergibt sich mit Berücksichtigung von (3) einerseits

(5) $$z^* = \int_0^1 v_0 z_0 \frac{dz_0}{d\tau}\, d\tau = \int_0^1 z_0\, d\tau$$

und andererseits

(7) $$z^* = \int_0^1 v_1 z_1 \frac{dz_1}{d\tau}\, d\tau = \int_0^1 z_1\, d\tau .$$

Nun beachte man, daß für das Bestehen der Gleichheit in (2) notwendig ist, daß bei der Anwendung der JENSENschen Ungleichung keine Verkleinerung eintritt. Es muß daher für jedes τ mit $0 < \tau < 1$ die Beziehung $v_0 = v_1$ gelten. Hieraus und aus den beiden Gleichungen (3) folgt dann, daß $z_0 - z_1$ konstant ist. Diese Konstante muß aber verschwinden, wie man durch Subtraktion von (5) und (6) erkennt. Da nun $z_i(\tau)$ für $\tau \to 1$ gegen C_i strebt, folgt $C_0 = C_1$ und damit, daß die zur Richtung der z-Achse gehörigen Stützebenen von $\mathfrak{K}_0$ und $\mathfrak{K}_1$ identisch sind. Wegen der Willkür in der Wahl des Koordinatensystems ergibt sich daher, daß $\mathfrak{K}_0$ und $\mathfrak{K}_1$ überhaupt dieselben Stützebenen haben, also identisch sind, wie behauptet.

Der obige Satz und auch der Grundgedanke des Beweises stammen von BRUNN [1] Kap. III, [2] Kap. III. Eine analytische Darstellung des Beweises hat MINKOWSKI [9] § 56—57 und für $n = 2$ und 3 auch [5] § 5—6

[1] Der JENSENsche Satz werde speziell so formuliert: Es seien v_0 und v_1 positive Zahlen und $0 < \vartheta < 1$. Es bezeichne

$$M_p = \begin{cases} [(1-\vartheta)\, v_0^p + \vartheta v_1^p]^{\frac{1}{p}} & \text{für } p \neq 0, \\ v_0^{1-\vartheta}\, v_1^{\vartheta} & \text{für } p = 0 \end{cases}$$

das „$p$te Potenzmittel“ von v_0 und v_1. Dann ist M_p eine für $-\infty < p < \infty$ monoton wachsende Funktion, also für $q < p$

$$M_q \leqq M_p ,$$

wobei Gleichheit nur für $v_0 = v_1$ besteht. (JENSEN [1] S. 183—184, PÓLYA und SZEGÖ [1] I, 2. Abschnitt, Kap. 2, sowie das demnächst erscheinende Buch „Inequalities“ von HARDY, LITTLEWOOD und PÓLYA.)

Für die obige Anwendung hat man $p = 1/(n-1)$ und $q = -1$ zu setzen.

[2] Es hätte dies auch von vornherein geschehen können, da die Behauptung (1) bei Translationen der einzelnen Körper invariant bleibt.

gegeben. Von MINKOWSKI [**9**] ist zuerst der wichtige Zusatz über das Gleichheitszeichen bewiesen worden. Einen anderen Beweis dafür hat später auch BRUNN [**3**] angegeben. In vereinfachter Form wurde der MINKOWSKIsche Zusatz von RADON [**1**] bewiesen. Die obige einfache Gestalt des Beweises rührt von H. KNESER u. SÜSS [**1**] her. Über einen ganz andersartigen BLASCHKEschen Beweis ist schon **41**, S. 72 berichtet worden. In verschärfter Form wurde der BRUNN-MINKOWSKIsche Satz von BONNESEN bewiesen (vgl. dazu **50**, S. 94). Über weitere Beweise der Fälle $n = 2$ und 3 siehe **51**, S. 97 bzw. **52**, S. 100.

49. MINKOWSKIsche Ungleichungen. Nach **29**, S. 40 ist das Volumen der Linearkombination

$$\mathfrak{K}_\vartheta = (1-\vartheta)\,\mathfrak{K}_0 + \vartheta\,\mathfrak{K}_1$$

der beiden Körper $\mathfrak{K}_0$ und $\mathfrak{K}_1$

$$V_\vartheta = \sum_{\nu=0}^{n} \binom{n}{\nu} (1-\vartheta)^{n-\nu}\,\vartheta^\nu\, V_{(\nu)},$$

wo die $V_{(\nu)}$ die gemischten Volumina von $\mathfrak{K}_0$ und $\mathfrak{K}_1$ bedeuten. Es werde vorausgesetzt, daß $\mathfrak{K}_0$ und $\mathfrak{K}_1$ nicht in parallelen Ebenen liegen. Anderenfalls sind alle gemischten Volumina 0 und die folgenden Ungleichungen trivial.

Nach dem BRUNN-MINKOWSKIschen Satz ist $\sqrt[n]{V_\vartheta}$ für $0 \leqq \vartheta \leqq 1$ eine konkave Funktion von ϑ und nur dann linear, wenn $\mathfrak{K}_0$ und $\mathfrak{K}_1$ homothetisch sind. Dasselbe gilt daher auch für die Funktion[1]

$$\Phi(\vartheta) = \sqrt[n]{V_\vartheta} - (1-\vartheta)\sqrt[n]{V_{(0)}} - \vartheta\sqrt[n]{V_{(n)}}\,.$$

Nun ist $\Phi(0) = \Phi(1) = 0$, also wegen der Konkavität von Φ die rechte Ableitung $d\Phi/d\vartheta$ an der Stelle $\vartheta = 0$ nicht negativ und nur dann gleich 0, wenn Φ identisch Null ist, wenn also $\mathfrak{K}_0$ und $\mathfrak{K}_1$ homothetisch sind. Die Berechnung der Ableitung für $\vartheta = 0$ zeigt, daß dies gleichwertig mit der Ungleichung

$$(1) \qquad V_{(1)}^n \geqq V_{(0)}^{n-1} V_{(n)}$$

ist, *in der das Gleichheitszeichen nur für homothetische Körper* $\mathfrak{K}_0$ *und* $\mathfrak{K}_1$ *gilt.* Werden die Rollen von $\mathfrak{K}_0$ und $\mathfrak{K}_1$ vertauscht, so folgt

$$(1') \qquad V_{(n-1)}^n \geqq V_{(0)} V_{(n)}^{n-1}$$

mit derselben Bedingung für Gleichheit.

Die Ungleichung (1) und die Bedingung der Gleichheit stammen für $n = 3$ von MINKOWSKI [**5**] § 6. Für beliebiges n sind sie zum erstenmal von SÜSS [**19**] allerdings unter Heranziehung komplizierterer Hilfsmittel abgeleitet worden. Als unmittelbare Folge des BRUNN-MINKOWSKIschen Satzes sind sie von BONNESEN [**15**] erkannt worden. Über $n = 2$ und 3 siehe **51**, S. 97 bzw. **52**, S. 100.

[1] $V_{(0)}$ und $V_{(n)}$ sind die Volumina von $\mathfrak{K}_0$ und $\mathfrak{K}_1$.

Zu zwei weiteren Ungleichungen gelangt man so. Bei einer konkaven Funktion ist die zweite Ableitung stets kleiner oder gleich 0. Insbesondere muß also

$$\frac{d^2 \sqrt[n]{V_\vartheta}}{d\vartheta^2} \leqq 0$$

sein. Berechnung dieser Ableitung für $\vartheta = 0$ lehrt

(2) $$V_{(1)}^2 \geqq V_{(0)} V_{(2)},$$

und die Vertauschung der Rollen von $\mathfrak{K}_0$ und $\mathfrak{K}_1$ gibt

(2′) $$V_{(n-1)}^2 \geqq V_{(n-2)} V_{(n)}.$$

Die Bedingung für das Eintreten des Gleichheitszeichens in (2) ist noch nicht bekannt. Sicher ist aber, daß Gleichheit nicht nur für homothetische $\mathfrak{K}_0$ und $\mathfrak{K}_1$ besteht, sondern z. B. auch, wenn $\mathfrak{K}_0$ zu einem Kappenkörper von $\mathfrak{K}_1$ homothetisch ist. MINKOWSKI [**5**] § 7 hat ohne Beweis angegeben, daß dies für $n = 3$ auch nur dann der Fall ist. Über die bisher in dieser Hinsicht erzielten Resultate siehe **52**, S. 101.

Die Ungleichungen (1), (1′), (2), (2′) sind gewiß nicht alle Relationen, die zwischen den gemischten Volumina zweier Körper bestehen. Man vermutet allgemein

(3) $$V_{(\nu)}^2 \geqq V_{(\nu-1)} V_{(\nu+1)}, \qquad \nu = 1, 2, \ldots n-1$$

wobei Gleichheit nur eintreten kann, wenn $\mathfrak{K}_0$ einem $n - \nu - 1$-Tangentialkörper (**12**, S. 18) von $\mathfrak{K}_1$, oder $\mathfrak{K}_1$ einem $\nu - 1$-Tangentialkörper von $\mathfrak{K}_0$ homothetisch ist (FAVARD [**11**] S. 275). Jedoch sind außer (2) und (2′) nur wenige Fälle von (3) bewiesen, nämlich $\nu = 2$, falls der zweite Körper eine Kugel ist (vgl. **55**, S. 108), und die folgenden ganz speziellen. 1. Es sei $\mathfrak{K}_0$ ein Würfel der Kantenlänge 1 und $\mathfrak{K}_1$ die Kugel. Dann werden die Ungleichungen (3) $\varkappa_\nu^2 \geqq \varkappa_{\nu-1}\varkappa_{\nu+1}$. Setzt man die auf S. 2 angegebenen Werte der $\varkappa$ ein, so erkennt man diese Ungleichungen als Folge der von BOHR und MOLLERUP (Matematisk Analyse Bd. 3 S. 161) bemerkten logarithmischen Konvexität der Γ-Funktion. 2. Es sei $\mathfrak{K}_0$ ein Würfel der Kantenlänge 1 und $\mathfrak{K}_1$ ein Parallelepiped, dessen Kanten denen des Würfels parallel sind. Die gemischten Volumina werden dann die elementarsymmetrischen Funktionen der Kantenlängen des Parallelepipeds, und die Ungleichungen (3) gehen in schon von NEWTON (Arithmetica universalis) entdeckte Ungleichungen zwischen den elementarsymmetrischen Funktionen reeller Zahlen über. Vgl. dazu **59**, S. 117, Fußnote 2.

Die Ungleichungen (1) und (2) kann man dazu verwenden, neue Ungleichungen zwischen den gemischten Volumina von mehr als zwei Körpern abzuleiten, indem man sie auf die Körper passender Linearscharen anwendet und ausnutzt, daß die entstehenden Ungleichungen für alle positiven Werte der Scharparameter gelten müssen.

Es soll beispielsweise aus (2) eine quadratische Ungleichung zwischen gemischten Volumina von drei Körpern abgeleitet werden. Zu diesem Zwecke werde (2) unter Abänderung der Bezeichnung ausführlich so geschrieben:

(4) $$V^2(\mathfrak{K}', \mathfrak{K}, \ldots, \mathfrak{K}) \geqq V(\mathfrak{K})\, V(\mathfrak{K}', \mathfrak{K}', \mathfrak{K}, \ldots, \mathfrak{K})$$

Hierin sind die gemischten Volumina der Körper $\mathfrak{K}$ und $\mathfrak{K}'$ im Anschluß an **29**, S. 40 bezeichnet. $V(\mathfrak{K})$ ist das Volumen von $\mathfrak{K}$.

Nun seien $\mathfrak{K}_1$, $\mathfrak{K}_2$, $\mathfrak{K}_3$ konvexe Körper, deren Volumina einstweilen als positiv angenommen werden. Ferner seien τ_1 und τ_2 positive, ϱ_1 und ϱ_2 beliebige reelle Zahlen und $\mu > 0$ so groß, daß $\mu\tau_1 + \varrho_1$ und $\mu\tau_2 + \varrho_2$ positiv sind. (3) werde auf die beiden Körper

$$(5)\quad \mathfrak{K} = \tau_1\mathfrak{K}_1 + \tau_2\mathfrak{K}_2 + \mathfrak{K}_3, \quad \mathfrak{K}' = (\mu\tau_1 + \varrho_1)\mathfrak{K}_1 + (\mu\tau_2 + \varrho_2)\mathfrak{K}_2 + \mathfrak{K}_3$$

angewendet. Ausrechnung der in (4) vorkommenden Größen auf Grund der Eigenschaft 3. (**29**, S. 40) der gemischten Volumina zeigt, daß μ überhaupt herausfällt, und es bleibt die Ungleichung

$$[\varrho_1 V(\mathfrak{K}_1, \mathfrak{K}, \ldots, \mathfrak{K}) + \varrho_2 V(\mathfrak{K}_2, \mathfrak{K}, \ldots, \mathfrak{K})]^2 \geqq V(\mathfrak{K})[\varrho_1^2 V(\mathfrak{K}_1, \mathfrak{K}_1, \mathfrak{K}, \ldots, \mathfrak{K})$$
$$+ 2\varrho_1\varrho_2 V(\mathfrak{K}_1, \mathfrak{K}_2, \mathfrak{K}, \ldots, \mathfrak{K}) + \varrho_2^2 V(\mathfrak{K}_2, \mathfrak{K}_2, \mathfrak{K}, \ldots, \mathfrak{K})],$$

in der $\mathfrak{K}$ die Bedeutung (5) hat. Da ϱ_1 und ϱ_2 beliebig reell sind, kann die linke Seite durch passende Wahl von ϱ_1 und ϱ_2 zum Verschwinden gebracht werden, woraus sich wegen $V(\mathfrak{K}) > 0$ ergibt, daß die quadratische Form der rechten Seite nicht definit ist. Daher gilt

$$V^2(\mathfrak{K}_1, \mathfrak{K}_2, \mathfrak{K}, \ldots, \mathfrak{K}) \geqq V(\mathfrak{K}_1, \mathfrak{K}_1, \mathfrak{K}, \ldots, \mathfrak{K}) V(\mathfrak{K}_2, \mathfrak{K}_2, \mathfrak{K}, \ldots, \mathfrak{K}).$$

Läßt man hierin die positiven Zahlen τ_1 und τ_2 gegen 0 streben, so geht nach (5) $\mathfrak{K}$ in $\mathfrak{K}_3$ über, und es folgt in der kurzen Schreibweise von **29**, S. 39

$$(6)\qquad V^2_{1233\ldots3} \geqq V_{1133\ldots3} V_{2233\ldots3}.$$

In dieser Ungleichung kann man sich durch Grenzübergang von der Beschränkung auf Körper mit nicht verschwindendem Volumen befreien.

Für $n = 3$ MINKOWSKI [**5**] § 7. Dort werden auf diesem Wege auch weitere Ungleichungen zwischen gemischten Volumina gewonnen. Die Übertragbarkeit des MINKOWSKIschen Verfahrens auf beliebiges n ist von MATSUMURA [**22**] bemerkt worden. KUBOTA [**16**] hatte (6) mit Hilfe von Entwicklungen nach Hyperkugelfunktionen bewiesen, falls $\mathfrak{K}_3$ eine Kugel ist, und konnte in diesem Fall auch zeigen, daß das Gleichheitszeichen nur für homothetische $\mathfrak{K}_1$ und $\mathfrak{K}_2$ gilt. Ein anderer Beweis hierfür bei FAVARD [**11**], Kap. II.

Man erkennt (6) sofort als gleichwertig mit der folgenden Aussage: **Ist** $\mathfrak{K}_\vartheta = (1 - \vartheta)\mathfrak{K}_0 + \vartheta\mathfrak{K}_1$ **und** $\mathfrak{K}$ **ein beliebiger weiterer konvexer Körper, dann ist** $\sqrt{V(\mathfrak{K}_\vartheta, \mathfrak{K}_\vartheta, \mathfrak{K}, \ldots, \mathfrak{K})}$ **eine konkave Funktion von** ϑ. Es entsteht hier die Frage, ob allgemein

$$\sqrt[\nu]{V(\underbrace{\mathfrak{K}_\vartheta, \ldots, \mathfrak{K}_\vartheta}_{\nu}, \underbrace{\mathfrak{K}, \ldots, \mathfrak{K}}_{n-\nu})}$$

eine konkave Funktion von ϑ ist. Außer dem eben genannten Fall $\nu = 2$ ist noch der Fall $\nu = n - 1$ bewiesen worden, falls $\mathfrak{K}$ eine Kugel ist (vgl. dazu **55**, S. 107). Wenn diese Frage allgemein zu bejahen ist, folgen auch die vermuteten Ungleichungen (3).

50. Verschärfung des BRUNN-MINKOWSKIschen Satzes und der MINKOWSKIschen Ungleichungen. Die nun zu besprechenden Verschärfungen der Sätze der beiden vorangehenden Abschnitte beruhen auf der folgenden einfachen Tatsache: $\mathfrak{K}_0$ *und* $\mathfrak{K}_1$ *seien konvexe Körper, deren Orthogonalprojektionen auf eine Ebene durch Parallelverschiebung ineinander übergeführt werden können, zwei konvexe Körper also, die nach passender Translation des einen in denselben Zylinder einschreibbar sind. Dann ist das Volumen des Körpers* $\mathfrak{K}_\vartheta = (1-\vartheta)\,\mathfrak{K}_0 + \vartheta\,\mathfrak{K}_1$ *selbst*[1] *für* $0 \leqq \vartheta \leqq 1$ *eine konkave Funktion von* ϑ.

Es seien also $\mathfrak{K}_0$ und $\mathfrak{K}_1$, daher auch $\mathfrak{K}_\vartheta$ einem Zylinder eingeschrieben. Mit C_ϑ $(0 \leqq \vartheta \leqq 1)$ möge die Länge der Strecke bezeichnet werden, die eine im Zylinder verlaufende, den Zylindererzeugenden parallele Gerade aus dem Körper $\mathfrak{K}_\vartheta$ ausschneidet. Dann ist jedenfalls

(1) $$C_\vartheta \geqq (1-\vartheta)\,C_0 + \vartheta\,C_1;$$

denn wie aus der Definition der Linearkombination (**20**, S. 29) unmittelbar folgt, gehört die durch Linearkombination von C_0 und C_1 entstehende Strecke zu $\mathfrak{K}_\vartheta$. Wird (1) über den Querschnitt des Zylinders integriert, so ergibt sich für die Volumina der Körper $\mathfrak{K}_\vartheta$, $\mathfrak{K}_0$, $\mathfrak{K}_1$ die mit der Behauptung gleichwertige Ungleichung

(2) $$V(\mathfrak{K}_\vartheta) \geqq (1-\vartheta)\,V(\mathfrak{K}_0) + \vartheta\,V(\mathfrak{K}_1).$$

Soll hier Gleichheit bestehen, so muß dies auch in (1) für jede der in Betracht gezogenen Geraden der Fall sein. Daraus folgert man unter Heranziehung der Eigenschaften (**20**, S. 29) der Linearkombination, daß die Stützebenen von $\mathfrak{K}_0$ und $\mathfrak{K}_1$ durch entsprechende Endpunkte der Strecken C_0 und C_1 parallel sein müssen. Daraus folgt weiter, daß die entsprechenden Randteile von $\mathfrak{K}_0$ und $\mathfrak{K}_1$, die im Innern des Zylinders liegen, durch Parallelverschiebung ineinander überführbar sein müssen. Es muß also einer der beiden Körper aus dem andern dadurch hervorgehen, daß er nach Art eines Teleskops auseinandergezogen wird. Man kann das auch so aussprechen: In (2) besteht dann und nur dann Gleichheit, wenn einer der Körper $\mathfrak{K}_0$ und $\mathfrak{K}_1$ aus dem andern durch Addition[2] einer den Zylindererzeugenden parallelen Strecke entsteht.

Aus (2) kann man wörtlich wie im vorigen Abschnitt aus dem BRUNN-MINKOWSKIschen Satz Ungleichungen für die gemischten Volumina von $\mathfrak{K}_0$ und $\mathfrak{K}_1$ ableiten. **49** (1) entsprechend erhält man die Ungleichung

(3) $$n\,V_{(1)} \geqq (n-1)\,V_{(0)} + V_{(n)},$$

in der die Bedingung für Gleichheit die eben angegebene ist. **49** (2) entspricht

(4) $$2\,V_{(1)} \geqq V_{(0)} + V_{(n)},$$

wo die Bedingungen für Gleichheit noch unbekannt sind[3].

[1] Also nicht nur die $n$te Wurzel! [2] Im Sinne von **20**, S. 29.

[3] Über ein für $n = 3$ in dieser Hinsicht erzieltes Resultat bezüglich zweier Polyeder vgl. BONNESEN [**12**], S. 121.

Um die angekündigten Verschärfungen zu beweisen, werde zunächst gezeigt, daß die Ungleichung (2) auch dann gültig ist, wenn an Stelle von $\mathfrak{L}_0$ und $\mathfrak{L}_1$ Körper $\mathfrak{K}'_0$ und $\mathfrak{K}'_1$ treten, bei denen die Orthogonalprojektionen auf eine Ebene $\mathfrak{E}$ nur gleiches $n-1$-dimensionales Volumen haben (und nicht, wie vorher angenommen wurde, kongruent sind), die, mit anderen Worten, nur gleiche Quermaße in bezug auf $\mathfrak{E}$ besitzen[1]. Die Linearschar

$$\mathfrak{K}'_\vartheta = (1-\vartheta)\mathfrak{K}'_0 + \vartheta\mathfrak{K}'_1$$

werde dazu den folgenden Abänderungen unterworfen. Jeder Körper $\mathfrak{K}'_\vartheta (0 \leqq \vartheta \leqq 1)$ werde an der Ebene $\mathfrak{E}$ symmetrisiert und dann bezüglich einer zu $\mathfrak{E}$ senkrechten Geraden nach SCHWARZ abgerundet[2]. Dabei werden die Volumina der einzelnen Körper nicht geändert. Ferner gehen dabei aus $\mathfrak{K}'_0$ und $\mathfrak{K}'_1$ zwei (Rotations-)Körper $\mathfrak{L}_0$ und $\mathfrak{L}_1$ hervor, die demselben Zylinder eingeschrieben sind, auf die also (2) anwendbar ist. Weiter geht aus der Linearschar $\mathfrak{K}'_\vartheta$ bei der Symmetrisierung eine konkave Schar hervor (**40**, S. 70), und bei der Abrundung dieser Schar entsteht wieder eine konkave (**41**, S. 72)[3]. Daraus folgt aber, daß der bei diesen Abänderungen aus $\mathfrak{K}'_\vartheta$ hervorgehende, zu $\mathfrak{K}'_\vartheta$ volumengleiche Körper den Körper $\mathfrak{L}_\vartheta = (1-\vartheta)\mathfrak{L}_0 + \vartheta\mathfrak{L}_1$ enthält, und damit nach (2)

$$V(\mathfrak{K}'_\vartheta) \geqq (1-\vartheta)V(\mathfrak{K}'_0) + \vartheta V(\mathfrak{K}'_1)\,. \tag{5}$$

Ebenso (oder daraus) folgt, daß auch die Ungleichungen (3) und (4) für $\mathfrak{K}'_0$ und $\mathfrak{K}'_1$ Gültigkeit behalten.

Jetzt seien $\mathfrak{K}_0$ und $\mathfrak{K}_1$ zwei beliebige konvexe Körper mit inneren Punkten. σ_0 und σ_1 seien ihre (äußeren $n-1$-dimensionalen) Quermaße bezüglich einer Richtung. Die beiden zu $\mathfrak{K}_0$ und $\mathfrak{K}_1$ homothetischen Körper $\sigma_0^{-\frac{1}{n-1}}\mathfrak{K}_0$ und $\sigma_1^{-\frac{1}{n-1}}\mathfrak{K}_1$ haben dann bezüglich dieser Richtung

---

[1] In der Ebene ist diese Voraussetzung mit der früheren gleichbedeutend und daher der folgende Abänderungsprozeß überflüssig.

[2] Vgl. dazu **40**, S. 69 bzw. **41**, S. 71. An Stelle der Abrundung kann hier auch eine beliebige Transformation durch homothetische Schnitte treten (**41**, S. 73).

[3] Auf diese Tatsache wurde S. 72 unter Bezugnahme auf den BLASCHKEschen Beweis des BRUNN-MINKOWSKIschen Satzes hingewiesen. Es soll hier kurz angedeutet werden, wie sie direkt aus dem BRUNN-MINKOWSKIschen Satz für $n-1$-dimensionale Körper gefolgert werden kann.

Es seien $\mathfrak{E}_{\vartheta 0}$ und $\mathfrak{E}_{\vartheta 1}$ die zu $\mathfrak{E}$ parallelen Stützebenen des Körpers $\overline{\mathfrak{K}}_\vartheta$ der für $0 \leqq \vartheta \leqq 1$ konkaven Schar und $\mathfrak{E}_{\vartheta\tau}$ diejenige diesen parallele Ebene, die den Abstand von $\mathfrak{E}_{\vartheta 0}$ und $\mathfrak{E}_{\vartheta 1}$ im Verhältnis $\tau:(1-\tau)$ teilt. Der Durchschnitt von $\overline{\mathfrak{K}}_\vartheta$ mit $\mathfrak{E}_{\vartheta\tau}$ sei $\mathfrak{k}_{\vartheta\tau}$. Die $n-1$-dimensionalen Körper $\mathfrak{k}_{\vartheta\tau}$ bilden eine zweiparametrige, für $0 \leqq \vartheta \leqq 1$, $0 \leqq \tau \leqq 1$ konkave Schar. Nach der zu Beginn von **48**, S. 88 angegebenen allgemeinen Form des BRUNN-MINKOWSKIschen Satzes ist also die $n-1$te Wurzel des Volumens von $\mathfrak{k}_{\vartheta\tau}$ eine konkave Funktion der beiden Variablen ϑ und τ, und dies erweist sich als gleichwertig damit, daß bei Abrundung der Körper $\overline{\mathfrak{K}}_\vartheta$ bezüglich einer zu $\mathfrak{E}$ senkrechten Geraden eine konkave Schar entsteht.

gleiche Quermaße. Auf sie ist also (5) anwendbar. Man findet so

$$(6)\quad \begin{cases} \sum_{\nu=0}^{n} \binom{n}{\nu} (1-\vartheta)^{n-\nu} \vartheta^{\nu} \sigma_0^{-\frac{n-\nu}{n-1}} \sigma_1^{-\frac{\nu}{n-1}} V_{(\nu)} \\ \qquad \geqq (1-\vartheta)\, \sigma_0^{-\frac{n}{n-1}} V_{(0)} + \vartheta \sigma_1^{-\frac{n}{n-1}} V_{(n)}, \end{cases}$$

wenn die $V_{(\nu)}$ die gemischten Volumina von $\mathfrak{K}_0$ und $\mathfrak{K}_1$ bedeuten. Wird hier ein neuer Parameter[1] eingeführt und zur Abkürzung $\sigma_0/\sigma_1 = \tau^{n-1}$ gesetzt, so geht dies in

$$(7)\quad \sum_{\nu=0}^{n} \binom{n}{\nu} (1-\vartheta)^{n-\nu} \vartheta^{\nu} V_{(\nu)} \geqq [(1-\vartheta)\, \tau^{1-n} V_{(0)} + \vartheta V_{(n)}]\, [(1-\vartheta)\, \tau + \vartheta]^{n-1},$$

oder, in anderer Schreibweise,

$$(7')\quad V(\mathfrak{K}_\vartheta) \geqq [(1-\vartheta)\, \tau^{1-n} V(\mathfrak{K}_0) + \vartheta V(\mathfrak{K}_1)]\, [(1-\vartheta)\, \tau + \vartheta]^{n-1}$$

über.

Aus (3) und (4) erhält man

$$(8)\quad (n-1)\, V_{(0)} - n \tau V_{(1)} + \tau^n V_{(n)} \leqq 0,$$

$$(9)\quad V_{(0)} - 2\tau V_{(1)} + \tau^2 V_{(2)} \leqq 0.$$

(7) ist nun in der Tat eine Verschärfung des BRUNN-MINKOWSKIschen Satzes **48** (1), S. 88; denn die rechte Seite von (7) ist nach der JENSENschen Ungleichung[2] größer oder gleich $\left[(1-\vartheta) \sqrt[n]{V_{(0)}} + \vartheta \sqrt[n]{V_{(n)}}\right]^n$. (8) und (9) stellen Verschärfungen von (1) und (2) des vorigen Abschnitts (S. 91 und 92) dar, was bei (9) unmittelbar und bei (8) z. B. wieder mit Hilfe der JENSENschen Ungleichung einzusehen ist. Beide Ungleichungen lassen sich aber auch durch identische Umformung so gestalten, daß dies in Evidenz gesetzt wird[3].

In (7), (8), (9) darf τ^{n-1}, wie aus der Herleitung hervorgeht, durch das Verhältnis der Quermaße von $\mathfrak{K}_0$ und $\mathfrak{K}_1$ bezüglich derselben, aber

---

[1] Nämlich $\bar{\vartheta}$ durch: $\vartheta = \bar{\vartheta} \sigma_1^{\frac{1}{n-1}} \left[(1-\bar{\vartheta})\, \sigma_0^{\frac{1}{n-1}} + \bar{\vartheta} \sigma_1^{\frac{1}{n-1}}\right]^{-1}$, der zugleich mit ϑ von 0 bis 1 läuft und nachträglich wieder mit ϑ bezeichnet ist.

[2] S. 90, Fußnote 1. Man hat in der dortigen Formel $v_0 = V_{(0)}$, $v_1 = \tau^n V_{(n)}$, $p = 1$, $q = \frac{1}{n}$ und $\frac{\vartheta}{(1-\vartheta)\,\tau + \vartheta}$ statt ϑ einzusetzen.

[3] Vgl. BONNESEN [12] Kap. VI. Schließlich kann man noch so vorgehen. Man fasse die linke Seite von (9) als Polynom in τ auf. Dann besagt (9), daß dieses Polynom reelle Wurzeln, also nicht negative Diskriminante $V_{(1)}^2 - V_{(0)} V_{(2)}$ hat. Analog besagt (8), daß die linke Seite zwei reelle (evtl. zusammenfallende) Nullstellen hat. Nun besitzt aber ein Polynom dieser Gestalt bei geradem n höchstens zwei, bei ungeradem n höchstens drei reelle Nullstellen. Diese Höchstzahlen werden also erreicht. Daher muß die Diskriminante bei geradem n das Vorzeichen $(-1)^{\frac{n-2}{2}}$, bei ungeradem n das Vorzeichen $(-1)^{\frac{n-3}{2}}$ haben oder verschwinden. Diese Aussage erweist sich als gleichwertig mit $V_{(1)}^n - V_{(0)}^{n-1} V_{(n)} \geqq 0$.

beliebigen Richtung ersetzt werden. Nun sind nach der CAUCHYschen Oberflächenformel [**32** (1), S. 48] die Oberflächen S_0 und S_1 der beiden Körper

$$S_0 = \frac{1}{\varkappa_{n-1}} \int_\Omega \sigma_0 \, d\omega, \qquad S_1 = \frac{1}{\varkappa_{n-1}} \int_\Omega \sigma_1 \, d\omega,$$

wo die Integrationen über die Einheitskugel zu erstrecken sind. Daraus kann man schließen, daß es wenigstens eine Richtung geben muß, für die das Verhältnis der Quermaße $\sigma_0 : \sigma_1$ gleich dem Verhältnis $S_0 : S_1$ der Oberflächen ist. Folglich darf in (7), (8), (9) τ^{n-1} auch durch S_0/S_1 ersetzt werden.

Ferner werde bemerkt, daß an die Stelle der äußeren Quermaße auch die entsprechenden inneren (**30**, S. 46) treten können. Nur muß dann bei dem geschilderten Abänderungsprozeß die Symmetrisierung fortbleiben. Werden nämlich zwei Körper, die gleiche innere Quermaße einer Richtung haben, bezüglich einer Geraden dieser Richtung abgerundet, so entstehen zwei demselben Zylinder einbeschriebene Körper. In (7), (8), (9) darf also τ^{n-1} auch das Verhältnis entsprechender innerer Quermaße bedeuten.

Die Überlegungen dieses Abschnitts in Verbindung mit dem in Fußnote 3, S. 95, Ausgeführten enthalten einen neuen, von dem früheren unabhängigen Induktionsbeweis des BRUNN-MINKOWSKIschen Satzes. Man vgl. zu diesem ganzen Abschnitt BONNESEN [**12**] Kap. VI, wo auch (4) direkt mit Hilfe der geometrischen Deutung der gemischten Volumina bewiesen wird.

Will man von den Ergebnissen dieses Abschnitts ausgehend die Bedingungen für Gleichheit im BRUNN-MINKOWSKIschen Satz und den MINKOWSKIschen Ungleichungen finden, so wird man auf bisher ungelöste Fragen der folgenden Art geführt: Ist ein konvexer Körper durch Vorgabe seiner sämtlichen $n-1$-dimensionalen äußeren und inneren Quermaße bestimmt? In dieser Hinsicht vorteilhafter haben sich verschärfte Ungleichungen etwas anderer Art erwiesen, die man aus (6) folgendermaßen erhält: Man ersetze den Körper $\mathfrak{K}_1$ durch $\mathfrak{K}_0 + \varepsilon \mathfrak{K}_1$ $(\varepsilon > 0)$. Dann werden die gemischten Volumina sowohl als auch das Quermaß σ_1 in (6) Funktionen von ε. Die Glieder der Entwicklung von (6) nach ε, die in ε vom 0ten oder 1ten Grade sind, heben sich heraus, und man erhält durch den Grenzübergang $\varepsilon \to +0$ eine Ungleichung zwischen den Koeffizienten von ε^2, in die außer den gemischten Volumina die gemischten Quermaße (**30**, S. 45) von $\mathfrak{K}_0$ und $\mathfrak{K}_1$ eingehen. (BONNESEN [**12**] Kap. VI, FAVARD [**11**] Kap. II.)

51. Weiteres über den Fall der Ebene. Für die Ebene geht die Ungleichung **49** (1), S. 91 [oder auch (2) S. 92], wenn F_{11} und F_{22} die Flächeninhalte und F_{12} den gemischten Flächeninhalt zweier konvexer Bereiche $\mathfrak{K}_1$ und $\mathfrak{K}_2$ bezeichnen, in

$$F_{12}^2 - F_{11} F_{22} \geqq 0 \tag{1}$$

über, wo Gleichheit nur bei homothetischen $\mathfrak{K}_1$ und $\mathfrak{K}_2$ eintritt. Aus (1) folgt hier rückwärts, daß die Wurzel des Flächeninhalts der Bereiche einer Linearschar eine konkave Funktion des Scharparameters ist, also der BRUNN-MINKOWSKIsche Satz.

(1) ist die einzige Beziehung, die zwischen den drei Größen F_{11}, F_{12}, F_{22} besteht, d. h.: Zu drei nichtnegativen, (1) genügenden Zahlen F_{11}, F_{12}, F_{22} gibt es stets konvexe Bereiche, für die diese Zahlen Flächeninhalte und gemischter Flächeninhalt sind. Man erkennt dies sehr einfach so. Ist $F_{11} = F_{22} = 0$, so wähle man für $\mathfrak{K}_1$ und $\mathfrak{K}_2$ zwei aufeinander senkrechte Strecken, deren Längenprodukt F_{12} ist. Ist etwa $F_{11} > 0$, so wähle man für $\mathfrak{K}_1$ einen Kreis dieses Inhalts und für $\mathfrak{K}_2$ denjenigen von der Parallelkurve einer Strecke begrenzten Bereich, der den Inhalt F_{22} hat. Die Länge der Strecke kann stets so gewählt werden, daß der gemischte Flächeninhalt den Wert F_{12} erhält.

Seien jetzt $\mathfrak{K}_1$, $\mathfrak{K}_2$, $\mathfrak{K}_3$ drei konvexe Bereiche, deren Inhalte zunächst positiv seien. Man wende (1) auf $\mathfrak{K}_1 + \sigma\mathfrak{K}_3$ $(\sigma \geqq 0)$ und $\mathfrak{K}_2 + \tau\mathfrak{K}_3$ $(\tau \geqq 0)$ statt $\mathfrak{K}_1$ und $\mathfrak{K}_2$ an. Dann entsteht links ein Polynom zweiten Grades in σ und τ, das für alle positiven σ und τ größer oder gleich 0 sein muß. Insbesondere darf der in σ und τ quadratische Term nicht negativ werden. Das gibt die Ungleichung

$$F_{12}F_{33} \geqq F_{13}F_{23}\left[1 - \sqrt{\left(1 - \frac{F_{11}F_{33}}{F_{13}^2}\right)\left(1 - \frac{F_{22}F_{33}}{F_{23}^2}\right)}\right]. \tag{2}$$

Zweitens wende man (1) auf $\sigma\mathfrak{K}_1 + \tau\mathfrak{K}_2$ und $\mathfrak{K}_3$ statt $\mathfrak{K}_1$ und $\mathfrak{K}_2$ an. Es ergibt sich dann, daß ein homogenes Polynom zweiten Grades in σ und τ für $\sigma \geqq 0$, $\tau \geqq 0$ nicht negativ ist. Die daraus für die Koeffizienten folgende Ungleichung lautet

$$F_{12}F_{33} \leqq F_{13}F_{23}\left[1 + \sqrt{\left(1 - \frac{F_{11}F_{33}}{F_{13}^2}\right)\left(1 - \frac{F_{22}F_{33}}{F_{23}^2}\right)}\right] \tag{3}$$

Die Ungleichungen (2) und (3) lassen sich in

$$(F_{12}F_{33} - F_{13}F_{23})^2 \leqq (F_{13}^2 - F_{11}F_{33})(F_{23}^2 - F_{22}F_{33}) \tag{4}$$

zusammenfassen[1].

Ersetzt man in (2) das geometrische Mittel in der eckigen Klammer durch das arithmetische, so wird die rechte Seite nicht vergrößert, und man erhält nach einfacher Umformung

$$\frac{F_{11}}{F_{13}^2} - \frac{2F_{12}}{F_{13}F_{23}} + \frac{F_{22}}{F_{23}^2} \leqq 0\,. \tag{5}$$

Man benutzt dabei $F_{33} > 0$. Nachträglich kann man sich in (5) von dieser Einschränkung durch Grenzübergang befreien, falls F_{13} und F_{23} von 0 verschieden bleiben.

[1] Unter Abänderung der Bezeichnungen kann (4) auch folgendermaßen interpretiert werden. Es seien $\mathfrak{K}_0$, $\mathfrak{K}_1$, $\mathfrak{K}$ beliebige konvexe Bereiche und $\mathfrak{K}_\vartheta = (1-\vartheta)\,\mathfrak{K}_0 + \vartheta\mathfrak{K}_1$. Dann ist

$$\sqrt{F^2(\mathfrak{K}_\vartheta, \mathfrak{K}) - F(\mathfrak{K}_\vartheta, \mathfrak{K}_\vartheta)\,F(\mathfrak{K}, \mathfrak{K})}$$

eine konvexe Funktion von ϑ.

Falls $F_{33} > 0$ ist, folgt nun unmittelbar, daß in (5) Gleichheit nur bei homothetischen $\mathfrak{K}_1$ und $\mathfrak{K}_2$ bestehen kann. Denn aus Gleichheit in (5) folgt Gleichheit in (2) und damit, daß bei der Ersetzung des geometrischen durch das arithmetische Mittel in (2) keine Veränderung eintreten darf. Das kann aber nur bei $\frac{F_{11}}{F_{13}^2} = \frac{F_{22}}{F_{23}^2}$ der Fall sein. In Verbindung mit der Gleichung (5) folgt dann $F_{12}^2 = F_{11} F_{22}$ und daraus nach dem früheren die Behauptung. Man beachte aber, daß bei $F_{33} = 0$ diese falsch ist, wofür unten ein Beispiel angegeben wird.

An (5) erkennt man, daß es sich um eine Verschärfung von (1) der in **50** besprochenen Art handelt. In gewissem Sinne verschärft sich also für $n = 2$ der BRUNN-MINKOWSKIsche Satz selbst. In der Tat erhält man aus (5) durch Spezialisierung die verschärften Ungleichungen von **50**. Wird für $\mathfrak{K}_3$ der Einheitskreis gewählt, so werden $2F_{13}$ und $2F_{23}$ die Randlängen L_1 und L_2 von $\mathfrak{K}_1$ und $\mathfrak{K}_2$, und (5) geht in

$$\frac{F_{11}}{L_1^2} - \frac{2F_{12}}{L_1 L_2} + \frac{F_{22}}{L_2^2} \leqq 0 \tag{6}$$

über. Hierin gilt nach dem Festgestellten das Gleichheitszeichen nur für homothetische $\mathfrak{K}_1$ und $\mathfrak{K}_2$. Ersetzt man $\mathfrak{K}_3$ durch eine Strecke der Länge 1, so wird $2F_{13} = B_1$, $2F_{23} = B_2$, wo B_1 und B_2 die Breiten von $\mathfrak{K}_1$ und $\mathfrak{K}_2$ in der Richtung senkrecht zur Strecke bedeuten, und aus (5) entsteht

$$\frac{F_{11}}{B_1^2} - \frac{2F_{12}}{B_1 B_2} + \frac{F_{22}}{B_2^2} \leqq 0\,. \tag{7}$$

(6) und (7) sind genau die Spezialfälle $n = 2$ der in **50** bewiesenen Ungleichungen; denn den dortigen Oberflächen bzw. Quermaßen entsprechen hier Längen bzw. Breiten. In (7) steht das Gleichheitszeichen nicht nur bei homothetischen $\mathfrak{K}_1$ und $\mathfrak{K}_2$, sondern auch, wenn einer der Bereiche dem „teleskopisch auseinandergezogenen" anderen homothetisch ist, was man aus dem in **50**, S. 94 Gesagten entnehmen kann.

Schließlich werde noch der Fall hervorgehoben, daß $\mathfrak{K}_3$ ein Dreieck ist. Hier werden F_{13}^2 und F_{23}^2 bis auf denselben unwesentlichen Faktor die Inhalte Δ_1 und Δ_2 der zum Dreieck $\mathfrak{K}_3$ homothetischen, $\mathfrak{K}_1$ bzw. $\mathfrak{K}_2$ umschriebenen Dreiecke. Es gilt daher

$$\frac{F_{11}}{\Delta_1} - \frac{2F_{12}}{\sqrt{\Delta_1 \Delta_2}} + \frac{F_{22}}{\Delta_2} \leqq 0 \tag{8}$$

und hierin besteht nach dem Obigen Gleichheit wieder nur für homothetische $\mathfrak{K}_1$ und $\mathfrak{K}_2$.

(1) stammt von MINKOWSKI [5] § 5. Es sind mehrere Beweise dieser Ungleichung (oder des damit gleichwertigen BRUNN-MINKOWSKIschen Satzes für $n = 2$) angegeben worden. CRONE [1] und später FROBENIUS [1] (jedoch ohne Kenntnis der CRONEschen Arbeit) umschreiben $\mathfrak{K}_1$ und $\mathfrak{K}_2$ mit homothetischen Dreiecken und stellen den Inhalt von $\mathfrak{K}_1$ und $\mathfrak{K}_2$ als Differenz der Dreiecksinhalte und der Inhalte der drei Kappen dar und

gewinnen dann (1) mittels einfacher Ungleichungen. FROBENIUS erhält zugleich die verschärfte Ungleichung (5) und damit insbesondere (6), (7), (8). BLASCHKE [5] beweist den Satz zunächst für zwei Polygone mit paarweise parallelen Seiten und dann durch Grenzübergang allgemein. Außerdem gibt BLASCHKE [5] einen Beweis mit Hilfe von Fourierentwicklungen, der in vereinfachter Form [11] § 23 dargestellt ist. Hierbei ergibt sich ebenfalls (6). SALKOWSKI [2] benutzt bei seinem geometrischen Beweis, daß $2F_{12}$ die Differenz des Flächeninhalts von $\mathfrak{K}_1 + \mathfrak{K}_2$ und der Summe der Flächeninhalte von $\mathfrak{K}_1$ und $\mathfrak{K}_2$ ist. ZINDLER [2], [5] gibt elementare Beweise des nach **41**, S. 71 im Raum interpretierten Satzes, wobei sich eine von den hier angegebenen verschiedene Verschärfung ergibt. BLASCHKE [22] und BONNESEN [12] S. 88 zeigen, daß der Inhalt der Bereiche einer Linearschar eine konkave Funktion ist, falls die Bereiche demselben Parallelstreifen oder Dreieck eingeschrieben sind. Daraus ergibt sich wie in **50** für beliebige Bereiche eine Verschärfung von (1), die den Fall der Gleichheit in (1) leicht aufzuklären gestattet. Im übrigen siehe die früher dargestellten, für beliebiges n gültigen Beweise. — Die Ungleichungen (2) und (3) sind für den Fall, daß $\mathfrak{K}_3$ ein Kreis ist, auf dem obigen Wege von FAVARD [6] und allgemein von MATSUMURA [25] bewiesen worden.

Es sei hier noch auf eine von H. KNESER behandelte Frage hingewiesen, die oben schon gestreift wurde. Wie muß ein Schema von nichtnegativen Zahlen $F_{\mu\nu} = F_{\nu\mu}$ $(\mu, \nu = 1, \ldots, p)$ gegeben werden, damit p konvexe Bereiche $\mathfrak{K}_1, \ldots, \mathfrak{K}_p$ existieren, für die diese Zahlen die gemischten Flächeninhalte sind? Notwendig dafür ist, daß für $\lambda_1 \geqq 0, \ldots, \lambda_p \geqq 0$

$$\sqrt{\sum_{\mu,\nu=1}^{p} \lambda_\mu \lambda_\nu F_{\mu\nu}}$$

konkav ist. Nach einer oben gemachten Bemerkung ist dies für $p = 2$ auch hinreichend, ebenso für $p = 3$, jedoch nicht für $p > 3$ (nach einer Mitteilung von H. KNESER).

52. Weiteres über den Raum. HILBERTS Beweis der MINKOWSKIschen Ungleichungen.

Für $n = 3$ besagt der BRUNN-MINKOWSKIsche Satz die Konkavität von

$$\sqrt[3]{(1-\vartheta)^3 V_{(0)} + 3(1-\vartheta)^2 \vartheta V_{(1)} + 3(1-\vartheta)\vartheta^2 V_{(2)} + \vartheta^3 V_{(3)}},$$

wo $V_{(0)}, V_{(1)}, V_{(2)}, V_{(3)}$ die gemischten Volumina zweier konvexer Körper $\mathfrak{K}_1$ und $\mathfrak{K}_2$ sind. Die Ungleichungen **49** (1) und (1'), S. 91 werden hier

$$V_{(1)}^3 \geqq V_{(0)}^2 V_{(3)}, \qquad V_{(2)}^3 \geqq V_{(0)} V_{(3)}^2 \tag{1}$$

(1) … (1')

und die quadratischen Ungleichungen **49** (2) und (2'), S. 92

$$V_{(1)}^2 \geqq V_{(0)} V_{(2)}, \qquad V_{(2)}^2 \geqq V_{(1)} V_{(3)}. \tag{2}$$

(2) … (2')

Durch Kombination von (2) und (2') folgen hier unmittelbar (1) und (1'). Dagegen können (2) und (2') nicht rein arithmetisch aus (1) und (1') gefolgert werden, wohl aber dadurch, daß man z. B. (1) auf $\mathfrak{K}_1$ und $\mathfrak{K}_1 + \varepsilon \mathfrak{K}_2$ $(\varepsilon \geqq 0)$ statt $\mathfrak{K}_1$ und $\mathfrak{K}_2$ anwendet und beachtet, daß die entstehende Ungleichung für alle $\varepsilon \geqq 0$ richtig sein muß. Die Ungleichungen (1) und (1′) [oder auch (2) und (2′)] zusammen genommen, haben die Konkavität der obigen Wurzel, also den Brunn-Minkowskischen Satz zur Folge.

Durch Spezialisierung von **49** (6), S. 93 erhält man für die gemischten Volumina $V_{\mu\nu\varrho}$ dreier Körper $\mathfrak{K}_1$, $\mathfrak{K}_2$, $\mathfrak{K}_3$

$$V_{123}^2 \geqq V_{113} V_{223}, \tag{3}$$

und (1) gibt in den neuen Bezeichnungen

$$V_{113}^3 \geqq V_{111}^2 V_{333}, \quad V_{223}^3 \geqq V_{222}^2 V_{333}. \tag{4}$$

Diese drei Ungleichungen zusammen ergeben

$$V_{123}^3 \geqq V_{111} V_{222} V_{333}, \tag{5}$$

was speziell so ausgesprochen werden kann: Drei Körper vom Volumen 1 ergeben ein gemischtes Volumen $\geqq 1$.

Über das Eintreten von Gleichheit bei diesen Ungleichungen ist folgendes aus dem Früheren (**49**) zu entnehmen. In (1) steht das Gleichheitszeichen nur für homothetische Körper $\mathfrak{K}_1$ und $\mathfrak{K}_2$.[1] Dasselbe gilt für gleichzeitiges Eintreten der Gleichheit in (2) und (2′), da aus Gleichheit in (2) und (2′) auch Gleichheit in (1) folgt. In (5) kann das Gleichheitszeichen nur dann gelten, wenn dies in beiden Ungleichungen (4) der Fall ist. Dafür ist also, falls keiner der Körper in einen Punkt entartet, notwendig (und natürlich auch hinreichend), daß die drei Körper $\mathfrak{K}_1$, $\mathfrak{K}_2$, $\mathfrak{K}_3$ paarweise homothetisch sind.

Sämtliche vorstehenden Resultate sind von Minkowski [**5**] § 7 erhalten worden. Und zwar beweist Minkowski direkt (1) in einer etwas verschärften Form, die die unmittelbare Diskussion des Gleichheitszeichens gestattet, und folgert dann in der angedeuteten Weise (2). Von Hilbert [**3**] rührt ein unten beschriebener direkter Beweis der quadratischen Ungleichung (2) her. — Minkowski hat a. a. O. ohne Beweis angegeben, daß in (2) allein das Gleichheitszeichen dann und nur dann steht, wenn $\mathfrak{K}_1$ zu einem Kappenkörper (**12**, S. 17) von $\mathfrak{K}_2$ homothetisch ist. Bisher ist dies, falls $\mathfrak{K}_2$ die Kugel und $\mathfrak{K}_1$ ein Rotationskörper ist, von Bonnesen [**8**] bestätigt worden. Einen Beweis für Polyeder hat Favard [**7**] angekündigt und kürzlich in [**11**] ausgeführt. Aus den Hilbertschen Ergebnissen folgt, daß unter geeigneten (bei Kappenkörpern nicht erfüllten) Differenzierbarkeitsannahmen Gleichheit in (2) nur für homothetische Körper bestehen kann. — Verschärfungen der obigen Ungleichungen sind in den Resultaten von **50** enthalten. Weitere diesbezügliche Ergebnisse bei Bonnesen [**12**] Kap. VI und Favard [**11**]. — Falls $\mathfrak{K}_3$ die Kugel oder ein durch positive kontinuierliche Linearkombination von Strecken entstandener Körper ist, gilt in (3) das Gleichheitszeichen nur für homothetische $\mathfrak{K}_1$ und $\mathfrak{K}_2$. Vgl. dazu die Literaturangaben in **55**, S. 108—109.

[1] Oder für (zweidimensionale) Körper, die in parallelen Ebenen liegen. Es werde aber dieser Fall, in dem alle gemischten Volumina verschwinden, außer Betracht gelassen.

Schließlich sei noch auf die Frage hingewiesen, ob zu nichtnegativen Zahlen $V_{\mu\nu\varrho}$ $(\mu, \nu, \varrho = 1, 2, \ldots, p)$, für die bei $\lambda_1 \geqq 0, \ldots, \lambda_p \geqq 0$

$$\sqrt[3]{\sum_{\mu,\nu,\varrho=1}^{p} \lambda_\mu \lambda_\nu \lambda_\varrho V_{\mu\nu\varrho}}$$

eine konkave Funktion ist, stets p konvexe Körper gehören, für die sie die gemischten Volumina sind. Für $p = 2$ trifft dies (nach einer Mitteilung von H. KNESER) zu, für $p > 2$ jedoch vermutlich nicht. Vgl. zu $p = 2$ auch den in **46**, S. 83 besprochenen Spezialfall, daß der eine Körper die Einheitskugel ist, aus dem allerdings für die vorliegende Frage nichts entnommen werden kann. — Im Fall $n = 4$ ist, wie gleichfalls H. KNESER festgestellt hat, die Konkavität der entsprechenden vierten Wurzel nicht einmal für $p = 2$ hinreichend.

HILBERTS Beweis der MINKOWSKIschen Ungleichungen. Zwei Körper $\mathfrak{K}$ und $\mathfrak{L}$ mögen den zu Beginn von § 8, S. 55 genannten Voraussetzungen genügen[1]. Es handelt sich um den Beweis von (2), d. h. in ausführlicher Schreibweise

$$V^2(\mathfrak{K}, \mathfrak{K}, \mathfrak{L}) \geqq V(\mathfrak{K}, \mathfrak{K}, \mathfrak{K})\, V(\mathfrak{K}, \mathfrak{L}, \mathfrak{L}). \tag{6}$$

Ersetzt man $\mathfrak{L}$ durch einen passenden homothetischen Körper derart, daß

$$V(\mathfrak{K}, \mathfrak{K}, \mathfrak{K}) = V(\mathfrak{K}, \mathfrak{K}, \mathfrak{L}) \tag{7}$$

wird, so geht (5) in

$$V(\mathfrak{K}, \mathfrak{K}, \mathfrak{K}) \geqq V(\mathfrak{K}, \mathfrak{L}, \mathfrak{L}) \tag{7'}$$

über. Es genügt (7') unter der Nebenbedingung (7) zu beweisen.

Werden die Stützfunktionen von $\mathfrak{K}$ und $\mathfrak{L}$ mit H und L bezeichnet, der Nullpunkt im Innern von $\mathfrak{K}$ gewählt, die Integraldarstellungen **37** (5), S. 59 der gemischten Volumina herangezogen und außerdem $Z = H - L$ gesetzt, so geht diese Behauptung in die folgende über. Es ist für

$$\int_\Omega Z\, D(H, H)\, d\omega = 0 \tag{8}$$

die Ungleichung

$$-\int_\Omega H\, D(Z, Z)\, d\omega \geqq 0 \tag{9}$$

zu beweisen. Hierbei sind die Integrationen über die Oberfläche $\sum \xi^2 = 1$ der Einheitskugel zu erstrecken. Wird dies bei gegebener Stützfunktion $H(u_1, u_2, u_3)$ für jede passenden Differenzierbarkeitsvoraussetzungen genügende Funktion $Z(u_1, u_2, u_3)$ mit

$$Z(\mu u_1, \mu u_2, \mu u_3) = \mu Z(u_1, u_2, u_3) \quad \text{für} \quad \mu \geqq 0 \tag{10}$$

bewiesen, so ist darin gewiß die obige Behauptung für $Z = H - L$ enthalten.

Man betrachte nun mit HILBERT [3] das folgende Variationsproblem: Es soll bei gegebenem H das Integral (9) unter der Nebenbedingung

$$\int_\Omega Z^2 \frac{D(H, H)}{H}\, d\omega = 1 \tag{11}$$

[1] Diese Voraussetzungen lassen sich erheblich einschränken.

zum Extremum gemacht werden[1]. Die EULERsche Differentialgleichung dieses Problems lautet

$$(12) \qquad D(H, Z) + \lambda Z \frac{D(H, H)}{H} = 0 .$$

Hierbei ist λ der Eigenwertparameter. (12) ist eine lineare elliptische selbstadjungierte Differentialgleichung auf der Einheitskugel[2]. HILBERT beweist a. a. O. mit Hilfe der Integralgleichungstheorie, daß sie abzählbar unendlich viele nach unten beschränkte, sich im Endlichen nicht häufende Eigenwerte besitzt. Man erkennt sofort, daß $\lambda = -1$ Eigenwert mit der Eigenfunktion H ist. Wenn es nun gelingt, zu zeigen, daß -1 der einzige negative, überdies einfache Eigenwert ist, so ist man fertig. Denn der zweite Eigenwert, der dann nichtnegativ ist, ist das Minimum von

$$(13) \qquad -\int_{\Omega} HD(Z, Z)\, d\omega$$

unter der Nebenbedingung (11), die nur eine unwesentliche Normierung von Z bedeutet, und der weiteren mit (8) identischen

$$\int_{\Omega} Z \cdot H \frac{D(H, H)}{H}\, d\omega = 0 ,$$

die besagt, daß Z zur ersten Eigenfunktion H orthogonal ist. Folglich ist (13) in der Tat nichtnegativ, wie behauptet.

Der Beweis dafür, daß -1 einfacher und einziger negativer Eigenwert ist, verläuft nach HILBERT so. Man bemerke erstens, daß dies richtig ist, wenn H speziell die Stützfunktion $E = \sqrt{\sum u^2}$ der Einheitskugel ist. In diesem Fall wird nämlich nach **38** (7), (5), S. 63 bzw. 62

$$D(E, Z) = Z_{11} + Z_{22} + Z_{33},$$

und das Eigenwertproblem (12) geht in das für die LAPLACEschen Kugelfunktionen über. Hierfür ist die behauptete Tatsache bekannt. (Vgl. z. B. COURANT u. HILBERT [1] S. 443.) Zweitens betrachte man die Schar von Differentialgleichungen, die aus (12) entsteht, wenn man H durch $(1 - \vartheta)E + \vartheta H$ für $0 \leqq \vartheta \leqq 1$ ersetzt. Die Eigenwerte sind dann stetige Funktionen von ϑ. Dies ist von HILBERT wieder mit Hilfe der Integralgleichungstheorie gezeigt worden, kann aber auch unter Zugrundelegung der COURANTschen independenten Definition der Eigenwerte nach den in COURANT u. HILBERT [1] Kap. VI entwickelten Methoden bewiesen werden. Dazu nehme man drittens die sogleich zu beweisende Tatsache, daß für jedes ϑ mit $0 \leqq \vartheta \leqq 1$ die betrachtete Differentialgleichung 0 zum genau dreifachen Eigenwert, nämlich mit den drei Koordinaten ξ_1, ξ_2, ξ_3 als Eigenfunktionen hat. Dann folgt die Behauptung so. Für $\vartheta = 0$ ist -1 einfacher und 0 dreifacher Eigenwert, und alle übrigen Eigenwerte sind positiv. Läßt man ϑ von 0 bis 1 variieren, so ändern sich die Eigenwerte stetig, aber so, daß 0 stets dreifacher Eigenwert bleibt. Folglich kann bei dieser Abänderung kein Eigenwert die 0 passieren und -1 ist auch für $\vartheta = 1$ der einzige negative Eigenwert.

[1] Man beachte, daß H auf der Einheitskugel positiv ist, da der Nullpunkt im Innern von $\mathfrak{K}$ angenommen war.

[2] Vgl. **37**, S. 59—60. Die Selbstadjungiertheit von D findet ihren Ausdruck im wesentlichen in **37** (6), S. 59. (Nach einer S. 61 gemachten Bemerkung darf diese Formel verwendet werden, obwohl Z im allgemeinen keine Stützfunktion ist.) Der elliptische Charakter beruht auf der Konvexität der Funktion H.

Zur Abkürzung werde jetzt die Stützfunktion $(1-\vartheta)E+\vartheta H$ mit G bezeichnet. Es ist noch zu zeigen, daß 0 genau dreifacher Eigenwert von (12) mit G statt H ist, mit anderen Worten, daß die einzigen auf der ganzen Kugel regulären Lösungen von

$$D(G, Z) = 0 \tag{14}$$

die linearen Funktionen $Z = a_1\xi_1 + a_2\xi_2 + a_3\xi_3$ sind. Dies kann nach Weyl [2] einfacher als bei Hilbert in folgender Weise geschehen.

Man zeigt zunächst, daß aus der bei konvexen Körpern der hier betrachteten Art nach **37**, S. 59 stets erfüllten Ungleichung

$$D(G, G) > 0 \tag{15}$$

und aus (14) die Ungleichung

$$D(Z, Z) \leqq 0 \tag{16}$$

folgt, in der Gleichheit nur eintreten kann, wenn alle $Z_{\mu\nu}$ verschwinden. Man erkennt dies so. Maximum und Minimum von $\sum_{\mu,\nu=1}^{3} Z_{\mu\nu}x_\mu x_\nu$ unter der Nebenbedingung $\sum_{\mu,\nu=1}^{3} G_{\mu\nu}x_\mu x_\nu = 1$ genügen der Gleichung

$$\lambda^2 D(G, G) - 2\lambda D(G, Z) + D(Z, Z) = 0.$$

Diese Gleichung in λ hat daher reelle Wurzeln, und es gilt

$$D^2(G, Z) \geqq D(G, G)\, D(Z, Z).$$

Daraus folgt wegen (14) und (15) in der Tat (16). Soll Gleichheit bestehen, so müssen beide Wurzeln der Gleichung wegen (14) verschwinden. Das heißt aber, daß $\sum_{\mu,\nu=1}^{3} Z_{\mu\nu}x_\mu x_\nu$ identisch verschwindet.

Jetzt schließt man einfach so. Nach (14) und **37** (6), S. 59 ist

$$\int_\Omega Z\, D(G, Z)\, d\omega = \int_\Omega G\, D(Z, Z)\, d\omega = 0,$$

also wegen (16) und $G > 0$

$$D(Z, Z) = 0,$$

woraus nach dem eben Festgestellten das identische Verschwinden der $Z_{\mu\nu}$ folgt. Das bedeutet aber, daß Z eine lineare, also wegen (10) eine linear homogene Funktion ist.

Hieraus folgt übrigens weiter, daß in (9), also in (7') das Gleichheitszeichen nur stehen kann, wenn $Z = H - L$ eine lineare Funktion ist. Das bedeutet aber, daß $\mathfrak{K}$ und $\mathfrak{L}$ durch Translation auseinander hervorgehen. Demnach besteht in (6) unter den hier erforderlichen Regularitätsannahmen nur für homothetische $\mathfrak{K}$ und $\mathfrak{L}$ Gleichheit.

Die Bedeutung der Tatsache, daß 0 genau dreifacher Eigenwert von (12) ist, reicht weit über die hier besprochene Anwendung hinaus. Sie enthält nämlich, wie Blaschke [1] bemerkt hat, die infinitesimale Unverbiegbarkeit konvexer Flächen, und der vorgetragene Beweis ist genau ein von Weyl [2] herrührender dieses Unverbiegbarkeitssatzes. Vgl. dazu **72**, S. 148. Eine weitere Anwendung findet dieser Satz und ein von Hilbert [3] bewiesener Existenzsatz für die inhomogene Differentialgleichung $D(H, Z) = F$ bei den Untersuchungen über die Bestimmung konvexer Körper durch Krümmungsfunktionen. Vgl. dazu **59**, S. 116 und **60**, S. 123—124.

§ 12. Spezialfälle und Anwendungen des BRUNN-MINKOWSKIschen Satzes und der MINKOWSKIschen Ungleichungen.

53. Das Volumen des Vektorkörpers. Als unmittelbare Folge des BRUNN-MINKOWSKIschen Satzes ergibt sich, daß bei Zentralsymmetrisierung (**42**, S. 73) eines konvexen Körpers sein Volumen nicht verkleinert und stets dann vergrößert wird, wenn er innere Punkte und keinen Mittelpunkt hat. Ist nämlich $\mathfrak{K}$ der Körper und $\mathfrak{K}^*$ sein Spiegelbild bezüglich des Nullpunktes, so ist der zentralsymmetrisierte $\frac{1}{2}(\mathfrak{K} + \mathfrak{K}^*)$, also wegen $V(\mathfrak{K}) = V(\mathfrak{K}^*)$ in der Tat die Behauptung richtig. Es kann nur dann $V(\frac{1}{2}(\mathfrak{K} + \mathfrak{K}^*)) = V(\mathfrak{K})$ sein, wenn $V(\mathfrak{K}) = 0$ ist (dann liegen $\mathfrak{K}$ und $\mathfrak{K}^*$ in parallelen Ebenen) oder wenn $\mathfrak{K}$ und $\mathfrak{K}^*$ homothetisch sind, was in diesem Fall bedeutet, daß $\mathfrak{K}$ einen Mittelpunkt hat.

Nach **33**, S. 51 ist $\mathfrak{K} + \mathfrak{K}^*$ der Vektor- oder Breitenkörper von $\mathfrak{K}$. Für sein Volumen gilt also

$$V(\mathfrak{K} + \mathfrak{K}^*) \geqq 2^n V(\mathfrak{K}), \tag{1}$$

und hierin besteht Gleichheit nur für $V(\mathfrak{K}) = 0$ oder wenn $\mathfrak{K}$ einen Mittelpunkt hat.

Auch eine obere Schranke für das Volumen des Vektorkörpers läßt sich leicht angeben. Man denke den Nullpunkt in den Schwerpunkt von $\mathfrak{K}$ gelegt. Dann ist nach **34** (1), S. 53 $\mathfrak{K}^*$ im Körper $n\mathfrak{K}$ enthalten. Folglich gilt wegen der Monotonieeigenschaft 5 der gemischten Volumina (**29**, S. 41)

$$V_{(\nu)}(\mathfrak{K}, \mathfrak{K}^*) \leqq V_{(\nu)}(\mathfrak{K}, n\mathfrak{K}) = n^\nu V(\mathfrak{K}).$$

Da aber $\mathfrak{K}$ und $\mathfrak{K}^*$ vertauscht werden dürfen, ist auch

$$V_{(\nu)}(\mathfrak{K}, \mathfrak{K}^*) \leqq V_{(\nu)}(n\mathfrak{K}^*, \mathfrak{K}^*) = n^{n-\nu} V(\mathfrak{K}^*) = n^{n-\nu} V(\mathfrak{K}).$$

Aus beiden Abschätzungen zusammen folgt, wenn mit μ_ν die kleinere der Zahlen ν und $n - \nu$ bezeichnet wird,

$$V(\mathfrak{K} + \mathfrak{K}^*) = \sum_{\nu=0}^{n} \binom{n}{\nu} V_{(\nu)}(\mathfrak{K}, \mathfrak{K}^*) \leqq V(\mathfrak{K}) \sum_{\nu=0}^{n} \binom{n}{\nu} n^{\mu_\nu}. \tag{2}$$

Für $n = 2$ und 3 ergibt sich so in Verbindung mit (1)

$$4F(\mathfrak{K}) \leqq F(\mathfrak{K} + \mathfrak{K}^*) \leqq 6F(\mathfrak{K})$$

bzw.

$$8V(\mathfrak{K}) \leqq V(\mathfrak{K} + \mathfrak{K}^*) \leqq 20V(\mathfrak{K}).$$

Diese beiden Abschätzungen sind scharf. Das zweite Gleichheitszeichen gilt für Dreiecke bzw. Tetraeder und nur für diese. Es ist anzunehmen, daß allgemein in (2) Gleichheit für Simplexe und nur für diese besteht.

Die Frage nach Schranken für den Inhalt des Vektorenbereichs ist von BLASCHKE [**20**] gestellt worden. Beweise der Ungleichungen für $n = 2$ und 3 sind von RADEMACHER [**3**], ESTERMANN [**2**], [**3**], SÜSS [**13**] gegeben worden. Der obige Beweis ist eine Verallgemeinerung des Beweises von ESTERMANN [3].

54. Abschätzungen der Quermaßintegrale durch Dicke und Durchmesser. Wird ein Körper zentralsymmetrisiert, so erfährt seine Orthogonalprojektion auf einen beliebigen Unterraum ebenfalls eine Zentralsymmetrisierung. Es können also nach dem zu Beginn von **53** Festgestellten die Quermaße aller Dimensionen nicht verkleinert werden. Die eindimensionalen Quermaße, also die Breiten, darunter Durchmesser und Dicke, bleiben ungeändert. Nun ist nach den CAUCHY-KUBOTAschen Formeln (**32**, S. 50) das νte Quermaßintegral des Körpers arithmetisches Mittel seiner $n-\nu$-dimensionalen Quermaße. Folglich wird W_ν bei Zentralsymmetrisierung nicht verkleinert und kann, falls der Körper innere Punkte hat, nur dann ungeändert bleiben, wenn sämtliche Orthogonalprojektionen auf $n-\nu$-dimensionale Unterräume Mittelpunkte besitzen. Dann muß aber der Körper selbst einen Mittelpunkt haben[1]. Zusammenfassend kann also gesagt werden:

Wird ein konvexer Körper $\mathfrak{K}$ mit inneren Punkten zentralsymmetrisiert, so bleiben W_{n-1}, also die mittlere Breite, der Durchmesser D und die Dicke Δ ungeändert, und die Quermaßintegrale $W_1, W_2, \ldots, W_{n-2}$ sowie das Volumen W_0 werden alle vergrößert, wenn $\mathfrak{K}$ keinen Mittelpunkt hat. Dieses Ergebnis kann dazu benutzt werden, die folgenden Extremalaufgaben sehr einfach zu lösen. Es seien Durchmesser D und Dicke Δ $(D \geqq \Delta)$ eines konvexen Körpers $\mathfrak{K}$ gegeben. Zu bestimmen sind die Maxima von $W_0, W_1, \ldots, W_{n-1}$ und das Minimum von W_{n-1}.

Die genannten Eigenschaften der Zentralsymmetrisierung lehren, daß man sich bei der Behandlung dieser Fragen auf Körper mit Mittelpunkt beschränken kann; denn hat $\mathfrak{K}$ noch keinen, so gehe man zum zentralsymmetrisierten Körper über, der ja dieselben W_{n-1}, D, Δ und größere $W_0, W_1, \ldots, W_{n-2}$ hat. Für Körper mit Mittelpunkt ergibt sich die Lösung so. Jeder solche Körper ist in einer „symmetrischen Kugelscheibe" enthalten, die als Durchschnitt einer Kugel vom Durchmesser D und eines zum Mittelpunkt symmetrisch liegenden Parallelstreifens der Breite Δ entsteht. Für diese Kugelscheibe und, wie man aus dem Obigen und **32**, S. 50 entnimmt, (mit Ausnahme von W_{n-1}) auch nur für diese erreichen also $W_0, \ldots, W_{n-1}$ ihre Maxima. Ferner ist in dem Körper mit Mittelpunkt ein „symmetrischer Zweikappenkörper" enthalten, der aus der Kugel vom Durchmesser Δ durch Aufsetzen zweier symmetrisch zum Mittelpunkt liegender Kappen entsteht, deren Spitzen den Abstand D haben. Für diesen Körper, allerdings nicht nur für diesen, erreicht W_{n-1} das Minimum.

Für $n = 2$ gehen diese Resultate in die durch die Formeln (1), (2), (3), **45**, S. 80—81 ausgedrückten über.

[1] Vgl. dazu **61**, S. 124—125.

Wird nur der Durchmesser D vorgeschrieben, so lehren entsprechende, noch einfachere Betrachtungen, daß die Quermaßintegrale $W_0, W_1, \ldots, W_{n-1}$ ihr Maximum für die Kugel vom Durchmesser D — und zwar mit Ausnahme von W_{n-1} auch nur für diese — annehmen. Darin ist insbesondere enthalten, daß für $n \geqq 3$ unter allen Körpern gegebenen Durchmessers die Kugel allein das größte Volumen und die größte Oberfläche hat. Damit sind die Ungleichungen (4) und (6) aus **44**, S. 76 und 77 bewiesen.

Die Sätze dieses Abschnitts mit den angegebenen Beweisen sind von KUBOTA [**15**] gefunden worden.

55. Die Oberfläche der Körper einer Linearschar. Die in **50** bewiesene Verschärfung des BRUNN-MINKOWSKIschen Satzes soll jetzt dazu verwendet werden, den folgenden Satz zu beweisen:

Die $n-1$ te Wurzel der Oberfläche der konvexen Körper einer linearen (oder konkaven) Schar ist eine konkave Funktion der Scharparameter.

Ebenso wie zu Beginn von **48**, S. 88 erkennt man, daß dies auf die Ungleichung

$$\sqrt[n-1]{S_\vartheta} \geqq (1-\vartheta)\sqrt[n-1]{S_0} + \vartheta\sqrt[n-1]{S_1} \tag{1}$$

oder in anderer Schreibweise (vgl. **31**, S. 47)

$$\left\{\begin{aligned} &\sqrt[n-1]{V(\mathfrak{K}_\vartheta, \ldots, \mathfrak{K}_\vartheta, \mathfrak{E})} \\ &\geqq (1-\vartheta)\sqrt[n-1]{V(\mathfrak{K}_0, \ldots, \mathfrak{K}_0, \mathfrak{E})} + \vartheta\sqrt[n-1]{V(\mathfrak{K}_1, \ldots, \mathfrak{K}_1, \mathfrak{E})} \end{aligned}\right. \tag{2}$$

hinausläuft, wenn mit S_ϑ $(0 \leqq \vartheta \leqq 1)$ die Oberfläche des Körpers $\mathfrak{K}_\vartheta = (1-\vartheta)\mathfrak{K}_0 + \vartheta\mathfrak{K}_1$ und mit $\mathfrak{E}$ die Einheitskugel bezeichnet wird.

Ohne Beschränkung der Allgemeinheit kann man annehmen, daß alle Körper innere Punkte besitzen. Es sei $\mathfrak{K}'_\vartheta(u)$ die Orthogonalprojektion von $\mathfrak{K}_\vartheta$ auf eine Ebene $\mathfrak{E}^{n-1}$ der Richtung u und $\sigma_\vartheta(u)$ ihr $n-1$-dimensionales Volumen, also das Quermaß von $\mathfrak{K}_\vartheta$ in der Richtung u. Die Anwendung von **50** (7'), S. 96 auf die Schar $n-1$-dimensionaler Körper $\mathfrak{K}'_\vartheta(u)$ ergibt dann

$$\sigma_\vartheta(u) \geqq [(1-\vartheta)\tau^{2-n}\sigma_0(u) + \vartheta\sigma_1(u)][(1-\vartheta)\tau + \vartheta]^{n-2}. \tag{3}$$

Hierin kann τ das Verhältnis entsprechender $n-2$-dimensionaler Quermaße von $\mathfrak{K}'_0(u)$ und $\mathfrak{K}'_1(u)$ bezüglich eines willkürlichen, in $\mathfrak{E}^{n-1}$ liegenden ($n-2$-dimensionalen) Unterraums $\mathfrak{E}^{n-2}$ bedeuten. Wenn es gelingt, zu zeigen, daß in (3) für alle Richtungen u derselbe Wert von τ gewählt werden darf, so folgt durch Integration von (3) über die Oberfläche der Einheitskugel $\sum u^2 = 1$ nach der CAUCHYschen Formel **32** (1), S. 48

$$S_\vartheta \geqq [(1-\vartheta)\tau^{2-n}S_0 + \vartheta S_1][(1-\vartheta)\tau + \vartheta]^{n-2}$$

und daraus z. B. durch Anwendung der JENSENschen Ungleichung[1] auf die rechte Seite die Behauptung (1).

Um einzusehen, daß (2) tatsächlich mit einem von u unabhängigen τ gültig ist, bemerke man folgendes. Es seien $\mathfrak{E}_1^{n-1}$ und $\mathfrak{E}_2^{n-1}$ irgend zwei nichtparallele Ebenen mit den Richtungen $u^{(1)}$ und $u^{(2)}$ und $\mathfrak{E}^{n-2}$ der $n-2$-dimensionale Unterraum, in dem sie sich schneiden. Projiziert man einen Körper senkrecht auf $\mathfrak{E}_1^{n-1}$ und $\mathfrak{E}_2^{n-1}$ und dann diese beiden Projektionen auf $\mathfrak{E}^{n-2}$, so entsteht beidemal dasselbe, nämlich die direkte Projektion des Körpers auf $\mathfrak{E}^{n-2}$. Wendet man dies auf $\mathfrak{K}_0$ und auf $\mathfrak{K}_1$ an, so folgt, daß es zu je zwei Richtungen $u^{(1)}$ und $u^{(2)}$ einen gemeinsamen Wert von τ gibt, nämlich das Verhältnis der $n-2$-dimensionalen Volumina der Projektionen von $\mathfrak{K}_0$ und $\mathfrak{K}_1$ auf den Schnittraum $\mathfrak{E}^{n-2}$. Nun bilden aber die zu einer festen Richtung u gehörigen τ-Werte wegen der Stetigkeit der Quermaße, und da es sich um Körper mit inneren Punkten, also positiven Quermaßen handelt, ein abgeschlossenes Intervall. Hat aber eine Menge von abgeschlossenen Intervallen die Eigenschaft, daß je zwei Intervalle einen Punkt gemeinsam haben, so gibt es einen Punkt, der allen gemeinsam ist.

Aus (2) können in wörtlich derselben Weise wie in **49**, S. 91 aus dem BRUNN-MINKOWSKIschen Satz Ungleichungen zwischen gemischten Volumina oder, wie man hier auch sagen kann, gemischten Oberflächen (**31**, S. 47) hergeleitet werden. Man findet so

(4) $$V^{n-1}(\mathfrak{K}_0,\ldots,\mathfrak{K}_0,\mathfrak{K}_1,\mathfrak{S}) \geqq V^{n-2}(\mathfrak{K}_0,\ldots,\mathfrak{K}_0,\mathfrak{S})\,V(\mathfrak{K}_1,\ldots,\mathfrak{K}_1,\mathfrak{S})$$

und

(5) $$V^2(\mathfrak{K}_0,\ldots,\mathfrak{K}_0,\mathfrak{K}_1,\mathfrak{S}) \geqq V(\mathfrak{K}_0,\ldots,\mathfrak{K}_0,\mathfrak{S})\,V(\mathfrak{K}_0,\ldots,\mathfrak{K}_0,\mathfrak{K}_1,\mathfrak{K}_1,\mathfrak{S}).$$

Für $n=3$ ist (5) in der Ungleichung **52** (3), S. 101 enthalten, wenn dort für $\mathfrak{K}_3$ die Einheitskugel $\mathfrak{S}$ gewählt wird. In diesem Fall ist (5) mit (2), also mit dem obigen Satz gleichwertig.

Der durch (1) ausgedrückte Satz[2] ist von BRUNN [**1**] S. 31 vermutet worden. Er ist, wie eben festgestellt, in der von MINKOWSKI [**5**] § 7 herrührenden Ungleichung **52** (3), S. 101 enthalten. FUJIWARA [**11**] hat bemerkt, daß der Satz sich auch mit den **52**, S. 102 beschriebenen HILBERTschen Methoden beweisen läßt. Dabei stellt sich zugleich heraus, daß unter den für die Anwendung dieser Methoden notwendigen Regularitätsvoraussetzungen Gleichheit in (1) nur für homothetische $\mathfrak{K}_0$ und $\mathfrak{K}_1$ eintreten kann. Das vorstehende Beweisverfahren ist für einen Spezialfall ($n=3$, $\mathfrak{K}_1=\mathfrak{S}$) von (4) oder (5) zuerst von BONNESEN [**9**] verwendet worden. Auf die Anwendbarkeit des Verfahrens für den allgemeineren Satz hat BLASCHKE [**22**] hingewiesen. Der obige Beweis ist bei BONNESEN [**12**] Kap. VI, SÜSS [**17**] und für beliebiges n kürzlich von FAVARD [**11**] durchgeführt.

[1] S. 90, Fußnote 1. In der dortigen Formel hat man $v_0 = S_0$, $v_1 = \tau^{n-1}S_1$, $p=1$, $q=\frac{1}{n-1}$ und statt ϑ den Ausdruck $\frac{\vartheta}{(1-\vartheta)\tau+\vartheta}$ einzusetzen.

[2] Die folgenden Angaben beziehen sich, soweit nichts anderes gesagt wird, auf den dreidimensionalen Fall.

Für $n = 3$ (und vermutlich für beliebiges n) steht in (1), also wie die Überlegungen aus **49**, S. 91 zeigen, auch in (4) das Gleichheitszeichen nur für homothetische $\mathfrak{K}_0$ und $\mathfrak{K}_1$. Es ist dies von BONNESEN [**12**] S. 97—101 bewiesen worden unter Heranziehung der a. a. O. anders als hier bewiesenen Tatsache, daß in der Ungleichung **51** (8), S. 99 das Gleichheitszeichen nur für homothetische Bereiche gilt. Die Diskussion der Gleichheit bei SÜSS [**17**] S. 257 beruht auf einer falschen Behauptung, für die zu Unrecht BONNESEN [**3**], [**4**] zitiert wird. Auch die Diskussion von FAVARD [**11**] S. 260 für beliebiges n ist unzureichend.

Es sei noch bemerkt, daß die obige Beweismethode (2) und damit die Ungleichungen (4) und (5) auch dann abzuleiten gestattet, wenn darin die Einheitskugel $\mathfrak{S}$ durch eine beliebige positive kontinuierliche Linearkombination von Strecken (**19**, S. 29) ersetzt wird. Insbesondere darf also für $\mathfrak{S}$ nach **37** (7), S. 60 der Projektionenkörper eines (passenden Regularitätsvoraussetzungen genügenden) konvexen Körpers oder allgemein ein Körper gewählt werden, dessen Stützfunktion ein gemischtes Quermaß ist. Derartige Verallgemeinerungen von (2) sind von SÜSS [**17**] gewonnen worden. Für $n = 3$ läßt sich nach dem Verfahren von BONNESEN [**12**] S. 97—101 auch in diesem allgemeinen Fall zeigen, daß Gleichheit nur bei homothetischen $\mathfrak{K}_0$ und $\mathfrak{K}_1$ eintritt. Damit ist zugleich der Gleichheitsfall in der MINKOWSKIschen Ungleichung **52** (3), S. 101 teilweise aufgeklärt.

Der bewiesene Satz läßt sich auch so aussprechen: Die $n - 1$te Wurzel des ersten Quermaßintegrals $W_1(\mathfrak{K}_\vartheta)$ ist eine konkave Funktion von ϑ. Man vermutet, daß die $n - \nu$te Wurzel des νten Quermaßintegrals $W_\nu(\mathfrak{K}_\vartheta)$ als Funktion von ϑ stets konkav und nur dann linear ist, wenn $\mathfrak{K}_0$ und $\mathfrak{K}_1$ homothetisch sind. Für $\nu = n - 2$ ist dies von KUBOTA [**16**] und FAVARD [**11**] Kap. II gezeigt worden. Eine allgemeinere Vermutung ist schon **49**, S. 93 ausgesprochen worden. Neu demgegenüber ist hier jedoch die Aussage über Linearität, die im S. 93 genannten allgemeineren Fall gewiß nicht zutrifft.

56. Spezialfälle MINKOWSKIscher Ungleichungen. Die interessantesten Spezialfälle der MINKOWSKIschen Ungleichungen zwischen den gemischten Volumina zweier Körper ergeben sich, wenn man für den einen die Einheitskugel $\mathfrak{S}$ wählt. So erhält man aus **49** (1), S. 91, je nachdem, ob man den ersten oder den zweiten Körper durch $\mathfrak{S}$ ersetzt, die beiden Ungleichungen zwischen Oberfläche bzw. mittlerer Breite und Volumen eines konvexen Körpers $\mathfrak{K}$:[1]

$$\left(\frac{S}{\omega_n}\right)^n \geqq \left(\frac{V}{\varkappa_n}\right)^{n-1} \tag{1}$$

und

$$\left(\frac{\overline{B}}{2}\right)^n \geqq \frac{V}{\varkappa_n}. \tag{2}$$

In jeder dieser Ungleichungen steht das Gleichheitszeichen nur für die Kugel. Die erste besagt, *daß unter allen konvexen Körpern gegebener Oberfläche die Kugel allein das größte Volumen hat* (vgl. darüber den folgenden Abschnitt), und die zweite, *daß unter allen konvexen Körpern gegebener mittlerer Breite ebenfalls die Kugel allein das größte Volumen besitzt.*

Der zuletzt genannte Satz ist auf anderem Wege für beliebiges n zuerst von URYSOHN [**1**] bewiesen worden. Einen auf den BRUNN-MINKOWSKIschen

[1] Man beachte $\omega_n = n\varkappa_n$ (vgl. S. 2).

Satz gestützten, jedoch zu komplizierten Beweis hat SÜSS [**24**] angegeben. Für $n = 3$ ist der Satz schon in den Resultaten MINKOWSKIS enthalten (siehe weiter unten).

Die Ungleichung (4) des vorigen Abschnitts liefert, wenn darin $\mathfrak{K}_0$ durch $\mathfrak{S}$ ersetzt wird,

$$(3) \qquad \left(\frac{B}{2}\right)^{n-1} \geqq \frac{S}{\omega_n},$$

was besagt, *daß unter allen konvexen Körpern gegebener Oberfläche die Kugel die kleinste mittlere Breite hat.* Setzt man in **55** (4) $\mathfrak{K}_1 = \mathfrak{S}$, so erhält man für das Integral M der mittleren Krümmung (**38**, S. 64) die Ungleichung[1]

$$(4) \qquad M^{n-1} \geqq \omega_n S^{n-2},$$

die besagt, *daß unter allen konvexen Körpern gegebener Oberfläche die Kugel das kleinste Integral der mittleren Krümmung hat.*

Daß diese Extremaleigenschaften nur der Kugel zukommen, ist, wie aus den Bemerkungen im vorigen Abschnitt hervorgeht, bisher nur für $n = 3$ bewiesen.

Für den dreidimensionalen Raum erhält man aus den quadratischen Ungleichungen **52** (2) und (2'), S. 100, wenn wieder für den einen Körper die Einheitskugel gesetzt wird,

$$(5) \qquad S^2 \geqq 3MV = 6\pi \bar{B} V,$$

$$(6) \qquad 4\pi^2 \bar{B}^2 = M^2 \geqq 4\pi S,$$

wobei $M = 2\pi\bar{B}$ das Integral der mittleren Krümmung ist.

(6) ist mit den Spezialfällen $n = 3$ von (3) und (4) identisch. Daher gilt darin nur für die Kugel das Gleichheitszeichen. Ein einfacher direkter Beweis hierfür bei FAVARD [**11**] S. 251. (5) besagt, daß unter allen konvexen Körpern mit gegebenem Volumen und gegebener Oberfläche die Kugel das größte Integral der mittleren Krümmung (die größte mittlere Breite) besitzt. Hier ist jedoch die Kugel nicht der einzige Körper mit dieser Extremaleigenschaft. In (5) tritt nämlich, wie man leicht bestätigen kann, Gleichheit auch für alle Kappenkörper (**12**, S. 17) der Kugel ein. Daß dies nur dann der Fall ist, ist eine bisher unbewiesene Behauptung MINKOWSKIS (vgl. dazu **49**, S. 92).

Die Ungleichungen (5) und (6) stammen von MINKOWSKI [**5**] § 7. Mit Hilfe von Entwicklungen nach Kugelfunktionen ist (6) von HURWITZ [**2**] bewiesen worden. Eine Darstellung dieses Beweises findet man auch bei BLASCHKE [**11**] S. 108. Ein weiterer, sich auf die **42**, S. 73 genannte Symmetrisierung und Versteifung stützender Beweis ist von BLASCHKE [**11**] S. 103—104 angedeutet worden. Schließlich wurde (6) von BONNESEN [**3**] nach dem im vorangehenden Abschnitt geschilderten Verfahren und in [**8**] mit den Mitteln der Variationsrechnung in verschärfter Form hergeleitet. Verschärfungen der obigen Ungleichungen sind auch in den Ergebnissen von **50** enthalten. Weitere hat FAVARD [**6**] gefunden. — Die genannten Ungleichungen sind Ungleichungen zwischen speziellen Quermaßintegralen. Weitere dieser Art würden aus der Richtigkeit der am Schluß des vorigen Abschnitts genannten Vermutung folgen.

Durch andersartige Spezialisierung von MINKOWSKIschen Ungleichungen gelangt man zu neuen Sätzen. Setzt man z. B. in **49** (1), S. 91 für den einen Körper einen Würfel der Kantenlänge 1, so erhält man: Unter allen kon-

[1] Man beachte $\omega_n = n\varkappa_n$ (vgl. S. 2).

vexen Körpern gegebenen Volumens nimmt die Summe der Quermaße in bezug auf n paarweise senkrechte Richtungen ihr Minimum allein für den Würfel der Kantenlänge 1 an, dessen Kanten den n Richtungen parallel sind (MINKOWSKI [5] S. 257).

57. Das isoperimetrische Problem. Die Ungleichung (1) des vorigen Abschnitts liefert für den Bereich der konvexen Kurven bzw. Flächen die Lösung des klassischen isoperimetrischen (isepiphanen) Problems, unter allen geschlossenen Kurven (Flächen) gegebener Länge (Oberfläche) diejenige zu finden, die den größten Flächeninhalt (das größte Volumen) umschließt. Kreis bzw. Kugel sind (bekanntlich auch bei Zulassung nichtkonvexer Kurven und Flächen) die einzigen Lösungen.

Daß unter allen ebenen konvexen Bereichen gegebener Randlänge der Kreis allein den größten Inhalt haben kann, hat schon BRUNN [1] aus dem BRUNN-MINKOWSKIschen Satz gefolgert, und zwar in folgender Weise: Es seien $\mathfrak{K}_1$ und $\mathfrak{K}_2$ konvexe Bereiche mit derselben Randlänge und maximalem Flächeninhalt. Dann hat $\frac{1}{2}(\mathfrak{K}_1 + \mathfrak{K}_2)$ die gleiche Randlänge und größeren Flächeninhalt als $\mathfrak{K}_1$ und $\mathfrak{K}_2$, falls nicht $\mathfrak{K}_1$ und $\mathfrak{K}_2$ homothetisch sind. Daraus folgt, daß $\mathfrak{K}_1$ und $\mathfrak{K}_2$ in beliebiger gegenseitiger Lage homothetisch, also Kreise sein müssen. Diese Schlußweise setzt aber, wie BRUNN selbst hervorgehoben hat, die Existenz einer Lösung des Problems voraus. Auf dem hier beschrittenen Wege, d. h. durch den Beweis der allgemeinen Ungleichungen **51** (1), S. 97 und **52** (1), S. 100, ist das Problem ohne Existenzvoraussetzung von MINKOWSKI [5] (für $n = 2$ und 3) gelöst worden. Über die die Lösung für beliebiges n liefernde Ungleichung **49** (1), S. 91 vgl. die Literaturangaben S. 91. — Nach MINKOWSKI [1] § 3 kann man aus dem BRUNN-MINKOWSKIschen Satz die Extremumeigenschaft von Kreis bzw. Kugel auch so folgern. Man betrachte die Schar der Parallelkörper $\mathfrak{K}_\varrho$ eines konvexen Körpers $\mathfrak{K}$ im Abstand ϱ. Die $n$te Wurzel des Volumens von $\mathfrak{K}_\varrho$ ist eine konkave Funktion von ϱ. Ihre Ableitung, das ist $S_\varrho/V_\varrho^{1-\frac{1}{n}}$, wo S_ϱ und V_ϱ Oberfläche und Volumen von $\mathfrak{K}_\varrho$ sind, nimmt also monoton ab und konvergiert für $\varrho \to \infty$ gegen den Wert von $S/V^{1-\frac{1}{n}}$ für die Kugel. Analog oder auch aus **49** (1), S. 91 kann man nach MINKOWSKI [1] § 3 folgenden, von LHUILIER ($n = 2$) und LINDELÖF ($n = 3$) herrührenden Satz beweisen: Unter allen konvexen Polyedern mit gegebener Oberfläche und gegebenen Normalenrichtungen der Seitenflächen hat das der Kugel umschriebene das größte Volumen. (Für Literaturangaben siehe STEINITZ [2] **16**.)

Das isoperimetrische Problem in der Ebene. In diesem Fall kann man aus der Lösung des isoperimetrischen Problems für konvexe Bereiche sofort auch die Lösung für beliebige entnehmen; denn geht man von einem nichtkonvexen Bereich zu seiner konvexen Hülle über, so wird die Randlänge verkleinert und der Flächeninhalt vergrößert[1]. Die Beschränkung auf konvexe Bereiche ist also unwesentlich.

[1] Das Ergebnis läßt sich dann auch so aussprechen: Unter allen geschlossenen ebenen Kurven gegebener Länge hat der Kreis den größten Inhalt der konvexen Hülle. Es sei bei dieser Gelegenheit auf ein analoges räumliches Problem aufmerksam gemacht. Unter allen geschlossenen Raumkurven gegebener Länge soll die bestimmt werden, deren konvexe Hülle maximales Volumen hat. Wegen der komplizierten Abhängigkeit der konvexen Hülle von der Kurve scheint dieses Problem recht schwierig zu sein.

Über die ältere Geschichte des Problems sehe man W. SCHMIDT [1], die Enzyklopädieartikel von ZACHARIAS [1] **28** und STEINITZ [2] **16**, ferner BLASCHKE [11] § 14, CHISINI [2] und PORTER [1]. Insbesondere findet man dort Angaben über die verschiedenen Methoden LHUILIERS und STEINERS [1], [4], die in äußerst einfacher Weise zeigen, daß der Kreis allein als Lösung in Betracht kommt. Der fehlende Existenzbeweis einer Lösung läßt sich bei konvexen Bereichen aus dem BLASCHKEschen Auswahlsatz **25**, S. 34 entnehmen. Doch kann auch ohne dieses Mittel die bestehende Lücke ausgefüllt werden. So gewinnen CARATHÉODORY u. STUDY [1] durch unendlich oftmalige Anwendung von STEINERschen Konstruktionen eine Folge gegen den Kreis konvergierender Figuren. Ferner kann man sich zunächst auf Polygone einer festen Eckenzahl beschränken, aus dem WEIERSTRASSschen Satz über das Maximum einer stetigen Funktion die Existenz eines Maximalpolygons folgern und dann durch STEINERS Schlußweisen zeigen, daß dieses ein reguläres sein muß[1]. Durch Polygonapproximation kann man schließlich zu beliebigen Kurven übergehen. So gehen STUDY [1], BLASCHKE [4], [11] § 11 vor. Ein derartiger Beweis ist auch bei COURANT u. HILBERT [1] S. 141—142, 149 dargestellt. Noch elementarer ist ein Beweis von EDLER [1], bei dem von einem beliebigen Polygon ausgehend durch ganz einfache Konstruktionen ein umfangsgleiches reguläres mit größerem Flächeninhalt hergestellt wird. Die Eckenzahl wird dabei allerdings vergrößert. Einen eng verwandten Beweis hat kürzlich VAHLEN [2] angegeben.

Als einfache Folge der Vollständigkeitsrelation (PARSEVALschen Gleichung) der trigonometrischen Funktionen ist die isoperimetrische Eigenschaft von HURWITZ [1], [2] S. 371—373 erkannt worden. Darstellungen seines Beweises auch bei BLASCHKE [24] § 30 und COURANT u. HILBERT [1] S. 82—83. Einen ähnlichen, auf Potenzreihenentwicklungen beruhenden Beweis hat KRAUS [1] angegeben.

LEBESGUE [2] hat einen eigentümlichen, ganz elementaren Beweis gefunden, bei dem die konvexe Figur mit minimalem L^2/F gesucht wird. Ein konvexer Bereich wird bestimmt gedacht durch abzählbar viele Stützgeraden $T_1, T_2, \ldots$, deren Richtungen überall dicht auf dem Einheitskreis liegen. Es wird das durch $T_1, \ldots, T_k$ bestimmte, $\mathfrak{K}$ umschriebene Polygon $\mathfrak{P}_k$ betrachtet. Beim Übergang von $\mathfrak{P}_k$ zu $\mathfrak{P}_{k+1}$ wird L^2/F verkleinert. Soll diese Verkleinerung maximal sein, so muß T_{k+1} eine durch $\mathfrak{P}_k$ und die Richtung von T_{k+1} bestimmte Lage haben. Ist nun $\mathfrak{K}$ kein Kreis, so wird gezeigt, daß für wenigstens ein k die Gerade T_{k+1} diese Bedingung nicht erfüllt. Der Bereich kann dann also nicht das Minimum von L^2/F haben. Die Einzelheiten des Beweises findet man auch bei BONNESEN [12] S. 64—65. (Vgl. dazu auch **66**, S. 132—134.)

Mehrere Beweise gehen darauf aus, für einen konvexen Bereich $\mathfrak{K}$ eine Verschärfung der isoperimetrischen Ungleichung $L^2 - 4\pi F \geqq 0$ von der Gestalt

(1) $$F - xL - x^2\pi \leqq 0,$$

oder, anders geschrieben,

(2) $$L^2 - 4\pi F \geqq (L - 2\pi x)^2$$

für ein (notwendig positives) x herzuleiten. (1) bedeutet geometrisch, daß die innere Parallelkurve von $\mathfrak{K}$ im Abstand x nichtpositiven Flächeninhalt umschließt, also bei Durchlaufung des Randes von $\mathfrak{K}$ im entgegengesetzten Sinne durchlaufen wird. Ungleichungen vom Typus (1) sind in **51** (5),

[1] Vgl. dazu WEIERSTRASS' Werke Bd. 7, S. 70—75.

S. 98 als Spezialfälle enthalten. (Man hat für das dortige $\mathfrak{K}_2$ den Einheitskreis zu wählen.) Durch Spezialisierung der S. 100 angeführten Beweise von **51** (5), (6), (7), (8) erhält man also Beweise von Ungleichungen (1). Man vgl. dazu LIEBMANN [7], [8] und BLASCHKE [24] § 29, wo der CRONE-FROBENIUSsche Beweis im vorliegenden Spezialfall in besonders anschaulicher Form dargestellt ist.

Für $x = r$ (Inkreisradius von $\mathfrak{K}$) ist (1) durch elementare Betrachtungen von BONNESEN [2], [3], [5], [12] S. 62, ähnlich auch neuerdings von VAHLEN [2] und auf etwas anderem Wege von CHISINI [1], [2] bewiesen worden. Daß $L^2 = 4\pi F$ nur für den Kreis gilt, folgt dann sofort aus (2), da $L = 2\pi r$ nur beim Kreis besteht. BONNESEN hat (1) a. a. O. auch für $x = R$ (Umkreisradius) auf analogem Wege wie für $x = r$ bewiesen. Zusammen liefern diese beiden Ergebnisse die Ungleichung

$$L^2 - 4\pi F \geqq \pi^2 (R - r)^2, \tag{3}$$

in der übrigens Gleichheit nur beim Kreis eintritt. BERNSTEIN [1] hat (3) (mit einer kleineren Konstanten rechts) durch Grenzübergang aus einer isoperimetrischen Ungleichung für Kurven auf der Kugel abgeleitet und damit das erste Beispiel einer verschärften isoperimetrischen Ungleichung gewonnen. Mit Hilfe der Kreisringsymmetrisierung (**40**, S. 71) hat BONNESEN [4], [12] S. 67—70 zeigen können, daß in (3) R und r durch die Radien P und ϱ des zu $\mathfrak{K}$ gehörigen Minimalkreisrings (**35**, S. 54) ersetzt werden können, was wegen $\mathrm{P} \geqq R \geqq r \geqq \varrho$ mehr als (3) besagt. Über eine noch bessere Abschätzung dieser Art ist **45**, S. 83 berichtet worden.

WEIERSTRASS hat das isoperimetrische Problem mit den Mitteln der Variationsrechnung gelöst. Sein Beweis ist im 7. Band der Werke S. 257 bis 264, 301—318 dargestellt. Ferner hat SCHWARZ [1] einen Beweis mit diesen Mitteln angegeben. Im übrigen sehe man über derartige Beweise die Lehrbücher der Variationsrechnung. Einen weiteren Beweis mit den WEIERSTRASSschen Methoden hat BONNESEN [8], [12] Kap. VIII gefunden, wobei sich auch die Verschärfung (3) ergeben hat. Untersuchungen über das Auftreten verschärfter isoperimetrischer Ungleichungen bei allgemeinen isoperimetrischen Problemen im Sinne der Variationsrechnung hat BONNESEN [8], [12] Kap. VIII, [13] angestellt.

Das isoperimetrische Problem auf der Kugeloberfläche. Dafür, daß der Kreis unter allen geschlossenen sphärischen Kurven gleicher Länge den größten Flächeninhalt umschließt, hat STEINER [1], [4] mehrere Beweise angegeben, die jedoch die Existenzfrage wieder offen lassen. Diese Lücke ist verschiedentlich ausgefüllt worden. Man findet Angaben darüber bei STEINITZ [2] 16, BLASCHKE [11] S. 39—40. Hier sei noch auf KUBOTA [1] verwiesen. BERNSTEIN [1] hat einen sehr einfachen Beweis gefunden, der auf der Betrachtung von Parallelkurven beruht. Es ergibt sich dabei eine Verschärfung der isoperimetrischen Ungleichung. (Bemerkenswerterweise hat die BERNSTEINsche Schlußweise kein Analogon in der Ebene.) BONNESEN [3], [12] S. 80—83 hat auf andere Weise eine noch bessere Ungleichung bewiesen.

Das isepiphane Problem. Beim Problem, unter allen Körpern gegebener Oberfläche den mit größtem Volumen zu finden, bedeutet die alleinige Zulassung konvexer Vergleichskörper eine wesentliche Einschränkung, da beim Übergang zur konvexen Hülle die Oberfläche sehr wohl vergrößert werden kann.

Auch im räumlichen Fall liefern Konstruktionen von LHUILIER und STEINER [1], [4], insbesondere die Symmetrisierung sehr einfach die Tatsache, daß die Kugel allein als Lösung des Problems in Betracht kommt.

(Vgl. dazu die historischen Angaben bei STEINITZ [2] **16**.) Der auch hier fehlende Existenzbeweis kann für konvexe Körper wieder aus BLASCHKES Auswahlsatz (**25**, S. 34) entnommen werden. Man vgl. dazu BLASCHKE [8], [11] § 19. Die erste vollständige Lösung des Problems für nicht notwendig konvexe Körper ist von SCHWARZ [1] durch Zurückführung auf ein ebenes, WEIERSTRASSschen Methoden zugängliches Problem mit Hilfe der a. a. O. eingeführten Abrundung (**41**, S. 71) erbracht worden. I. O. MÜLLER [1] hat das dem isepiphanen Problem entsprechende zweidimensionale Variationsproblem direkt behandelt. Dabei werden aber nur „sternförmige" Körper zugelassen, d. h. solche, in denen es einen Punkt gibt, so daß jede durch ihn gehende Gerade nur in einer Strecke schneidet. Unter den denkbar schwächsten Voraussetzungen (die Oberflächen der Vergleichskörper brauchen nur im Sinne von LEBESGUE zu existieren) ist das Problem von TONELLI [1] gelöst worden, und zwar auf folgende Weise. Ein Polyeder wird in bezug auf zwei zueinander senkrechte Achsen unendlich oft abgerundet und gezeigt, daß die entstehende Körperfolge gegen eine Kugel des gleichen Volumens und kleinerer Oberfläche konvergiert. Durch Grenzübergang wird dann der Satz auf die genannten allgemeinen Körper übertragen. Ähnlich geht unter engeren Voraussetzungen KRAHN [1] vor. Es wird dort auch das Problem für Räume beliebiger Dimension behandelt. GROSS [1] benutzt eine unendliche Folge von Symmetrisierungen. Die Konvergenz der entstehenden Körper gegen die Kugel wird in eigenartiger und eleganter Weise gezeigt. Eine Darstellung dieses Beweises mit Beschränkung auf konvexe Körper bei BLASCHKE [24] § 115. BONNESEN [6], [7], [9], [12] Kap. VII verwendet einmalig Symmetrisierung und Abrundung (wie in **50**, S. 95), vermeidet also unendliche Prozesse und kommt durch besondere Konstruktionen zu einer verschärften isepiphanen Ungleichung. Eine Kritik des ähnliche Ziele verfolgenden Beweises von CHISINI [1], [2] bei BONNESEN [12] S. 105.

Schwierig und nur in besonderen Fällen gelöst ist das Problem, unter allen Polyedern desselben topologischen Typus dasjenige zu bestimmen, das bei gegebener Oberfläche das größte Volumen hat. Über die in dieser Hinsicht erzielten Resultate, insbesondere die Verdienste LHUILIERS, STEINERS und LINDELÖFS sehe man STEINITZ [2] **16**. Über die dort dargestellten hinausgehende Ergebnisse hat STEINITZ [3] erzielt.

§ 13. Bestimmung konvexer Körper durch Krümmungsfunktionen.

Unter einer Krümmungsfunktion eines konvexen Körpers werde eine elementarsymmetrische Funktion der Hauptkrümmungsradien, aufgefaßt als Funktion der Normalenrichtung, verstanden. Dieser Paragraph beschäftigt sich mit der Frage, inwiefern ein konvexer Körper durch die Vorgabe einer Krümmungsfunktion bestimmt ist.

58. Stetig gekrümmte konvexe Körper. Nach der in **38**, S. 61 erfolgten Einführung der Krümmungsgrößen muß man, um der Stetigkeit der Krümmungsfunktionen sicher zu sein, voraussetzen, daß die Stützfunktion H stetige zweite Ableitungen besitzt. Alsdann hat man nach **38** (4), S. 62 für die Krümmungsfunktionen $F_\nu(\xi)$ die Darstellungen

$$(1) \qquad F_\nu(\xi) = \{R_1 R_2 \ldots R_\nu\} = D_\nu(H). \qquad \nu = 1, 2, \ldots, n-1$$

Neben dieser Definition hat sich für den zu besprechenden Fragenkreis eine zweite (vermutlich weniger fordernde) als zweckmäßig erwiesen. Es wird gesagt, ein konvexer Körper $\mathfrak{K}$ besitze die stetige νte Krümmungsfunktion $F_\nu(\xi)$, wenn F_ν auf der Oberfläche Ω der Einheitskugel stetig und nichtnegativ ist und wenn für einen beliebigen konvexen Körper $\mathfrak{L}$ mit der Stützfunktion L

$$V(\mathfrak{L}, \underbrace{\mathfrak{K}, \ldots, \mathfrak{K}}_{\nu}, \underbrace{\mathfrak{S}, \ldots, \mathfrak{S}}_{n-\nu-1}) = \frac{1}{n}\int_{\Omega} L(\xi) F_\nu(\xi)\, d\omega \tag{2}$$

ist, wo $\mathfrak{S}$ die Einheitskugel bedeutet.

Man stellt sofort fest, daß im Sinne dieser Definition ein konvexer Körper höchstens eine νte Krümmungsfunktion F_ν besitzen kann. Denn gäbe es zwei verschiedene F_ν und F_ν^*, so müßte es wegen der Stetigkeit der beiden ein von einer genügend kleinen $n-2$-dimensionalen Kugelfläche begrenztes Gebiet $\mathfrak{G}$ auf der Oberfläche der Einheitskugel geben, in dem durchweg $F_\nu - F_\nu^* \neq 0$, also z. B. positiv ist. Die Anwendung von (2) einmal auf $\mathfrak{S}$ statt $\mathfrak{L}$ und das andere Mal auf den Kappenkörper, der durch Aufsetzen der zu $\mathfrak{G}$ gehörigen Kappe auf $\mathfrak{S}$ entsteht, statt $\mathfrak{L}$, führte auf einen Widerspruch.

Beachtet man, daß die linke Seite von (2) bei Translationen von $\mathfrak{L}$ unverändert bleibt, so gewinnt man für F_ν (genau wie **37**, S. 61 für die Differentialausdrücke D) die Beziehungen

$$\int_{\Omega} \xi F_\nu(\xi)\, d\omega = 0, \tag{3}$$

die besagen, daß der Schwerpunkt der mit Masse der Dichte F_ν belegten Einheitskugeloberfläche in ihren Mittelpunkt fällt.

Diese Definition der Krümmungsfunktionen geht auf MINKOWSKI [**5**] § 8 zurück. Ihre Forderung (2) ist gewiß für $F_\nu = D_\nu(H)$ erfüllt, falls die Formeln **37** (5), S. 59 und **38** (7), S. 63 gültig sind, die man durch Verallgemeinerung eines für $n = 3$ von WEYL [**2**] entwickelten Verfahrens unter alleiniger Voraussetzung zweimaliger stetiger Differenzierbarkeit von H beweisen könnte. Die MINKOWSKIsche Definition fordert also gewiß nicht mehr als diese Differenzierbarkeit, die sich aber höchstwahrscheinlich nicht umgekehrt aus (2) folgern läßt.

59. Eindeutigkeitssätze. *Zwei konvexe Körper mit derselben stetigen Krümmungsfunktion* F_{n-1} [1] *lassen sich durch Parallelverschiebung ineinander überführen.*

Nach **49**, S. 91 besteht nämlich für zwei beliebige konvexe Körper $\mathfrak{K}$ und $\mathfrak{L}$ die Ungleichung

$$V^n(\mathfrak{L}, \mathfrak{K}, \ldots, \mathfrak{K}) \geqq V^{n-1}(\mathfrak{K})\, V(\mathfrak{L}), \tag{1}$$

[1] Das ist bei geeigneten Differenzierbarkeitsannahmen das Produkt der Hauptkrümmungsradien, also die reziproke GAUSSsche Krümmung.

in der Gleichheit nur bei homothetischen $\mathfrak{K}$ und $\mathfrak{L}$ eintritt. Besitzen nun $\mathfrak{K}$ und $\mathfrak{L}$ dieselbe Krümmungsfunktion, so ist nach **58** (2)

$$V(\mathfrak{L}, \mathfrak{K}, \ldots, \mathfrak{K}) = V(\mathfrak{L}), \tag{2}$$

also nach (1)

$$V(\mathfrak{L}) \geqq V(\mathfrak{K}). \tag{3}$$

Da aber $\mathfrak{K}$ und $\mathfrak{L}$ vertauscht werden dürfen, muß in (3), also wegen (2), auch in (1) Gleichheit bestehen. $\mathfrak{K}$ und $\mathfrak{L}$ sind daher homothetisch und müssen, da sie gleiche Volumina besitzen, durch Translation ineinander überführbar sein.

In derselben Weise läßt sich der entsprechende Satz für Polyeder beweisen: *Durch die Normalenrichtungen und die $n-1$-dimensionalen Volumina seiner $n-1$-dimensionalen Seiten ist ein konvexes Polyeder bis auf Translationen eindeutig bestimmt.* Ist nämlich $\mathfrak{P}$ das Polyeder und sind $\xi^{(1)}, \ldots, \xi^{(N)}$ die Einheitsvektoren der äußeren Normalen der $n-1$-dimensionalen Seiten von $\mathfrak{P}$ und $v_1, \ldots, v_N$ die Volumina dieser Seiten, so ist nach **29** (3), S. 41 für einen beliebigen konvexen Körper $\mathfrak{L}$ mit der Stützfunktion L

$$V(\mathfrak{L}, \mathfrak{P}, \ldots, \mathfrak{P}) = \frac{1}{n} \sum_{\nu=1}^{N} L(\xi^{(\nu)})\, v_\nu. \tag{4}$$

Indem man dies statt **58** (2) verwendet, folgert man wörtlich wie oben die Behauptung.

Die beiden Eindeutigkeitssätze mit dem angegebenen Beweis sind von MINKOWSKI [**1**], [**5**] entdeckt worden. Vgl. auch LIEBMANN [**2**]. — In analoger Weise könnten Sätze über die eindeutige Bestimmtheit eines konvexen Körpers durch eine beliebige seiner Krümmungsfunktionen F_ν bewiesen werden, falls die **55**, S. 109 ausgesprochene Vermutung über die Quermaßintegrale der Körper einer Linearschar zutrifft. Wie schon S. 109 erwähnt, ist sie für W_{n-2} von KUBOTA [**16**] bewiesen worden. Daraus kann man folgern, daß ein konvexer Körper durch die Krümmungsfunktion F_1 (das ist bei passenden Differenzierbarkeitsannahmen die Summe der Hauptkrümmungsradien) im obigen Sinne eindeutig bestimmt ist.

Bei zweimaliger stetiger Differenzierbarkeit der betrachteten Körper laufen die genannten Sätze darauf hinaus, daß sich zwei Lösungen $H^{(1)}$ und $H^{(2)}$ der inhomogenen Differentialgleichungen $D_\nu(H) = F_\nu$ auf der Kugel nur um eine lineare homogene Funktion $\sum a\xi$ unterscheiden. Direkt ließ sich dies bisher nur im Fall $\nu = 1$ zeigen, wo es sich um die lineare Differentialgleichung

$$D_1(H) = H_{11} + H_{22} + \cdots + H_{nn} = F_1(\xi)$$

handelt. Die Behauptung lautet dann, daß die homogene Gleichung $D_1(H) = 0$ nur lineare Lösungen besitzt, eine aus der Theorie der Kugel- bzw. Hyperkugelfunktionen bekannte Tatsache. (Vgl. dazu auch **52**, S. 103.) Über die darin für $n = 3$ enthaltene Tatsache, daß ein konvexer Körper durch die Summe seiner beiden Hauptkrümmungsradien bis auf Translationen eindeutig bestimmt ist, siehe CHRISTOFFEL [**1**], BLASCHKE [**24**] § 95 und SCHOLZ [**1**] S. 177. — Im Fall $n = 3$ besagt der **52**, S. 104 bewiesene

HILBERTsche Eindeutigkeitssatz für die Differentialgleichung $D(H, Z) = 0$ (mit der unbekannten Funktion Z), daß ein konvexer Körper durch die Summe seiner Relativkrümmungsradien (**38**, S. 64) bezüglich eines beliebigen Eichkörpers bis auf Translationen eindeutig bestimmt ist (SÜSS [**23**]).

In besonders einfacher Weise und ohne Heranziehung MINKOWSKIscher Ungleichungen läßt sich der folgende Satz beweisen: *Ist eine elementarsymmetrische Funktion der Hauptkrümmungsradien eines konvexen Körpers konstant, so ist der Körper eine Kugel*[1].

Zur Abkürzung werde gesetzt

$$m_\nu = \left[\frac{1}{\binom{n-1}{\nu}}\{R_1 R_2 \ldots R_\nu\}\right]^{\frac{1}{\nu}}. \qquad \nu = 1, 2, \ldots, n-1$$

Dann bestehen die folgenden Ungleichungen

$$m_1 \geqq m_2 \geqq \cdots \geqq m_{n-1}, \tag{5}$$

und aus der Gültigkeit auch nur eines Gleichheitszeichens folgt $R_1 = R_2 = \cdots = R_{n-1}$.[2]

Nun sei $\{R_1 R_2 \ldots R_k\}$ konstant. Durch eine Ähnlichkeitstransformation kann erreicht werden, daß $m_k = 1$ wird.

Es sei zunächst $1 \leqq k < n-1$. Dann ist nach (5) $m_1 \geqq 1 \geqq m_{k+1}$, und es gilt nach **38** (9), S. 63, wenn H die Stützfunktion des Körpers ist, einerseits

$$\int_\Omega H m_k^k \, d\omega = \int_\Omega H \, d\omega = \int_\Omega m_1 \, d\omega \geqq \int_\Omega d\omega$$

und andererseits

$$\int_\Omega H m_k^k \, d\omega = \int_\Omega m_{k+1}^{k+1} \, d\omega \leqq \int_\Omega d\omega.$$

---

[1] Es wird hierbei vom Körper vorausgesetzt, daß für ihn die Formeln **38** (9), S. 63 gültig sind.

[2] Hat das reelle Polynom $f(x) = \sum_{\nu=0}^{l} \binom{l}{\nu} m_\nu^\nu x^{l-\nu}$ (mit $m_0 = 1$) lauter reelle Wurzeln, so gilt nach dem ROLLEschen Satz dasselbe für die Polynome $\frac{\partial^{\varrho+\sigma}\left[y^l f\left(\frac{x}{y}\right)\right]}{\partial x^\varrho \, \partial y^\sigma}$ ($\varrho, \sigma = 0, 1, \ldots, l-1$; $\varrho + \sigma \leqq l-1$) bei festem $y \neq 0$ oder bei festem $x \neq 0$. Daraus folgt insbesondere für $\varrho + \sigma = l-2$, daß die quadratischen Polynome $m_{\nu-1}^{\nu-1} x^2 + 2 m_\nu^\nu x + m_{\nu+1}^{\nu+1}$ reelle Wurzeln haben, daß also die Ungleichungen

$$m_\nu^{2\nu} \geqq m_{\nu-1}^{\nu-1} m_{\nu+1}^{\nu+1} \qquad \nu = 1, \ldots, l-1 \tag{$*$}$$

gelten. Steht hier für ein ν das Gleichheitszeichen, so hat $f(x)$ lauter gleiche Wurzeln; denn wenn die Ableitung eines Polynoms von mindestens drittem Grad mit nur reellen Wurzeln lauter gleiche Wurzeln hat, so ist dies auch bei dem Polynom selbst der Fall. Sind alle $m_\nu > 0$, so folgen aus ($*$) die im Text genannten Ungleichungen und aus dem eben Gesagten die Behauptung über das Gleichheitszeichen. (Über diese von NEWTON entdeckten Ungleichungen zwischen den elementarsymmetrischen Funktionen reeller Zahlen sehe man — auch wegen der Literatur — BONNESEN [**13**], ferner PÓLYA und SZEGÖ [**1**] II S. 47 Aufg. 61.)

Folglich gilt bei der Anwendung von $1 = m_k \geqq m_{k+1}$ das Gleichheitszeichen, woraus nach dem Obigen $R_1 = \cdots = R_{n-1} = 1$ folgt.

Ist $k = n - 1$, so hat man nach **38** (9), S. 63 und wegen $1 = m_{n-1} \leqq m_{n-2} \leqq m_1$

$$\int\limits_{\Omega} d\omega = \int\limits_{\Omega} m_{n-1}^{n-1} d\omega = \int\limits_{\Omega} H m_{n-2}^{n-2} d\omega \geqq \int\limits_{\Omega} H d\omega = \int\limits_{\Omega} m_1 d\omega \geqq \int\limits_{\Omega} d\omega .$$

Also ist $m_1 = m_{n-1}$ und daher wieder $R_1 = \cdots = R_{n-1} = 1$.

Nun sei x der Ortsvektor eines Randpunkts des Körpers und ξ der zugehörige Normaleneinheitsvektor. Dann gilt für jede Fortschreitungsrichtung auf der Einheitskugeloberfläche $dx = d\xi$, da alle Hauptkrümmungsradien den festen Wert 1 haben. Man hat daher $x = \xi +$ konst. Der Körper ist somit eine Kugel vom Radius 1.

In genau derselben Weise kann man von den Formeln **38** (11), S. 63 statt **38** (9) ausgehend beweisen: *Ist eine elementarsymmetrische Funktion der Hauptkrümmungen eines konvexen Körpers konstant, so ist er eine Kugel.*

Für $n = 3$ sind diese Sätze zum erstenmal von Liebmann [**1**], [**2**], [**3**] bewiesen worden. Später hat Hilbert [**2**] den Satz für die Gausssche Krümmung anders begründet. Vgl. auch Blaschke [**24**] § 91—92. — Die obigen allgemeinen Sätze mit dem angegebenen Beweis rühren von Süss [**16**] her. Sie sind dort gleich für die relative Differentialgeometrie entwickelt, was wörtlich ebenso geht, wenn man die Formeln **38** (13), S. 65 heranzieht. Man erhält so: Ist eine elementarsymmetrische Funktion der Relativkrümmungsradien oder Relativkrümmungen eines Körpers in bezug auf einen beliebigen Eichkörper konstant, so ist der Körper eine Relativsphäre, d. h. zum Eichkörper homothetisch. Vgl. dazu auch Matsumura [**17**]. — Für $n = 3$ vgl. auch Scholz [**1**] § 5, wo ähnlich wie bei Süss gezeigt wird, daß die Kugel durch konstante Gausssche oder mittlere Krümmung gekennzeichnet ist.

Zu verwandten Kennzeichnungen der Kugel gelangt man, wenn man nicht die Konstanz einer Krümmungsfunktion, sondern eine geeignete Relation zwischen einer Krümmungsfunktion und der Stützfunktion voraussetzt. So kann man z. B. nach Blaschke [**24**] S. 233 zeigen, daß $F_{n-1}(\xi) = cH^{n-1}(\xi)$ bei konstantem c nur für die Kugel gilt. Weitere Fragen dieser Art auch für die relative Differentialgeometrie behandelt Matsumura [**4**], [**24**].

60. Existenzsätze. Das Ziel dieses Abschnitts ist der Beweis der Existenz eines konvexen Körpers mit [gemäß der Bedingung **58** (2)] vorgegebener Krümmungsfunktion F_{n-1} (das ist cum grano salis die reziproke Gausssche Krümmung). Zunächst wird der entsprechende Satz für Polyeder bewiesen.

Es seien $\xi^{(1)}, \xi^{(2)}, \ldots, \xi^{(N)}$ voneinander verschiedene Einheitsvektoren, unter denen n linear unabhängige vorkommen, und $v_1, v_2, \ldots, v_N$ positive Zahlen, so daß die Relationen

$$\sum_{\nu=1}^{N} v_\nu \xi^{(\nu)} = 0 \qquad (1)$$

erfüllt sind[1]. *Dann gibt es ein (nach dem Früheren bis auf Translationen eindeutig bestimmtes) konvexes Polyeder, für das die* $\xi^{(\nu)}$ *die Normalenvektoren und die* v_ν *die Volumina der* $n-1$*-dimensionalen Seiten sind.*

59 (4) und die Ungleichung **59** (1) zeigen, daß das gesuchte Polyeder bis auf eine Streckung durch die Eigenschaft gekennzeichnet ist, unter allen konvexen Körpern $\mathfrak{L}$ (Stützfunktion L) vom Volumen 1 das Minimum von $\sum_{\nu=1}^{N} L(\xi^{(\nu)})\, v_\nu$ zu liefern. Auf der Ausnutzung dieser Tatsache beruht der folgende Beweis.

Es seien $p_1, p_2, \ldots, p_N$ nichtnegative Zahlen. Dann ist der Durchschnitt der N Halbräume

$$\sum x\,\xi^{(\nu)} \leqq p_\nu \qquad \nu = 1, 2, \ldots, N \tag{2}$$

ein konvexes Polyeder $\mathfrak{P}(p_\nu)$, das den Nullpunkt im Innern oder auf dem Rande enthält. Man schließt nämlich aus (1) und aus der Voraussetzung, daß n linear unabhängige $\xi^{(\nu)}$ vorhanden sind, daß die $\xi^{(\nu)}$ nicht alle in denselben Halbraum weisen können[2]. (Vgl. dazu **11**, S. 16.) Als Normalen der $n-1$-dimensionalen Seiten von $\mathfrak{P}(p_\nu)$ treten nur $\xi^{(1)}, \ldots, \xi^{(N)}$ auf; es ist aber möglich, daß gewisse der $\xi^{(\nu)}$ nicht vorkommen. Für diejenigen ν, für die es eine $n-1$-dimensionale Seite der Richtung $\xi^{(\nu)}$ gibt, ist p_ν genau der Abstand dieser Seite vom Nullpunkt, also der Wert der Stützfunktion von $\mathfrak{P}(p_\nu)$ für das Argument $\xi^{(\nu)}$. Für die übrigen ν wird p_ν größer oder gleich dem entsprechenden Wert der Stützfunktion sein. Die Polyeder $\mathfrak{P}(p_\nu)$ bilden für $p_\nu \geqq 0$ eine konkave Schar; denn aus

$$\sum x\,\xi^{(\nu)} \leqq p_\nu\,, \qquad \sum y\,\xi^{(\nu)} \leqq q_\nu$$

folgt

$$\sum((1-\vartheta)x + \vartheta y)\,\xi^{(\nu)} \leqq (1-\vartheta)\,p_\nu + \vartheta\,q_\nu\,.$$

$(1-\vartheta)\,\mathfrak{P}(p_\nu) + \vartheta\,\mathfrak{P}(q_\nu)$ ist also in $\mathfrak{P}((1-\vartheta)\,p_\nu + \vartheta\,q_\nu)$ enthalten. Das Volumen $V(p_\nu)$ und die Volumina der $n-1$-dimensionalen Seiten von $\mathfrak{P}(p_\nu)$ hängen stetig von den p_ν ab.

Man betrachte nun die Menge $\mathfrak{M}$ der Punkte $(p_1, \ldots, p_N)$ des N-dimensionalen p-Raumes, für die alle $p_\nu \geqq 0$ und $V(p_\nu) \geqq 1$ ist[3]. $\mathfrak{M}$ ist wegen der Stetigkeit von V abgeschlossen. Die Funktion

$$\Phi(p_\nu) = \frac{1}{n} \sum_{\nu=1}^{N} p_\nu\, v_\nu$$

---

[1] Die Notwendigkeit der Bedingung (1) ergibt sich sofort aus **59** (4), wenn man die Translationsinvarianz der gemischten Volumina beachtet.

[2] (1) besagt nämlich, daß der Schwerpunkt der in den Endpunkten der vom Nullpunkt aufgetragenen $\xi^{(\nu)}$ angebrachten positiven Massen v_ν in den Nullpunkt fällt.

[3] Aus dem Brunn-Minkowskischen Satz folgt unmittelbar, daß die Menge $\mathfrak{M}$ konvex ist. Hier wird jedoch kein Gebrauch davon gemacht.

besitzt in $\mathfrak{M}$ ein Minimum, da sie wegen $v_\nu > 0$ mit jedem p_ν gegen Unendlich strebt. Das Minimum, das mit μ^{n-1} bezeichnet sei, werde für $p_\nu = p_\nu^*$ erreicht. Es soll nun gezeigt werden, daß das zu $\mathfrak{P}^* = \mathfrak{P}(p_\nu^*)$ homothetische Polyeder $\mu\mathfrak{P}^*$ die Forderung des Satzes erfüllt.

$\mathfrak{P}^*$ werde derjenigen Translation unterworfen, die seinen Schwerpunkt in den Nullpunkt überführt. Dabei gehen die p_ν^* in neue, positive Werte über, die nachträglich wieder mit p_ν^* bezeichnet werden mögen. Wegen der Bedingung (1) ändert sich Φ bei Translationen von $\mathfrak{P}(p_\nu)$ nicht, so daß Φ auch für die neuen p_ν^* den Minimalwert μ^{n-1} besitzt.

Das $n-1$-dimensionale Volumen der zur Normalenrichtung $\xi^{(\nu)}$ gehörigen Seite von $\mathfrak{P}^*$ werde mit w_ν bezeichnet; falls $\mathfrak{P}^*$ keine $n-1$-dimensionale Seite mit der Normalen $\xi^{(\nu)}$ besitzt, werde $w_\nu = 0$ gesetzt. Das Volumen V^* von $\mathfrak{P}^*$ muß 1 sein, denn wäre $V^* > 1$, so könnte man durch ähnliche Verkleinerung von $\mathfrak{P}^*$ ein Polyeder vom Volumen 1 erhalten, für das $\Phi < \mu^{n-1}$ würde. Hieraus und aus der Definition der p_ν^* folgt

$$V^* = \frac{1}{n}\sum_{\nu=1}^{N} p_\nu^* w_\nu = 1 = \frac{1}{n\mu^{n-1}}\sum_{\nu=1}^{N} p_\nu^* v_\nu. \tag{3}$$

Man betrachte jetzt im N-dimensionalen p-Raum die beiden Ebenen

$$\frac{1}{n}\sum_{\nu=1}^{N} p_\nu v_\nu = \mu^{n-1}, \tag{4}$$

$$\frac{1}{n}\sum_{\nu=1}^{N} p_\nu w_\nu = 1. \tag{4'}$$

Wenn gezeigt ist, daß sie identisch sind, folgt $v_\nu = \mu^{n-1} w_\nu$, und daraus, daß das Polyeder $\mu\mathfrak{P}^*$ die Forderungen des Satzes erfüllt. Nach (3) haben (4) und (4') einen Punkt, nämlich $p_\nu = p_\nu^*$ gemeinsam. Es genügt also, zu beweisen, daß sich die Ebenen in einer Umgebung von p_ν^* nicht durchsetzen.

Zunächst bemerke man, daß für die Punkte $p_\nu \geqq 0$ von (4) das Volumen $V(p_\nu) \leqq 1$ ist[1], da anderenfalls μ^{n-1} nicht das Minimum von $\Phi(p_\nu)$ für $V(p_\nu) \geqq 1$ sein könnte. Da mit p_ν und p_ν^* auch $(1-\vartheta)p_\nu^* + \vartheta p_\nu$ für $0 \leqq \vartheta \leqq 1$ zu (4) gehört und da weiter, wie oben bemerkt, das Polyeder $(1-\vartheta)\mathfrak{P}^* + \vartheta\mathfrak{P}(p_\nu)$ in $\mathfrak{P}((1-\vartheta)p_\nu^* + \vartheta p_\nu)$ enthalten ist, ergibt sich

$$V((1-\vartheta)\mathfrak{P}^* + \vartheta\mathfrak{P}(p_\nu)) \leqq 1,$$

und daraus in Verbindung mit $V(\mathfrak{P}^*) = 1$ für das gemischte Volumen

$$V(\mathfrak{P}(p_\nu), \mathfrak{P}^*, \ldots, \mathfrak{P}^*) \leqq 1. \tag{5}$$

Jetzt beschränke man die $p_\nu \geqq 0$ außer durch (4) auf eine solche Umgebung von p_ν^*, daß für alle die ν, für die $w_\nu > 0$ ist, auch $\mathfrak{P}(p_\nu)$ eine

[1] Das bedeutet, daß (4) Stützebene von $\mathfrak{M}$ ist.

$n-1$-dimensionale Seite der Normalenrichtung $\xi^{(\nu)}$ hat[1]. Dann ist p_ν für diese ν der Abstand der betreffenden Seite von $\mathfrak{P}(p_\nu)$ vom Nullpunkt, also der Wert der Stützfunktion von $\mathfrak{P}(p_\nu)$ für das Argument $\xi^{(\nu)}$. Nach **29** (3), S. 41 ist demnach das gemischte Volumen

$$V(\mathfrak{P}(p_\nu), \mathfrak{P}^*, \ldots, \mathfrak{P}^*) = \frac{1}{n}\sum_{\nu=1}^{N} p_\nu w_\nu .$$

(5) besagt nun in der Tat, daß sich die Ebenen (4) und (4′) in der genannten Umgebung nicht durchsetzen können.

Dieser Satz rührt von MINKOWSKI [**1**], [**5**] § 9 her. Der dargestellte Beweis folgt im wesentlichen dem von [**5**] § 9.

Mit Hilfe des eben bewiesenen soll jetzt der folgende Satz hergeleitet werden: *Es sei eine positive stetige Funktion $F(\xi)$ auf der Einheitskugel so gegeben, daß die Relationen*

$$\int_\Omega \xi F(\xi)\, d\omega = 0 \tag{6}$$

erfüllt sind. Dann gibt es einen (nach dem Früheren bis auf Translationen eindeutig bestimmten) konvexen Körper, für den F die Krümmungsfunktion F_{n-1} ist.

Die Oberfläche Ω der Einheitskugel denke man in endlich viele sphärisch konvexe Teilbereiche[2] $\Omega_1, \ldots, \Omega_N$ zerlegt, von denen keine zwei einen inneren Punkt gemeinsam haben. Die Durchmesser der Ω_ν mögen alle kleiner als eine positive Zahl $\delta\,(<\frac{1}{2})$ sein. Eine solche Zerlegung werde mit $\mathfrak{Z}_\delta$ bezeichnet. Die Koordinaten des Schwerpunkts von Ω_ν bei der Massenbelegung $F(\xi)$ können in der Form $\varrho_\nu \xi^{(\nu)}$ geschrieben werden, wo ϱ_ν seinen Abstand vom Nullpunkt und $\xi^{(\nu)}$ einen Einheitsvektor bezeichnet, dessen Endpunkt übrigens zu Ω_ν gehört. Die ϱ_ν sind kleiner als 1 und größer als eine nur von δ abhängende, mit $\delta \to 0$ gegen 1 strebende Schranke. Es ist (vgl. **5**, S. 8)

$$\varrho_\nu \xi^{(\nu)} \int_{\Omega_\nu} F(\xi)\, d\omega = \int_{\Omega_\nu} \xi F(\xi)\, d\omega .$$

Setzt man

$$v_\nu = \varrho_\nu \int_{\Omega_\nu} F(\xi)\, d\omega ,$$

so folgt aus (6)

$$\sum_{\nu=1}^{N} v_\nu \xi^{(\nu)} = 0 .$$

Nach dem eben bewiesenen Satz gibt es also ein Polyeder $\mathfrak{P}_\delta$, für das die $\xi^{(\nu)}$ bzw. v_ν Normalenvektoren bzw. Volumina der $n-1$-dimensionalen Seiten sind.

[1] Daß eine solche Umgebung mit p_ν^* als innerem Punkt gefunden werden kann, beruht darauf, daß die p_ν^* positiv sind.

[2] D. h. ein Bereich, der in einer Halbkugel liegt und mit zwei Punkten stets den sie verbindenden kürzeren Großkreisbogen enthält.

Jetzt werde eine Folge von Zerlegungen $\mathfrak{Z}_{\delta_1}, \mathfrak{Z}_{\delta_2}, \ldots$ der obigen Art mit $\delta_\varkappa \to 0$ betrachtet. Wegen der erwähnten Abschätzung der ϱ_ν konvergieren dann die Summen

$$\sum_{\nu=1}^{N} \Phi(\xi^{(\nu)})\, v_\nu = \sum_{\nu=1}^{N} \Phi(\xi^{(\nu)})\, \varrho_\nu \int_{\Omega_\nu} F(\xi)\, d\omega$$

gegen

$$\int_{\Omega} \Phi(\xi)\, F(\xi)\, d\omega,$$

falls $\Phi(\xi)$ eine beliebige stetige Funktion auf Ω ist. Die Schwerpunkte der zu den Einteilungen $\mathfrak{Z}_{\delta_1}, \mathfrak{Z}_{\delta_2}, \ldots$ der Folge gehörigen Polyeder $\mathfrak{P}_{\delta_1}, \mathfrak{P}_{\delta_2}, \ldots$ mögen durch Translationen in den Nullpunkt gebracht werden. Dann sind diese Polyeder gleichmäßig beschränkt. Wenn dies gezeigt ist, was sogleich geschehen soll, folgt aus dem Auswahlsatz **25**, S. 34, daß aus der Polyederfolge eine Teilfolge ausgewählt werden kann, die gegen einen konvexen Körper $\mathfrak{K}$ konvergiert. $\mathfrak{K}$ erfüllt nun die im Satz gestellte Forderung. Ist nämlich $\mathfrak{L}$ ein beliebiger weiterer konvexer Körper mit der Stützfunktion L, so ist nach **29** (3), S. 41 das gemischte Volumen von $\mathfrak{L}$ und einem Polyeder $\mathfrak{P}_\delta$

$$V(\mathfrak{L}, \mathfrak{P}_\delta, \ldots, \mathfrak{P}_\delta) = \frac{1}{n} \sum_{\nu=1}^{N} L(\xi^{(\nu)})\, v_\nu.$$

Wegen der Stetigkeit des gemischten Volumens (**29**, S. 40) und der obigen Bemerkung folgt hieraus durch Grenzübergang

$$V(\mathfrak{L}, \mathfrak{K}, \ldots, \mathfrak{K}) = \frac{1}{n} \int_{\Omega} L(\xi)\, F(\xi)\, d\omega,$$

was nach der in **58**, S. 115 eingeführten Definition besagt, daß $\mathfrak{K}$ die $n-1$te Krümmungsfunktion F besitzt.

Es bleibt noch die gleichmäßige Beschränktheit der Polyeder zu zeigen. Zunächst bemerke man, daß ihre Oberflächen $\sum_{\nu=1}^{N} v_\nu$ beschränkt sind, denn sie konvergieren gegen $\int_{\Omega} F(\xi)\, d\omega$. Daraus folgt nach der isoperimetrischen Ungleichung [**56** (1), S. 109] die Beschränktheit ihrer Volumina. Sei etwa $P(\xi)$ die Stützfunktion eines der Polyeder, $r\xi^*$ einer seiner Punkte, wo r dessen Abstand vom Nullpunkt, ξ^* also einen Einheitsvektor bezeichnet. Nun ist, da O dem Polyeder angehört, auch die Strecke $O, r\xi^*$ darin enthalten, also $P(\xi) \geqq r S^*(\xi)$, wenn $S^*(\xi)$ die Stützfunktion der Einheitsstrecke O, ξ^* bedeutet. Für das Volumen des Polyeders hat man also

$$(7) \qquad \frac{1}{n} \sum_{\nu=1}^{N} P(\xi^{(\nu)})\, v_\nu \geqq r \frac{1}{n} \sum_{\nu=1}^{N} S^*(\xi^{(\nu)})\, v_\nu.$$

Nun konvergiert die Summe rechter Hand gegen

$$\int_{\Omega} S^*(\xi) F(\xi)\, d\omega \geqq \operatorname{Min} F(\xi) \int_{\Omega} S^*(\xi)\, d\omega .$$

Das rechts stehende Integral ist aber von ξ^* unabhängig und positiv[1], so daß man aus (7) in Verbindung mit der Beschränktheit des Volumens eine obere Schranke für r erhält. Hierin ist die Behauptung enthalten.

Der vorstehende Beweis des MINKOWSKIschen Existenzsatzes folgt im wesentlichen dem Originalbeweis von MINKOWSKI [5] § 10. Der einzige Unterschied besteht darin, daß MINKOWSKI die Konvergenz der Polyederfolge $\mathfrak{P}_{\delta_\varkappa}$ durch explizite Abschätzungen beweist, während hier der Auswahlsatz herangezogen wurde. — Wie MINKOWSKI [3], [5] § 8 bemerkt hat, kann man aus der Ungleichung **59** (1), S. 115 und der Eigenschaft **58** (2), S. 115 der Krümmungsfunktionen schließen, daß der Körper $\mathfrak{K}$ durch die folgende Minimumeigenschaft gekennzeichnet ist: Unter allen konvexen Körpern vom Volumen 1 mit der Stützfunktion L erteilt der zu $\mathfrak{K}$ homothetische dem Integral

$$\int_{\Omega} L(\xi)\, F(\xi)\, d\omega$$

den minimalen Wert. Man kann nun, wie SÜSS [**20**] ausgeführt hat, sehr einfach zeigen, daß dieses Variationsproblem eine bis auf Translationen eindeutige Lösung besitzt. Wählt man nämlich irgendeine Minimalfolge von konvexen Körpern, deren Schwerpunkte im Nullpunkt liegen, so folgt aus den oben für Polyeder durchgeführten Betrachtungen ihre Beschränktheit und dann aus dem Auswahlsatz unmittelbar die Existenz einer Lösung. Ihre Eindeutigkeit ergibt sich aus dem BRUNN-MINKOWSKIschen Satz. Schwierig ist jedoch der Nachweis, daß der so gefundene Körper die vorgeschriebene Krümmungsfunktion besitzt. Die diesbezüglichen Überlegungen von SÜSS reichen hierfür nicht aus. Man kann damit nur zeigen: wenn der das Variationsproblem lösende Körper eine stetige Krümmungsfunktion hat, so die vorgeschriebene.

Legt man die Definition der Krümmungsfunktionen durch $F_\nu = D_\nu(H)$ zugrunde, so laufen die hier besprochenen Existenzfragen auf die Auflösung der inhomogenen Differentialgleichung

$$D_\nu(H) = F_\nu(\xi) \tag{9}$$

nach H hinaus. In dieser Richtung liegen bisher nur Resultate im linearen Fall $\nu = 1$ vor[2]. Es ist im Fall $n = 3$ von CHRISTOFFEL [**1**] bewiesen worden: *Zu jeder positiven, geeigneten Differenzierbarkeitsvoraussetzungen genügenden Funktion $F_1(\xi)$ auf der Einheitskugel, die den Bedingungen*

$$\int_{\Omega} \xi F_1(\xi)\, d\omega = 0$$

genügt, gibt es einen konvexen Körper, für den F_1 die Summe der Hauptkrümmungsradien ist. Durch Entwicklungen nach Kugelfunktionen ist dieser Satz von HURWITZ [**2**] S. 401 ff. bewiesen worden. Eine Darstellung dieses Beweises auch bei BLASCHKE [**24**] § 95. Der HURWITZsche Beweis ist

---

[1] Vgl. **32** (2), S. 48.

[2] Auch für $\nu = n - 1$ liefert der MINKOWSKIsche Satz nicht die Auflösbarkeit der Differentialgleichung (9); denn es ist nicht gezeigt worden, daß sich die Krümmungsfunktion F_{n-1} im MINKOWSKIschen Sinne durch $D_{n-1}(H)$ aus der Stützfunktion berechnet. Vermutlich ist das nicht immer der Fall.

von Kubota [**16**] auf beliebiges n übertragen worden. Süss [**25**] hat den Christoffelschen Satz auf ein dem Minkowskischen analoges Variationsproblem zurückgeführt und dessen eindeutige Lösbarkeit bewiesen. Aber auch hier ist der Beweis dafür, daß der lösende Körper die richtige Krümmungsfunktion besitzt, unzureichend. Dasselbe gilt von der mit der Süssschen dem Inhalt nach übereinstimmenden Arbeit von Favard [**9**]. — Hilbert [**3**] hat folgenden, den Christoffelschen als Spezialfall enthaltenden Satz bewiesen. *Ist $\Phi(\xi)$ eine geeigneten Differenzierbarkeitsvoraussetzungen genügende Funktion auf der Einheitskugel, die der Bedingung $\int \xi\,\Phi(\xi)\,d\omega = 0$ genügt, so gibt es eine bis auf eine lineare homogene Funktion $\sum a\,\xi$ eindeutig bestimmte Lösung der Differentialgleichung*

$$D(E, H) = \Phi(\xi),$$

wo E eine gegebene Stützfunktion und H die unbekannte Funktion ist. Unter Berücksichtigung der Formel **38** (12), S. 64 kann man hieraus entnehmen: Ist E die Stützfunktion, also $D(E, E)$ die reziproke Gausssche Krümmung des Eichkörpers einer relativen Differentialgeometrie, so gibt es zu jeder den Bedingungen

$$\int_\Omega \xi F_1(\xi)\, D(E, E)\, d\omega = 0$$

genügenden Funktion F_1 einen konvexen Körper, für den F_1 Summe der Relativkrümmungsradien ist. Dieser Satz ist auf andere Weise von Süss [**23**] auf den Hilbertschen zurückgeführt worden, wobei sich allerdings eine von der obigen verschiedene notwendige Bedingung herausgestellt hat.

Linearkombination von Krümmungsfunktionen. Sind $\mathfrak{K}_0$ und $\mathfrak{K}_1$ konvexe Körper mit den $n-1$ten Krümmungsfunktionen $F_{n-1}^{(0)}$ und $F_{n-1}^{(1)}$, so erfüllt für $0 \leqq \vartheta \leqq 1$ auch $(1-\vartheta)\,F_{n-1}^{(0)} + \vartheta F_{n-1}^{(1)}$ die notwendige Bedingung (6). Nach dem Minkowskischen Existenzsatz gibt es also einen Körper $\mathfrak{K}_\vartheta$, für den sie $n-1$te Krümmungsfunktion ist. Man erhält so eine Schar konvexer Körper $\mathfrak{K}_\vartheta$, die nicht im früheren Sinne linear ist. Aus der Minkowskischen Ungleichung **49** (1), S. 91 kann man folgern, daß die $\frac{n-1}{n}$te Potenz von $V(\mathfrak{K}_\vartheta)$ eine konkave, und nur dann eine lineare Funktion von ϑ ist, wenn $\mathfrak{K}_0$ und $\mathfrak{K}_1$ homothetisch sind. (Kneser u. Süss [**1**].) Einen schwächeren Satz dieser Art hatten schon früher Herglotz (vgl. Blaschke [**11**] S. 112) und Süss [**22**] erhalten. — Linearkombination der Krümmungsfunktionen F_1 ist mit der der Stützfunktionen gleichwertig.

§ 14. Konvexe Körper mit Mittelpunkt.

61. Kennzeichnende Eigenschaften. Es wird gesagt, ein Körper besitze einen Mittelpunkt M, wenn er durch Spiegelung an M in sich übergeht. Bei konvexen Körpern bedeutet dies, daß jede durch M gehende Sehne von M halbiert wird. Ist M insbesondere der Nullpunkt, so hat ein konvexer Körper mit der Stützfunktion H dann und nur dann den Mittelpunkt M, wenn für alle Einheitsvektoren ξ

$$H(\xi) = H(-\xi)$$

ist.

Es werde hier die schon **54**, S. 106 benutzte Tatsache bewiesen, *daß ein konvexer Körper einen Mittelpunkt hat, wenn dies für ein $\nu \geqq 2$ bei seinen sämtlichen Orthogonalprojektionen auf ν-dimensionale Unterräume* *der Fall ist.* Da jede Projektion eines Körpers mit Mittelpunkt selbst einen Mittelpunkt hat und da jede zweidimensionale für $\nu > 2$ als Projektion einer ν-dimensionalen Projektion angesehen werden kann, genügt es offenbar, dies für $\nu = 2$ zu beweisen.

Es sei $\mathfrak{K}$ der Körper, H seine Stützfunktion sowie A und B zwei seiner Punkte, die maximalen Abstand D haben. Der Mittelpunkt der Strecke AB sei M. Er werde zum Ursprung des Koordinatensystems gemacht. Jetzt sei ξ ein beliebiger Einheitsvektor, der AB nicht parallel ist. AB und ξ spannen dann eine zweidimensionale durch M gehende Ebene auf. Die Projektion von $\mathfrak{K}$ auf diese Ebene sei $\mathfrak{k}$. D ist offenbar auch der Durchmesser von $\mathfrak{k}$. Nach Voraussetzung besitzt $\mathfrak{k}$ einen Mittelpunkt; dieser kann aber nur M sein, da es anderenfalls eine Sehne von $\mathfrak{k}$ mit einer Länge $>D$ gäbe. Daraus folgt aber $H(\xi) = H(-\xi)$, denn $H(\xi)$ und $H(-\xi)$ sind sowohl die Abstände von M der beiden zu ξ senkrechten Stützebenen von $\mathfrak{K}$ als auch die Abstände von M der beiden zu ξ senkrechten Stützgeraden von $\mathfrak{k}$. Die letzteren sind aber einander gleich, da M Mittelpunkt von $\mathfrak{k}$ ist.

Auf etwas anderem Wege ist dies zuerst von Blaschke u. Hessenberg [**1**] bewiesen worden. Die Voraussetzungen lassen sich einschränken. Vgl. dazu Kubota [**7**], Ôishi [**1**].

Zwei tiefer liegende Kennzeichnungen der Körper mit Mittelpunkt hat Blaschke [**15**] angegeben: Gibt es in einem konvexen Körper einen Punkt M, so daß alle durch ihn gehenden Ebenen das Volumen halbieren, so ist M Mittelpunkt. Dasselbe gilt, wenn die Schwerpunkte aller (homogen belegten) ebenen Schnitte durch M mit M zusammenfallen. Beide Sätze lassen sich auf eine von Funk [**1**], [**2**] behandelte Integralgleichung für Funktionen auf der Kugel zurückführen (vgl. **67**, S. 136). — Einfach zu bestätigen ist folgender von Matsumura [**1**] bemerkter Satz: Im Rand eines ebenen konvexen Bereichs seien keine Strecken enthalten. Teilt die Verbindungsstrecke der Berührungspunkte paralleler Stützgeraden den Inhalt des Bereichs in festem Verhältnis, so hat er einen Mittelpunkt. — Speziellere Typen von ebenen Bereichen mit Mittelpunkt untersuchen Kubota [**6**], Süss [**7**], Bereiche mit etwas anderen Symmetrieeigenschaften Radon [**2**]. — Sätze über konvexe Bereiche und Körper mit Mittelpunkt bei Brunn [**1**] III.

Die Minkowskischen Eindeutigkeitssätze **59**, S. 115 und 116 liefern unmittelbar:

Ein konvexes Polyeder mit paarweise parallelen $n - 1$-dimensionalen Seiten gleichen Volumens besitzt einen Mittelpunkt.

Ein positiv und stetig gekrümmter konvexer Körper, bei dem die $n - 1$te Krümmungsfunktion der Bedingung $F_{n-1}(\xi) = F_{n-1}(-\xi)$ genügt (bei dem in Punkten mit parallelen Stützebenen die Gausssche *Krümmung denselben Wert hat), besitzt einen Mittelpunkt.*

Aus dem ersten dieser Sätze kann man nach Minkowski [**1**] S. 119 sehr einfach den folgenden entnehmen: Läßt sich ein konvexes Polyeder aus lauter (nicht notwendig konvexen) Polyedern mit Mittelpunkt zusammensetzen, so hat es selbst einen Mittelpunkt. — Der zweite der obigen Sätze ist unter viel engeren Voraussetzungen kürzlich von Ganapati [**2**] rechnerisch bestätigt worden.

Nach BLASCHKE [11] S. 154—156 läßt sich jeder Körper mit Mittelpunkt durch kontinuierliche Linearkombination von Strecken, die allerdings nicht positiv zu sein braucht, erzeugen. Vgl. dazu **19**, S. 29.

62. Konvexe Körper mit Mittelpunkt und Gitterpunkte. Im n-dimensionalen Raum werde ein rechtwinkliges Koordinatensystem zugrunde gelegt. Die Punkte mit ganzzahligen Koordinaten heißen Gitterpunkte, die den Koordinatenebenen parallelen Ebenen, die durch Gitterpunkte gehen, Gitterebenen. Die Gitterebenen zerlegen den Raum in parallel orientierte Würfel der Kantenlänge 1, die Gitterwürfel. Es gibt eine eindeutig bestimmte Translation, die einen Gitterwürfel in einen vorgegebenen andern überführt. Eine solche Translation, bei der die Koordinaten eines beliebigen Punktes um ganze Zahlen geändert werden, heiße eine Decktranslation.

Der Hauptsatz MINKOWSKIS über die Beziehungen zwischen konvexen Körpern und Gitterpunkten lautet folgendermaßen: *Ist $\mathfrak{K}$ ein konvexer Körper mit dem Nullpunkt als Mittelpunkt und vom Volumen $V(\mathfrak{K}) \geqq 2^n$, so gibt es in $\mathfrak{K}$ wenigstens einen vom Nullpunkt verschiedenen Gitterpunkt.*

Zum Beweis kann man $V(\mathfrak{K}) > 2^n$ voraussetzen. Der Fall $V(\mathfrak{K}) = 2^n$ ergibt sich, indem man zunächst $(1 + \varepsilon)\,\mathfrak{K}$ für $\varepsilon > 0$ betrachtet und dann ε gegen 0 gehen läßt. Da O Mittelpunkt von $\mathfrak{K}$ ist, enthält $\mathfrak{K}$ mit einem Punkt y auch $-y$, also wegen der Konvexität mit x und y auch $\frac{x-y}{2}$. Wenn es gelingt, zu zeigen, daß der Körper $\frac{1}{2}\mathfrak{K}$ zwei verschiedene Punkte x und y enthält, deren Differenz $x - y$ ganzzahlige Koordinaten hat, so ist man fertig; denn dann enthält $\mathfrak{K}$ die Punkte $2x$ und $2y$, also $x - y$.

$\frac{1}{2}\mathfrak{K}$ wird durch die Gitterebenen in endlich viele Teilkörper $\mathfrak{k}_1, \ldots, \mathfrak{k}_r$ zerlegt, deren jeder einem wohlbestimmten Gitterwürfel $\mathfrak{W}_\varrho (\varrho = 1, \ldots, r)$ angehört. Unterwirft man nun jeden Würfel $\mathfrak{W}_\varrho$ derjenigen Decktranslation, die ihn in einen festen Würfel, etwa $\mathfrak{W}_1$, überführt, so gehen aus den $\mathfrak{k}_\varrho$ Körper $\mathfrak{k}'_\varrho$ hervor, die alle in $\mathfrak{W}_1$ enthalten sind. Die Summe der Volumina der $\mathfrak{k}'_\varrho$ ist $V(\frac{1}{2}\mathfrak{K}) > 1$, also größer als das Volumen von $\mathfrak{W}_1$. Daher muß es wenigstens einen Punkt geben, der zwei verschiedenen $\mathfrak{k}'_\varrho$ angehört. Diesem Punkt entsprechen im ursprünglichen Körper $\frac{1}{2}\mathfrak{K}$ zwei verschiedene Punkte, deren Koordinatendifferenzen ganzzahlig sind.

Über diesen Satz, Beweis und damit zusammenhängende Fragen siehe insbesondere MINKOWSKI [9] Kap. III, über die vielseitigen zahlentheoretischen Anwendungen, die MINKOWSKI von diesem Satz gemacht hat, außerdem [8] und eine Reihe von Arbeiten zur Geometrie der Zahlen, die in den Gesammelten Abhandlungen abgedruckt sind. Ferner FUJIWARA [6]. — In engem Zusammenhang mit dem obigen Satz stehen auch Untersuchungen MINKOWSKIS über die dichteste gitterförmige Lagerung konvexer Körper und die Zerlegung des Raumes in kongruente parallel orientierte konvexe Polyeder; vgl. dazu [7], [8], [9] Kap. III. — Weitere Ergebnisse über Körper mit Mittelpunkt und Gitterpunkte wurden in neuerer Zeit von PIPPING [1], [2] erzielt.

§ 15. Körper konstanter Breite.

63. Kennzeichnende und andere Eigenschaften. Ein konvexer Körper heißt Körper konstanter Breite, wenn er in allen Richtungen dieselbe Breite $H(\xi) + H(-\xi) = B$ hat, wenn also Durchmesser D und Dicke Δ denselben Wert, nämlich B, haben. Der Abstand paralleler Stützebenen ist demnach gleich der Maximalentfernung zweier Punkte des Körpers. Daraus entnimmt man nach **33**, S. 52, daß die Verbindungsstrecke von zwei Punkten des Körpers, die in parallelen Stützebenen liegen, auf diesen Ebenen senkrecht steht und stets die Länge B hat. *Jede Normale eines Körpers konstanter Breite ist Doppelnormale.* Weiter folgt, *daß jede Stützebene den Körper nur in einem Punkt berühren kann.* Andernfalls gäbe es nämlich zwei Punkte des Körpers mit einer Entfernung größer als B. Die beiden Berührungspunkte paralleler Stützebenen mögen kurz Gegenpunkte heißen. Der Gegenpunkt eines Randpunktes braucht nicht eindeutig bestimmt zu sein; er ist es aber jedenfalls, wenn die Stellung der beiden Stützebenen gegeben ist.

Es liegt auf der Hand, *daß jeder Parallelkörper sowie jede Orthogonalprojektion eines Körpers konstanter Breite wieder ein Körper konstanter Breite ist.* Wie in **61**, S. 125 für Körper mit Mittelpunkt — sogar noch etwas einfacher — läßt sich zeigen: *Besitzen für ein $\nu \geqq 2$ alle Orthogonalprojektionen eines konvexen Körpers auf ν-dimensionale Unterräume konstante Breite, so ist der Körper selbst ein Körper konstanter Breite.*

BLASCHKE und HESSENBERG [1]. Nach KUBOTA [7], ÔISHI [1] lassen sich die Voraussetzungen einschränken.

Bei jedem Körper konstanter Breite sind In- und Umkugel konzentrisch und bilden zugleich die Minimalkugelschale des Körpers (**35**, S. 54).

Es seien P und ϱ die Radien der Minimalkugelschale des betrachteten Körpers $\mathfrak{K}$. Die Menge der auf der äußeren bzw. inneren Kugelfläche der Schale liegenden Randpunkte von $\mathfrak{K}$ werde mit $\mathfrak{A}$ bzw. $\mathfrak{J}$ bezeichnet. Ist P ein Punkt von $\mathfrak{A}$, so ist die Tangentialebene an die äußere Kugel in P zugleich Stützebene von $\mathfrak{K}$. Da weiter der zugehörige Gegenpunkt $\bar{P}$ nicht innerhalb der inneren Kugel liegen kann, muß der Abstand $P\bar{P}$, also die Breite $B \geqq \mathrm{P} + \varrho$ sein. Durch Betrachtung eines Punktes von $\mathfrak{J}$ schließt man entsprechend $B \leqq \mathrm{P} + \varrho$, also $B = \mathrm{P} + \varrho$. Daraus folgt weiter, daß es zu jedem Punkt von $\mathfrak{A}$ einen und nur einen zu $\mathfrak{J}$ gehörigen Gegenpunkt gibt, und daß die Verbindungsstrecke dieser beiden Punkte durch den Mittelpunkt der Schale geht. Ist nun $\mathfrak{A}'$ die Zentralprojektion von $\mathfrak{A}$ auf die innere Kugel von M aus, so folgt also, daß $\mathfrak{A}'$ und $\mathfrak{J}$ diametrale Mengen auf der inneren Kugel sind. Nach

35, S. 55 lassen sich $\mathfrak{A}'$ und $\mathfrak{J}$ durch keine Ebene voneinander trennen; also kann weder $\mathfrak{A}'$ noch $\mathfrak{J}$ in einer Halbkugel enthalten sein. Dasselbe gilt dann auch für $\mathfrak{A}$ selbst. Die äußere und innere Kugel der Schale besitzen daher die nach **35**, S. 54 für Umkugel bzw. Inkugel charakteristischen Eigenschaften. Damit ist die obige Behauptung bewiesen.

Es werde jetzt angenommen, daß der Körper $\mathfrak{K}$ der konstanten Breite B eine zweimal stetig differenzierbare Stützfunktion besitzt. Dann existieren nach **38**, S. 61 in jedem Randpunkt $n-1$ Hauptkrümmungsrichtungen und Hauptkrümmungsradien $R_1, \ldots, R_{n-1}$. Es sei x ein Randpunkt und ξ der Einheitsvektor einer äußeren Normalen in x. Dann ist der Gegenpunkt $\bar{x} = x - B\xi$ und die zugehörige äußere Normale $\bar{\xi} = -\xi$, da jede Normale Doppelnormale ist. Für eine Krümmungsrichtung mit entsprechendem Krümmungsradius R ist nun $dx = R\,d\xi$, also

$$d\bar{x} = dx - B\,d\xi = (B - R)\,d\xi\,,$$

woraus folgt, *daß in Gegenpunkten die Krümmungsrichtungen paarweise parallel sind, und daß die Summe der entsprechenden Krümmungsradien gleich der Breite ist.* Insbesondere folgt für die erste Krümmungsfunktion $F_1 = R_1 + \cdots + R_{n-1}$

$$F_1(\xi) + F_1(-\xi) = (n-1)B\,. \tag{1}$$

Für Literaturangaben vgl. **65** und **67**.

64. Vollständige Mengen. Die Körper konstanter Breite lassen zwei bemerkenswerte Kennzeichnungen zu, bei denen nur von den gegenseitigen Abständen der Punkte (und nicht der Stützebenen) die Rede ist.

Es sei $\mathfrak{M}$ eine beschränkte Punktmenge und P ein willkürlicher Punkt. Mit $\varrho_{\mathfrak{M}}(P)$ oder auch kurz $\varrho(P)$ wird im folgenden die obere Grenze der Entfernungen von P und den Punkten von $\mathfrak{M}$ bezeichnet. $\varrho(P)$ ist eine im ganzen Raum erklärte, nichtnegative stetige Funktion von P.

Eine beschränkte Menge heiße v o l l s t ä n d i g, wenn es unmöglich ist, ihr einen Punkt hinzuzufügen, ohne ihren Durchmesser zu vergrößern. Wird der Durchmesser der Menge, das ist die obere Grenze des Abstandes von zwei ihrer Punkte, mit D bezeichnet, so läßt sich diese Definition auch so aussprechen: $\mathfrak{M}$ heißt v o l l s t ä n d i g e M e n g e v o m D u r c h m e s s e r D, wenn jeder Punkt P, für den $\varrho_{\mathfrak{M}}(P) \leqq D$ ist, zu $\mathfrak{M}$ gehört. Eine vollständige Menge $\mathfrak{M}$ ist offenbar abgeschlossen. Sie ist ferner identisch mit dem Durchschnitt aller abgeschlossenen Kugeln vom Radius D, deren Mittelpunkte zu ihr gehören. Sie ist nämlich einerseits in diesem Durchschnitt enthalten, da sie den Durchmesser D hat, und andererseits ist für jeden Punkt P des Durchschnitts $\varrho_{\mathfrak{M}}(P) \leqq D$. Daraus entnimmt man zunächst, daß jede vollständige Menge ein konvexer Körper ist. Es folgt aber noch mehr: Sie enthält mit zwei Punkten auch jeden diese verbindenden Kreisbogen vom Radius $\geqq D$, der kleiner als ein Halbkreis ist, da die Kugeln vom Radius D diese Eigenschaft haben.

Jeder Körper konstanter Breite ist vollständig. Dies erkennt man sehr einfach so. Es sei P ein Punkt außerhalb des Körpers $\mathfrak{K}$, und Q derjenige Punkt von $\mathfrak{K}$, der von P minimale Entfernung hat. Dann ist die auf PQ senkrechte Ebene durch Q Stützebene von $\mathfrak{K}$. Der zugehörige Gegenpunkt $\overline{Q}$ hat von Q den Abstand D, wenn D den Durchmesser oder die Breite von $\mathfrak{K}$ bezeichnet. Ferner liegen $PQ\overline{Q}$ auf einer Geraden, so daß der Abstand $P\overline{Q}$ größer als D ist. Durch Hinzufügung von P würde also der Durchmesser vergrößert werden.

Es soll jetzt die Umkehrung dieser Tatsache bewiesen werden: *Jede vollständige Menge ist ein Körper konstanter Breite.* Es genügt offenbar, zu zeigen, daß die Dicke $\varDelta$ der vollständigen Menge $\mathfrak{M}$ gleich ihrem Durchmesser D ist. Angenommen, es sei $\varDelta < D$. Dann betrachte man zwei parallele Stützebenen $\mathfrak{E}_1$ und $\mathfrak{E}_2$ vom Abstand $\varDelta$. Nach **33**, S. 51 gibt es in $\mathfrak{E}_1$ bzw. in $\mathfrak{E}_2$ einen Punkt P_1 bzw. P_2 von $\mathfrak{M}$ derart, daß die Strecke P_1P_2 auf den Ebenen senkrecht steht, also die Länge $\varDelta$ hat. Nun muß es aber wenigstens einen Punkt Q von $\mathfrak{M}$ geben,

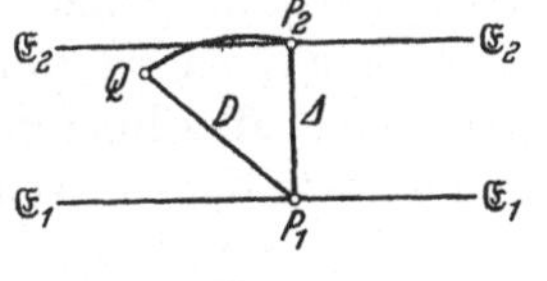

Fig. 4.

der von P_1 den Abstand D hat; denn wäre $\varrho(P_1) < D$, so gäbe es in einer Umgebung von P_1 nicht zu $\mathfrak{M}$ gehörige Punkte P_1', für die auch noch $\varrho(P_1') < D$ gälte, im Widerspruch zur Definition der vollständigen Menge. Man betrachte nun allein die durch P_1, P_2 und Q bestimmte zweidimensionale Ebene. Wie oben gezeigt, gehört zu $\mathfrak{M}$ derjenige in dieser Ebene gelegene Kreisbogen vom Radius D, der Q und P_2 verbindet, kleiner als ein Halbkreis ist und seine konkave Seite $\mathfrak{E}_1$ zuwendet (vgl. Fig. 4). Dieser Kreisbogen muß wegen $\varDelta < D$ die Ebene $\mathfrak{E}_2$ durchsetzen, was aber unmöglich ist, da $\mathfrak{E}_2$ Stützebene von $\mathfrak{M}$ ist.

Der Begriff der vollständigen Menge und der bewiesene Satz rühren von MEISSNER [3] her. Dort sind die Fälle $n = 2$ und 3, und auch nur der erste vollständig durchgeführt. Andererseits gewinnt MEISSNER allgemeinere Resultate, indem er eine MINKOWSKIsche Maßbestimmung (**14**, S. 23) zugrunde legt. Einen einfachen, auch im obigen teilweise verwendeten, für alle n gültigen Beweis hat JESSEN [1] angegeben.

Man erkennt sofort, daß ein konvexer Körper der konstanten Breite B die Eigenschaft hat, daß für jeden seiner Randpunkte $\varrho(R) = B$ ist; denn zu jedem Randpunkt gibt es einen Gegenpunkt, der von ihm stets den Abstand B hat. Es gilt aber auch umgekehrt: *Ein konvexer Körper $\mathfrak{K}$, bei dem für jeden Randpunkt R die Gleichung $\varrho_{\mathfrak{K}}(R) = B$ besteht, ist ein Körper konstanter Breite B.* Nach dem Obigen genügt es zu zeigen, daß ein solcher Körper vollständig ist. Es sei P ein beliebiger nicht zu $\mathfrak{K}$ gehöriger Punkt und Q derjenige Punkt von $\mathfrak{K}$, der die kleinste Entfernung von P hat. Nach Voraussetzung gibt es einen Punkt $\bar{Q}$, der von Q den Abstand B hat. Die Entfernung $P\bar{Q}$ ist dann größer als B; denn die auf PQ in Q senkrechte Ebene ist Stützebene von $\mathfrak{K}$, trennt also P und $\bar{Q}$, woraus folgt, daß der Winkel $PQ\bar{Q}$ stumpf ist. Hinzufügung von P zu $\mathfrak{K}$ vergrößert also den Durchmesser; d. h. $\mathfrak{K}$ ist vollständig.

Diese Charakterisierung der Körper konstanter Breite als Körper „konstanten Durchmessers" ist von Reidemeister [2] gefunden worden.

Schließlich werde noch der folgende vielfach nützliche Satz bewiesen: *Jede Punktmenge vom Durchmesser D ist Teilmenge einer vollständigen Menge vom Durchmesser D, also eines Körpers konstanter Breite D.*

Zunächst ist klar, daß man die Menge $\mathfrak{M}$ durch Hinzufügung ihrer Häufungspunkte abschließen kann, ohne den Durchmesser zu ändern. Es sei also $\mathfrak{M}$ von vornherein abgeschlossen. Ist $\mathfrak{M}$ nicht vollständig, so gibt es einen Punkt P außerhalb $\mathfrak{M}$, für den $\varrho_{\mathfrak{M}}(P) < D$ ist, folglich läßt sich eine ganze abgeschlossene Kugel um P, deren Inneres frei von $\mathfrak{M}$ ist, zu $\mathfrak{M}$ hinzufügen, ohne den Durchmesser zu vergrößern. Die Menge aller hinzufügbaren Kugeln, die höchstens Randpunkte mit $\mathfrak{M}$ gemeinsam haben, ist abgeschlossen und beschränkt; es gibt daher eine oder mehrere größte. Man füge diese oder eine von diesen hinzu. Mit der entstehenden Menge verfahre man ebenso, und so fort. Bricht das Verfahren nach endlich vielen Schritten ab, so ist man bei einer vollständigen Menge angelangt. Anderenfalls schließe man die Vereinigungsmenge von $\mathfrak{M}$ und den abzählbar vielen Kugeln durch Hinzunahme der Häufungspunkte ab. Die so entstehende Menge ist dann vollständig. Wäre dies nicht der Fall, so könnte man ihr — wie oben festgestellt — eine Kugel hinzufügen. Der Radius dieser Kugel müßte aber kleiner oder gleich den Radien aller hinzugefügten Kugeln sein, was unmöglich ist, da diese Radien gegen Null konvergieren müssen.

Die vollständige Menge, die eine gegebene Menge enthält, ist im allgemeinen nicht eindeutig bestimmt.

Der obige Satz ist auf anderem Wege für $n = 2$ zuerst von Pál [1] bewiesen worden. Der angedeutete Beweis stammt von Lebesgue [3]. Einen weiteren Beweis für $n = 2$ hat Reinhardt [2] angegeben.

65. Orbiformen.

65. Orbiformen. Die ebenen Bereiche konstanter Breite oder auch ihre Randkurven mögen kurz Orbiformen[1] heißen.

Die einfachste nichtkreisförmige Orbiforme ist das sog. Reuleaux-Dreieck, das ist ein reguläres Kreisbogendreieck, dessen Ecken die Mittelpunkte der gegenüberliegenden Kreisbögen sind. Allgemein bezeichnet man als Reuleaux-Polygon ein konvexes Kreisbogenpolygon, das aus Kreisbögen des festen Radius B zusammengesetzt ist, deren

[1] Diese Bezeichnung rührt von Euler [1] her.

Mittelpunkte zugleich die Ecken des Polygons sind. Die Eckenzahl ist notwendig ungerade. Jedes Reuleaux-Polygon ist eine Orbiform der Breite B. Die Ecken eines Reuleaux-Polygons sind zugleich die Ecken eines sternförmigen geradlinigen Polygons mit lauter gleich langen Seiten (Fig. 5).

Derartige Kreisbogenpolygone sind zuerst von REULEAUX [**1**] S. 130 bis 139 untersucht worden. Vgl. darüber auch SCHILLING [**1**].

Jede Orbiforme läßt sich durch Reuleaux-Polygone gleichmäßig approximieren (BLASCHKE [**9**], [**10**]).

Alle Orbiformen der Breite B haben die Länge πB. Nach **39** (3), S. 65 ist nämlich für einen beliebigen konvexen Bereich

$$L = \frac{1}{2}\int_0^{2\pi} B\,d\varphi ,$$

woraus wegen der Konstanz von B die Behauptung folgt (BARBIER [**1**]).

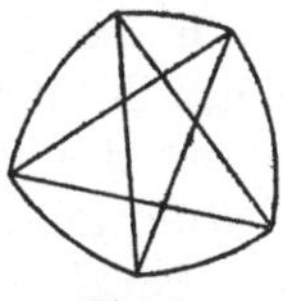

Fig. 5.

Jeder Orbiforme der Breite B läßt sich ein reguläres Sechseck umschreiben, dessen Gegenseiten den Abstand B haben. Um dies einzusehen, umschreibe man der Orbiforme, von einer beliebigen Stützgeraden als Seite ausgehend, einen Rhombus $PQRS$, der einen Winkel $\pi/3$, etwa an der Ecke P hat. Durch die beiden auf der Diagonalen PR senkrechten Stützgeraden werden von dem Rhombus zwei Dreiecke PTU und RVW abgeschnitten. Ist $TU = VW$, so ist das Sechseck $TUQVWS$ schon regulär. Anderenfalls drehe man die Stützgerade, von der ausgegangen war, kontinuierlich. Dann muß aus Stetigkeitsgründen einmal $TU = VW$ werden (PÁL [**1**]).

Es werde jetzt allein die Randkurve einer Orbiforme betrachtet und angenommen, daß sie einen überall positiven, etwa als Funktion der Bogenlänge stetig differenzierbaren Krümmungsradius R besitzt und daß die Ableitung von R nur endlich viele Nullstellen hat. Dann sind Ecken ausgeschlossen, und es gibt zu jedem Punkt genau einen Gegenpunkt. Die Verbindungsstrecke der beiden Punkte ist, wie **63**, S. 127 allgemein festgestellt wurde, Doppelnormale und hat die Länge B. Die Einhüllende dieser Strecken ist die Evolute der Orbiforme. Jeder Punkt der Evolute ist also Krümmungsmittelpunkt für zwei Gegenpunkte. Bei einmaligem Durchlaufen der Orbiforme wird die Evolute zweimal durchlaufen. Bei einem einmaligen Umlauf auf der Evolute dreht sich ihre Tangente, das ist die Doppelnormale der Orbiforme, stets im selben Sinne genau um π. Den Extremwerten des Krümmungsradius entsprechen die Spitzen der Evolute. Da nun die Summe der Krümmungsradien in zwei Gegenpunkten stets B ist, liegt jedem relativen Minimum ein relatives Maximum von R gegenüber. Die Anzahl der Spitzen der Evolute muß daher ungerade sein. Zusammenfassend kann man also sagen: Die Evolute einer Orbiforme ist eine geschlossene Kurve, die sich aus einer ungeraden Anzahl konvexer Bögen zusammensetzt, deren Gesamtkrümmung zusammengenommen π beträgt und die in Spitzen aneinanderstoßen (Fig. 6). Ist umgekehrt eine solche Kurve gegeben und läßt man die Tangente sich längs der Kurve abrollen, so beschreibt jeder genügend weit entfernte, auf der Tangente feste Punkt nach zweimaligem Umlauf eine Orbiforme. Mit anderen Worten: Die Evolventen einer solchen Kurve sind stets Orbiformen, sobald sie konvex sind.

Fig. 6.

Es sei noch bemerkt, daß sich ein konvexer Kurvenbogen $\widehat{PQ}$ zu einer Orbiforme der Breite PQ ergänzen läßt, wenn die Gesamtkrümmung des Bogens π und sein Krümmungsradius stets kleiner als die Entfernung PQ ist. Man erhält den restlichen Bogen als Enveloppe der Parallelen im Abstand PQ zu den Tangenten des gegebenen Bogens.

Als Evolventen dreispitziger Kurven sind Orbiformen von EULER [1] gefunden und untersucht worden. Seitdem haben sich zahlreiche Autoren mit ihnen beschäftigt. Von den älteren sei noch BARBIER [1] genannt, der bei der Behandlung des BUFFONschen Nadelproblems auf die Orbiformen gestoßen ist. Eine ausführliche Ableitung der Eigenschaften der Orbiformen und der mit ihnen verknüpften Kurven enthält die Schrift von JORDAN und FIEDLER [2]. Ferner hat SCHILLING [1] eine zusammenfassende Darstellung gegeben. Durch Heranziehung von Fourierentwicklungen haben HURWITZ [2] und MEISSNER [1] Sätze über Orbiformen gewonnen. Weitere Literatur: MEISSNER [3], JORDAN und FIEDLER [1], [3], FUJIWARA [1], BLASCHKE [3] (die Anzahl der Scheitel einer Orbiforme ist $4k+2$, $k \geqq 1$ ganz), TEIXEIRA [1], HAYASHI [3], TIERCY [2], MELLISH [1], MAYER [1], [2]. Einiges über Orbiformen findet man auch in den Büchern von RADEMACHER und TOEPLITZ [1] und BIEBERBACH [2]. Über Orbiformen auf der Kugel vgl. BLASCHKE [10].

66. Extremumprobleme für Orbiformen. Die naheliegendste Extremumfrage für Orbiformen ist die nach Maximum und Minimum des Flächeninhalts bei gegebener Breite.

Unter allen Orbiformen gegebener Breite hat der Kreis den größten und das Reuleaux-Dreieck den kleinsten Flächeninhalt.

Die erste Behauptung folgt aus der isoperimetrischen Maximaleigenschaft des Kreises, da alle Orbiformen derselben Breite auch dieselbe Länge haben. Der folgende Beweis wird aber bemerkenswerterweise beide Behauptungen zugleich liefern.

Es sei $\alpha_1, \alpha_2, \ldots$ eine feste abzählbare Menge von Zahlen mit $0 \leqq \alpha_i \leqq \pi$, die im Intervall $(0, \pi)$ überall dicht liegen, ferner sei $\alpha_i + \pi = \alpha_i'$. Zu jedem Index i gehören zwei parallele Stützgeraden T_i, T_i' einer Orbiforme, die bzw. die Richtungen α_i und α_i' haben. Durch die Gesamtheit dieser Stützgeraden ist die Orbiforme vollständig bestimmt. T_i und T_i' haben den festen Abstand B, wo B die gegebene Breite der

Orbiforme ist. Zu jedem Index k gehört ferner ein der Orbiforme umschriebenes Polygon $\mathfrak{P}_k$, nämlich der Durchschnitt der durch die Geradenpaare T_i, T'_i für $i = 1, 2, \ldots, k$ bestimmten Parallelstreifen. Die Polygone $\mathfrak{P}_k$ konvergieren für $k \to \infty$ gegen die Orbiforme und ihre Flächeninhalte F_k gegen deren Flächeninhalt F.

Nach **65**, S. 131 läßt sich jede Orbiforme der Breite B nach passender Bewegung in ein festes reguläres Sechseck einschreiben, dessen Gegenseiten den Abstand B haben. $\alpha_1, \alpha_2, \alpha_3$ seien von vornherein so gewählt, daß $\mathfrak{P}_3$ dieses Sechseck wird, daß also $T_1, T_2, T_3, T'_1, T'_2, T'_3$ die Seiten des Sechsecks sind.

Es soll nun die Änderung des Flächeninhalts eines Polygons $\mathfrak{P}_k$ beim Übergang zu $\mathfrak{P}_{k+1}$ abgeschätzt werden. T_{k+1} wird zwei benachbarte Seiten, etwa T_i und T_j, also T'_{k+1} die gegenüberliegenden Seiten T'_i, T'_j von $\mathfrak{P}_k$ schneiden; denn würde T_{k+1} eine ganze Seite des Polygons $\mathfrak{P}_k$ abtrennen, so könnte diese Seite nicht Stützgerade sein. Es handelt sich darum, die Summe der Flächeninhalte der beiden durch T_{k+1} und T'_{k+1} von $\mathfrak{P}_k$ abgeschnittenen Dreiecke AMN und $A'M'N'$ abzuschätzen (s. Fig. 7). Da die gestrichenen und ungestrichenen T paarweise parallel sind, sind diese Dreiecke ähnlich. Ferner ist $MN + M'N'$ außer von B nur von den Richtungen α_i, α_j und α_{k+1} abhängig.

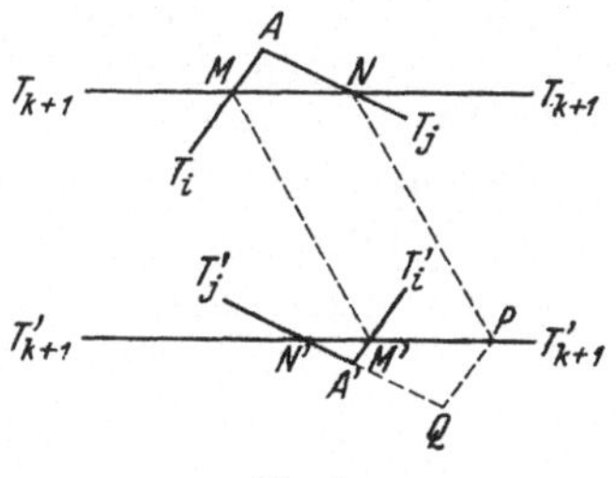

Fig. 7.

Denn durch α_i und α_j ist der durch T_i, T_j, T'_i, T'_j gebildete Rhombus bis auf Translationen bestimmt, und bei gegebenem α_{k+1} kann der Parallelstreifen T_{k+1}, T'_{k+1} nur parallel mit sich so verschoben werden, daß er stets zwischen A und A' bleibt. Dabei bleibt aber $MN + M'N'$ ungeändert[1]. Daraus folgt weiter, daß das zu $A'M'N'$ ähnliche Dreieck $N'PQ$ mit $N'P = MN + M'N'$ einen Inhalt f_k besitzt, der außer von B nur von den α und nicht von der betrachteten Orbiforme abhängt. Wird jetzt zur Abkürzung $\lambda_k = \frac{MN}{MN + M'N'}$ gesetzt, so wird die Summe der Inhalte der Dreiecke AMN und $A'M'N'$ gleich $[\lambda_k^2 + (1 - \lambda_k)^2]\, f_k$. Der Koeffizient von f_k erreicht offenbar sein Maximum 1 für $\lambda_k = 0$ oder $\lambda_k = 1$, wenn also entweder T_{k+1} durch A oder T'_{k+1} durch A' geht, und sein Minimum $\frac{1}{2}$ für $\lambda_k = \frac{1}{2}$, d. h. für $MN = M'N'$. Man erhält also für den Inhalt F_{k+1} von $\mathfrak{P}_{k+1}$

$$F_k - f_k \leqq F_{k+1} \leqq F_k - \tfrac{1}{2} f_k .$$

Anwendung hiervon auf $k = 3, 4, \ldots$ ergibt für den Inhalt der Orbiforme

$$F_3 - \sum_{k=3}^{\infty} f_k \leqq F \leqq F_3 - \tfrac{1}{2} \sum_{k=3}^{\infty} f_k .$$

[1] Hieraus kann man wieder entnehmen, daß alle Orbiformen derselben Breite auch dieselbe Länge haben.

Die gefundenen Schranken für F werden nun tatsächlich erreicht, und zwar die obere für den Kreis, da dann jedes $\mathfrak{P}_k$ einen Mittelpunkt hat und folglich stets $\lambda_k = \frac{1}{2}$ ist, und die untere für das Reuleaux-Dreieck, was man so einsieht: Von je zwei parallelen Stützgeraden des Reuleaux-Dreiecks geht eine durch eine seiner Ecken. Da nun die Ecken des Reuleaux-Dreiecks zugleich Ecken des umschriebenen Sechsecks $\mathfrak{P}_3$ sind, wird für $k \geqq 3$ jedes $\lambda_k = 1$ oder 0.

Man kann auch leicht einsehen, daß die obigen Schranken nur für Kreis und Reuleaux-Dreieck erreicht werden. Für jede andere Orbiforme muß es nämlich ein Paar Stützgeraden T_{k+1}, T'_{k+1} geben, für die $\lambda_k \neq 0, \neq \frac{1}{2}, \neq 1$ ist.

Satz und Beweis rühren von Lebesgue [2], [3] her. Unabhängig von Lebesgue hat Blaschke [9], [10] die Minimumeigenschaft des Reuleaux-Dreiecks auf ganz anderem Wege bewiesen. Es werden zunächst nur Reuleaux-Polygone in Betracht gezogen und eine Art Steinersches Viergelenkverfahren angewendet. Durch Approximation wird dann zu beliebigen Orbiformen übergegangen. Einen analytischen Beweis hat Fujiwara [15] angegeben.

Weitere Extremumfragen beziehen sich auf den Minimalkreisring einer Orbiforme, dessen Randkreise übrigens zugleich Um- und Inkreis sind und dessen Radien P und ϱ nach **63**, S. 128 die Summe B haben.

Es sei B gegeben; gefragt werde nach den Extremwerten von P. Wegen $\mathsf{P} \geqq \varrho$ und $\mathsf{P} + \varrho = B$ ist klar, daß das Minimum von P für $\mathsf{P} = \varrho = \frac{B}{2}$, also für den Kreis erreicht wird. Das Maximum liefert das Reuleaux-Dreieck; denn nach **44** (7), S. 78 ist das Maximum des Umkreisradius eines Bereichs vom Durchmesser B gleich $B/\sqrt{3}$, und dieser Wert wird für die und nur die Bereiche erreicht, die ein gleichseitiges Dreieck der Seitenlänge B enthalten. Nun überzeugt man sich sofort, daß die einzige Orbiforme der Breite B, die ein gleichseitiges Dreieck der Seitenlänge B enthält, das Reuleaux-Dreieck ist. Man hat daher

$$\mathsf{P} \leqq \frac{B}{\sqrt{3}}, \qquad \varrho \geqq B\left(1 - \frac{1}{\sqrt{3}}\right), \qquad \mathsf{P} - \varrho \leqq B\left(\frac{2}{\sqrt{3}} - 1\right),$$

und in jeder dieser Ungleichungen steht das Gleichheitszeichen nur für das Reuleaux-Dreieck.

Vgl. hierzu Blaschke [6]. Unter der Nebenbedingung, daß der Krümmungsradius $R \geqq a \left(0 < a < \frac{B}{2}\right)$ ist, wird das Maximum von P, also das Minimum von ϱ und daher auch das Maximum von $\mathsf{P} - \varrho$ für die Parallelkurve des Reuleaux-Dreiecks der Breite $B - 2a$ im Abstand a angenommen (Mayer [2]).

Es möge jetzt der Minimalkreisring mit den Radien P und ϱ vorgegeben sein, und zwar derart, daß die obigen Ungleichungen mit $B = \mathsf{P} + \varrho$ erfüllt sind. Der äußere Kreis des Rings werde mit Γ, der innere mit γ bezeichnet. Es soll diejenige dem Kreisring eingeschriebene Orbiforme angegeben werden, die maximalen Flächeninhalt hat. Dem Kreis Γ werde ein gleichseitiges Dreieck PQR eingeschrieben und um die drei Eckpunkte die Kreisbögen vom Radius $\mathrm{P} + \varrho$ gezeichnet, die γ in den Gegenpunkten $\bar{P}, \bar{Q}, \bar{R}$ von P, Q, R berühren (Fig. 8). Ferner zeichne man drei Kreise vom Radius $\frac{1}{2}(\mathrm{P} + \varrho)$, die die Seiten des Dreiecks zu Sehnen haben und deren Mittelpunkte innerhalb des Dreiecks liegen. Jeder dieser Kreise berührt zwei der früheren, z. B. der mit der Sehne PQ die Kreise um P und um Q in den Punkten P'' bzw. Q'. Aus neun Bögen der genannten sechs Kreise setzt sich nun die fragliche Orbiforme in der in Fig. 8 angegebenen Weise zusammen. Sie besitzt drei durch den Ringmittelpunkt und die Punkte P, Q, R gehende Symmetrieachsen. — Über den Beweis für diese Behauptung, der sich wesentlich auf die etwas abgeänderte Kreisringsymmetrisierung stützt, sehe man Bonnesen [16].

Die zum Kreisring Γ, γ gehörige Orbiforme mit minimalem Inhalt ist vermutlich das Reuleaux-Polygon, das man in folgender Weise erhält. Um einen beliebigen Punkt P von Γ beschreibe man den im Ring verlaufenden Kreisbogen RS vom Radius $\mathrm{P} + \varrho$ im (beliebig festzusetzenden) positiven Umlaufssinn. Um den zweiten Endpunkt S dieses Bogens beschreibe man einen Bogen desselben Radius, um dessen zweiten Endpunkt wieder einen und so fort, bis man entweder den Punkt P oder den ersten Bogen RS im Innern des Ringes trifft. Im ersten Fall hat man ein reguläres Reuleaux-Polygon. Im zweiten Fall ist der Treffpunkt der Mittelpunkt eines weiteren Bogens vom Radius $\mathrm{P} + \varrho$, der in P endet, und man hat ein Reuleaux-Polygon, dessen Seiten bis auf drei gleich lang sind.

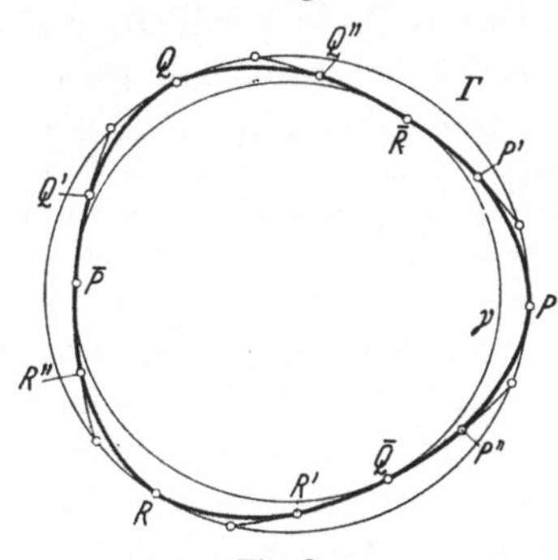

Fig. 8.

Resultate über Maximal- und Minimalorbiforme im Kreisring und einfache Flächeninhaltsabschätzungen hat Mayer [2] angekündigt. — Ein andersartiges Extremumproblem für Orbiformen behandelt Fukasawa [1].

67. Sphäroformen. Ein Körper konstanter Breite im dreidimensionalen Raum heiße kurz Sphäroforme.

Während es Orbiformen — z. B. die Reuleaux-Polygone — gibt, die aus lauter Kreisbögen bestehen, existieren keine Sphäroformen, die allein von Kugelstücken begrenzt werden. Einer Kreisbogenkante, in der zwei Kugelstücke zusammenstoßen, muß ein Stück einer Torusfläche gegenüberliegen.

Einfache Beispiele von Sphäroformen erhält man durch Rotation einer symmetrischen Orbiforme um ihre Symmetrieachse. Zwei weitere Sphäroformen kann man in folgender Weise konstruieren. Es sei $PQRS$ ein reguläres Tetraeder der Kantenlänge B. Es sei $\mathfrak{K}$ der Durchschnitt der vier Kugeln vom Radius B um die Ecken des Tetraeders. $\mathfrak{K}$ wird von vier Kugelstücken begrenzt, die in sechs Kreisbogenkanten $\widehat{PQ}$, $\widehat{QR}, \widehat{RS}, \ldots$ zusammenstoßen. $\mathfrak{K}$ ist keine Sphäroforme, da der Maximalabstand zweier Gegenkanten — z. B. $\widehat{PQ}$, $\widehat{RS}$ — größer als B ist: Man erhält aber Sphäroformen, wenn man drei der Kreisbogenkanten von $\mathfrak{K}$ in passender Weise abrundet. Man lege durch eine Kante, etwa PQ, des Tetraeders eine Ebene, die die Gegenkante RS im inneren Punkt M schneidet. In dieser Ebene lege man den kürzeren, außerhalb des Tetraeders verlaufenden Kreisbogen PQ vom Radius B. Durchläuft nun M die Kante RS, so beschreiben diese Bögen einen innerhalb $\mathfrak{K}$ verlaufenden Torusausschnitt, der die beiden Kugeln um R und S längs Großkreisbögen berührt. Durch diesen Torusausschnitt werde die Kante $\widehat{PQ}$ abgerundet. Wird dieselbe Konstruktion bei zwei weiteren Kanten ausgeführt, von denen keine PQ gegenüberliegt und die auch selbst keine Gegenkanten sind, so entsteht eine Sphäroforme. Je nachdem, ob die drei abgerundeten Kanten in einer Ecke zusammenstoßen oder ein Dreieck bilden, erhält man zwei verschiedene Sphäroformen, die gleiche Volumina und gleiche Oberflächen besitzen.

Die erste dieser Sphäroformen ist von Meissner [4] beschrieben worden. Dort sind auch spezielle Rotationssphäroformen angegeben. — Es ist anzunehmen, daß die beiden obigen unter allen Sphäroformen gegebener Breite das kleinste Volumen haben. — Allgemeines über Sphäroformen findet man bei Meissner [3], Tiercy [3].

Nach **39** (13), S. 67 hat eine Sphäroforme der Breite B konstanten Umfang $U = \pi B$, was man auch sofort daraus entnehmen kann, daß die Orthogonalprojektionen einer Sphäroforme Orbiformen derselben Breite B sind, also nach **65**, S. 131 dieselbe Randlänge πB besitzen. Von dieser einfachen Tatsache ist nun auch die Umkehrung, das ist der folgende Minkowskische Satz, richtig:

Jeder Körper konstanten Umfangs $U = \pi B$ ist ein Körper konstanter Breite B.

Es sei F eine Ortsfunktion auf der Einheitskugel. Ferner bezeichne $\mathfrak{G}_\eta$ den auf dem Einheitsvektor η senkrechten Großkreis. Dann heiße die Funktion

$$G(\eta) = \int_0^{2\pi} F d\chi,$$

wo nach der Bogenlänge χ des Großkreises $\mathfrak{G}_\eta$ zu integrieren ist, die Kreisintegralfunktion von F. Die Formel **39** (13), S. 67 lehrt, daß $2U$ die Kreisintegralfunktion von B ist. Da B eine gerade Funktion ($B(\xi) = B(-\xi)$) auf der Kugel ist und da ferner die Kreisintegralfunktion der Konstanten U/π den Wert $2U$ hat, folgt somit, wenn $F = B - \frac{U}{\pi}$ gesetzt wird, die obige Behauptung aus dem „Eindeutigkeitssatz für die Kreisintegralgleichung": Verschwindet die Kreisintegralfunktion einer geraden Funktion F identisch, so ist auch F selbst identisch Null. Der Beweis für diesen Eindeutigkeitssatz läßt sich folgendermaßen führen.

Angenommen, es gibt einen Punkt, in dem $F \neq 0$ ist. Dann werde dieser Punkt zum Nordpol von geographischen Koordinaten φ (geograph. Breite, $-\frac{\pi}{2} \leqq \varphi \leqq \frac{\pi}{2}$) und λ (geogr. Länge, $0 \leqq \lambda < 2\pi$) gemacht. Ein beliebiger Großkreis, der den Äquator im Punkt $\lambda = \vartheta$ unter dem Winkel α schneiden möge, ist durch

$$\varphi = \arcsin(\sin\alpha \sin\chi), \qquad \lambda = \vartheta - \operatorname{arctg}(\cos\alpha \operatorname{tg}\chi)$$

gegeben, wo χ die Bogenlänge auf dem Großkreis bedeutet. Nach Voraussetzung ist (man beachte, daß F eine gerade Funktion auf der Kugel ist):

$$\int_0^\pi F(\varphi, \lambda)\, d\chi = 0 \qquad \text{für} \qquad 0 \leqq \alpha \leqq \frac{\pi}{2}, \quad 0 \leqq \vartheta \leqq 2\pi .$$

Wird diese Gleichung nach ϑ von 0 bis 2π integriert und die Integrationsfolge vertauscht, so ergibt sich

$$(1) \qquad \int_0^\pi G(\varphi)\, d\chi = 2\int_0^{\pi/2} G(\varphi)\, d\chi = 0,$$

wo

$$G(\varphi) = \int_0^{2\pi} F(\varphi, \lambda)\, d\vartheta = \int_0^{2\pi} F(\varphi, \vartheta)\, d\vartheta$$

eine rotationssymmetrische gerade Funktion auf der Einheitskugel ist[1]. (1) besagt, daß auch die Kreisintegralfunktion von G verschwindet. Der nun folgende Schluß ist nichts anderes als der Beweis des Eindeutigkeitssatzes für rotationssymmetrische Funktionen.

Ausführlicher lautet (1)

$$\int_0^{\pi/2} G(\arcsin(\sin\alpha \sin\chi))\, d\chi = 0 \qquad \text{für} \qquad 0 \leqq \alpha \leqq \frac{\pi}{2}.$$

Wird nun noch $\sin\alpha = t$ und $G(\arcsin(t \sin\chi)) = f(t \sin\chi)$ gesetzt, so ergibt sich schließlich

$$(2) \qquad \int_0^{\pi/2} f(t \sin\chi)\, d\chi = 0 \qquad \text{für} \qquad 0 \leqq t \leqq 1 .$$

Da $f(1) = G\left(\frac{\pi}{2}\right) = 2\pi \cdot F\left(\frac{\pi}{2}, \lambda\right)$ der Wert von F im Nordpol, also nach Annahme von 0 verschieden ist, kann f nicht identisch verschwinden. Wenn nun f im Intervall $(0, 1)$ nur endlich oft das Vorzeichen wechselt, so gibt es ein Intervall $(0, a)$ mit $0 < a \leqq 1$, in dem f das Vorzeichen nicht wechselt und nicht identisch verschwindet. Dann ist aber

$$\int_0^{\pi/2} f(a \sin\chi)\, d\chi \neq 0$$

im Widerspruch zu (2).

[1] Der Übergang von F zu G ist für Stützfunktionen F genau die **42**, S. 73 beschriebene Versteifung.

Damit ist der obige Satz z. B. für analytisch begrenzte Körper, allgemein für solche Körper konstanten Umfangs bewiesen, bei denen die Funktion f nur endlich viele Vorzeichenwechsel aufweist.

Diese Charakterisierung der Sphäroformen als Körper konstanten Umfangs rührt von MINKOWSKI [6] her. Der MINKOWSKIsche Beweis beruht auf Entwicklungen nach Kugelfunktionen. Der obige ist von FUNK [1] Kap. 2 angegeben worden.

Es soll hier noch auf einem von E. J. MC SHANE mitgeteilten Wege gezeigt werden, wie das identische Verschwinden von f aus (2) gefolgert werden kann, wenn nur die Stetigkeit von f bekannt ist, die ja hier wegen der Stetigkeit der Stützfunktion stets vorhanden ist. Durch Einführung der neuen Integrationsvariablen $x = \sin\chi$ erhält man aus (2)

$$\int_0^1 \frac{f(xt)}{\sqrt{1-x^2}}\,dx = 0 \qquad \text{für} \quad 0 \leqq t \leqq 1\,, \tag{3}$$

woraus zunächst $f(0) = 0$ folgt. Wenn nun die als stetig vorausgesetzte Funktion f nicht identisch verschwindet, muß die Funktion

$$g(t) = \int_0^t f(\tau)\,d\tau \tag{4}$$

sowohl positive als auch negative Werte annehmen; denn aus (3) folgt durch Integration nach t und Vertauschung der Integrationsfolge

$$\int_0^1 \frac{g(xt)}{x\sqrt{1-x^2}}\,dx = 0 \qquad \text{für} \quad 0 \leqq t \leqq 1\,. \tag{5}$$

Es sei $-\mu$ das Minimum der Funktion $g(t)/t$, die wegen (4) bis $t = 0$ stetig ist, wenn ihr in $t = 0$ der Wert $f(0) = 0$ zugeschrieben wird. Dieses Minimum werde für $t = t_0 > 0$ angenommen. Man setze nun $h(t) = g(t) + \mu t$. Dann ist $h(t) \geqq 0$ und $h(t_0) = 0$. Für die Funktion

$$\Phi(t) = \int_0^1 \frac{h(tx)}{x\sqrt{1-x^2}}\,dx = \int_0^1 \frac{g(tx)}{x\sqrt{1-x^2}}\,dx + \mu t \int_0^1 \frac{dx}{\sqrt{1-x^2}}$$

ergibt sich aus (5) $\Phi(t) = kt$ mit positiver Konstante k, also

$$\Phi(t) - \Phi(t_0) = k(t - t_0)\,, \qquad k > 0\,. \tag{6}$$

Andererseits ist für $t > t_0$

$$\Phi(t) - \Phi(t_0) = \int_0^{t_0/t} h(tx)\left[\frac{1}{x\sqrt{1-x^2}} - \frac{1}{x\sqrt{1-\left(\frac{tx}{t_0}\right)^2}}\right]dx + \int_{t_0/t}^1 h(tx)\,\frac{dx}{x\sqrt{1-x^2}}\,.$$

Das erste Integral ist wegen $h \geqq 0$ kleiner oder gleich 0. Da weiter nach (4) für $t_0 \leqq t \leqq 1$ und $\frac{t_0}{t} \leqq x \leqq 1$

$$h(tx) = h(tx) - h(t_0) = g(tx) - g(t_0) + \mu(tx - t_0) \leqq (\operatorname{Max} f + \mu)(t - t_0)$$

ist, konvergiert das zweite Integral noch durch $t - t_0$ dividiert zugleich mit $t - t_0$ gegen 0. Diese beiden Abschätzungen ergeben einen Widerspruch gegen (6).

Aus dem Eindeutigkeitssatz für die Kreisintegralgleichung kann man auch folgenden allgemeineren Satz entnehmen: Haben zwei konvexe Körper in jeder Richtung gleiche Umfänge, so haben sie auch in jeder Richtung gleiche Breiten. Hierauf hat MATSUMURA [16] aufmerksam gemacht.

Raumkurven konstanter Breite sind geschlossene Raumkurven mit folgender Eigenschaft: Die Normalebene durch einen beliebigen Punkt P der Kurve schneidet in genau einem weiteren Punkt $\overline{P}$, und die Entfernung $P\overline{P}$ ist von der Wahl von P unabhängig. Mit diesen Kurven beschäftigen sich FUJIWARA [3], [4] und BLASCHKE [7]. BLASCHKE zeigt insbesondere, daß jede Raumkurve konstanter Breite auf dem Rande einer Sphäroforme verläuft.

68. Verwandte Klassen konvexer Körper. Die Breite eines konvexen Bereichs in einer Richtung ist der doppelte gemischte Flächeninhalt des Bereichs und einer Einheitsstrecke senkrecht zu dieser Richtung. Demnach sind die Orbiformen als diejenigen konvexen Bereiche gekennzeichnet, für die dieser gemischte Flächeninhalt bei Bewegungen des Bereichs in der Ebene ungeändert bleibt. Ebenso sind die Sphäroformen diejenigen konvexen Körper $\mathfrak{K}$, für die das gemischte Volumen $V(\mathfrak{K}, \mathfrak{S}, \mathfrak{S})$, wo $\mathfrak{S}$ eine Kreisscheibe vom Radius 1 bedeutet, bei Bewegungen von $\mathfrak{K}$ ungeändert bleibt. Dieses gemischte Volumen ist nämlich bis auf einen unwesentlichen Faktor die Breite von $\mathfrak{K}$ in der zur Kreisscheibe senkrechten Richtung. Allgemein erhält man analoge Klassen von konvexen Körpern des n-dimensionalen Raumes in folgender Weise. Es seien $\mathfrak{K}_1, \ldots, \mathfrak{K}_{n-p}$ $(p < n)$ gegebene konvexe Körper. Dann werde gesagt: Ein konvexer Körper $\mathfrak{K}$ gehöre zur Klasse $O_p(\mathfrak{K}_1, \ldots, \mathfrak{K}_{n-p})$, wenn das gemischte Volumen $V(\underbrace{\mathfrak{K}, \ldots, \mathfrak{K}}_{p}, \mathfrak{K}_1, \ldots, \mathfrak{K}_{n-p})$ bei Bewegungen von $\mathfrak{K}$ ungeändert bleibt. Jeder solchen Klasse gehören die Kugeln, aber nicht immer weitere Körper an.

Auf diese allgemeine Begriffsbildung hat FAVARD [4] hingewiesen.

Für $n = 2$ läßt sich nach einer Mitteilung von FAVARD leicht die Bedingung dafür angeben, daß ein Bereich $\mathfrak{K}$ zur Klasse $O_1(\mathfrak{L})$, kurz $O(\mathfrak{L})$, bei gegebenem Bereich $\mathfrak{L}$ gehört. Sind

$$h(\varphi) = \frac{A_0}{2} + \sum_{\nu=1}^{\infty} A_\nu \cos(\nu\varphi + \alpha_\nu) \quad \text{bzw.} \quad l(\varphi) = \frac{B_0}{2} + \sum_{\nu=1}^{\infty} B_\nu \cos(\nu\varphi + \beta_\nu)$$

die Fourier-Entwicklungen der Stützfunktionen von $\mathfrak{K}$ und $\mathfrak{L}$, so gehört $\mathfrak{K}$ dann und nur dann zur Klasse $O(\mathfrak{L})$, wenn für alle $\nu \geqq 2$, für die $B_\nu \neq 0$ ist, A_ν verschwindet. Ist z. B. $\mathfrak{L}$ ein Bereich mit Mittelpunkt, so sind alle $B_{2\nu+1} = 0$, und zur Klasse $O(\mathfrak{L})$ gehören alle $\mathfrak{K}$ mit $A_{2\nu} = 0$, das sind die Orbiformen. Wählt man für $\mathfrak{L}$ ein reguläres p-Eck, so wird man auf die von MEISSNER [1] untersuchte Klasse der konvexen Bereiche geführt, deren umschriebene, gleichwinklige p-Ecke alle denselben Umfang besitzen. In der Fourier-Reihe der Stützfunktion eines solchen Bereichs fehlen die Glieder mit durch p teilbarem Index. Eine Unterklasse dieser bilden die Bereiche, deren umschriebene gleichwinklige p-Ecke überdies regulär sind, die also so in einem regulären p-Eck gedreht werden können, daß stets seine sämtlichen Seiten berührt werden. Nach MEISSNER [1] verschwinden in der Fourier-Entwicklung der Stützfunktion eines solchen Bereichs alle A_ν mit $\nu \equiv -1$, $\nu \equiv 0$, $\nu \equiv 1 \pmod{p}$. Mit derartigen Kurvenklassen beschäftigen sich auch FUJIWARA [5], [12], FUJIWARA und KAKEYA [1], HAYASHI [3], [9]. Ein Beispiel für ein räumliches Analogon, nämlich ein konvexer Körper, der so in einem regulären Tetraeder beliebig gedreht werden kann, daß stets die vier Seitenflächen berührt werden, ist von MEISSNER [2] beschrieben worden. — Es sei noch bemerkt, daß für die ebenen Bereiche $\mathfrak{K}$ der Klasse $O(\mathfrak{L})$ der bewegungsinvariante gemischte Flächeninhalt

$$F(\mathfrak{K}, \mathfrak{L}) = \frac{1}{4\pi} L(\mathfrak{K}) L(\mathfrak{L})$$

ist, wo $L(\mathfrak{K})$ und $L(\mathfrak{L})$ die Randlängen der Bereiche $\mathfrak{K}$ und $\mathfrak{L}$ bedeuten. Entsprechend gilt z. B. im dreidimensionalen Raum für die Körper $\mathfrak{K}$ der Klasse $O_1(\mathfrak{L}, \mathfrak{L})$

$$V(\mathfrak{K}, \mathfrak{L}, \mathfrak{L}) = \frac{1}{12\pi} M(\mathfrak{K}) S(\mathfrak{L})$$

und für $\mathfrak{K} = O_1(\mathfrak{L}, \mathfrak{S})$, wo $\mathfrak{S}$ die Einheitskugel ist,

$$V(\mathfrak{K}, \mathfrak{L}, \mathfrak{S}) = \frac{1}{12\pi} M(\mathfrak{K}) M(\mathfrak{L})\,;$$

hierin sind M und S Integral der mittleren Krümmung und Oberfläche der betreffenden Körper.

Körper konstanter Helligkeit. Ist $\mathfrak{u}$ eine Strecke der Länge 1, so ist $3V(\mathfrak{K}, \mathfrak{K}, \mathfrak{u})$ nach **30**, S. 45 das Quermaß, d. h. der Flächeninhalt der Projektion eines konvexen Körpers des dreidimensionalen Raumes auf eine Ebene. Die Klasse $O_2(\mathfrak{u})$ besteht also aus den konvexen Körpern, deren sämtliche ebenen Orthogonalprojektionen gleiche Flächeninhalte haben. Diese von BLASCHKE [11] S. 151—154 im Anschluß an HERGLOTZ [1] untersuchten Körper werden als Körper konstanter Helligkeit bezeichnet. BLASCHKE hat a. a. O. einen von der Kugel verschiedenen Körper dieser Art angegeben. — Ein konvexer Körper mit stetigen Hauptkrümmungsradien ist dann und nur dann von konstanter Helligkeit, wenn die Summe der reziproken GAUSSschen Krümmungen in zwei Punkten mit parallelen Stützebenen konstant ist; in Formeln

$$F_2(\xi) + F_2(-\xi) = \frac{2\sigma}{\pi}. \tag{1}$$

Hierin bedeutet $F_2(\xi)$ das Produkt der Hauptkrümmungsradien als Funktion der Normalenrichtung ξ und σ das (konstante) Quermaß (BLASCHKE: a. a. O.).

Es soll noch gezeigt werden, wie man hieraus entnehmen kann, daß ein Körper, der zugleich von konstanter Breite und konstanter Helligkeit ist, eine Kugel sein muß. Ist B die Breite, so ist πB der Umfang, also die Randlänge einer ebenen Projektion. Die isoperimetrische Ungleichung, angewendet auf eine Projektion, ergibt zunächst $4\sigma \leqq \pi B^2$. Nach **63**, S. 128 gilt für den Körper außer (1)

$$F_1(\xi) + F_1(-\xi) = 2B\,, \tag{2}$$

wo F_1 die Summe der Hauptkrümmungsradien bedeutet. Bekanntlich gibt es auf jeder geschlossenen konvexen Fläche wenigstens einen Nabelpunkt, d. h. einen Punkt, in dem die Hauptkrümmungsradien übereinstimmen[1]. In einem solchen gilt offenbar $F_1^2 = 4F_2$. Da weiter, wie man aus **63**, S. 128

[1] Andernfalls wäre das Feld der Hauptkrümmungsrichtungen auf der ganzen Fläche singularitätenfrei, was einem bekannten topologischen Satz widerspräche. Man sehe darüber z. B. BLASCHKE: Vorlesungen über Differentialgeometrie Bd. III, § 65. Berlin 1929, 474 S.; ferner für den topologischen Hilfssatz FENCHEL [3].

entnimmt, einem Nabelpunkt wieder ein solcher gegenüberliegt, folgt aus (1), wenn ξ die Normalenrichtung in einem Nabelpunkt ist,

$$F_1^2(\xi) + F_1^2(-\xi) = \frac{8\sigma}{\pi}.$$

Hieraus und aus (2) ergibt sich $4\sigma \geqq \pi B^2$, also das Gleichheitszeichen in der obengenannten isoperimetrischen Ungleichung. Das bedeutet aber, daß alle Orthogonalprojektionen Kreise sind. Der Körper ist somit eine Kugel. (Satz und Beweis bei MATSUMURA [**2**].)

§ 16. Charakteristische Eigenschaften der Gebilde zweiten Grades.

69. Kreis und Kugel. Bei mehreren der in § 10 und 12 angeführten Extremumprobleme stellten sich Kreise oder Kugeln als einzige Lösungen heraus. Sie sind daher durch die betreffenden Extremumeigenschaften unter den konvexen Bereichen bzw. Körpern gekennzeichnet. Ferner ergaben sich in **59**, S. 117 die Kugeln als einzige konvexe Körper mit konstanten Krümmungsfunktionen. Von anderer Art sind die Fragestellungen, über die im folgenden berichtet wird. Dabei handelt es sich um Kennzeichnungen von Kreis und Kugel durch elementargeometrische Eigenschaften. Die für die Behandlung von solchen teils einfachen, teils recht schwierigen Aufgaben erforderlichen Hilfsmittel sind sehr verschiedenartig. Es können hier nur Ergebnisse genannt werden.

Der Kreis ist die einzige konvexe Kurve, die mit jeder kongruenten zusammenfällt, sobald sie mehr als zwei Punkte mit ihr gemeinsam hat (FUJIWARA [**13**], KOJIMA [**2**], KUBOTA [**8**], HOMBU [**2**]). Ähnlich kann die Kugelfläche dadurch unter den konvexen Flächen charakterisiert werden, daß sie mit jeder kongruenten entweder keinen oder nur einen ebenen Schnitt hat (YANAGIHARA [**1**]). Es entsteht hier die Frage, ob es genügt, zu fordern, daß sie mit jeder kongruenten keinen oder einen zusammenhängenden Schnitt hat. — Ein konvexer Körper, dessen sämtliche ebenen Orthogonalprojektionen Kreise sind, ist eine Kugel (FUJIWARA [**2**], KUBOTA [**2**]). Es genügt (nach SÜSS, vgl. MATSUMURA [**2**]), vorauszusetzen, daß alle Projektionen einander ähnlich sind. — Sind die beiden von einem beliebigen äußeren Punkt an einen konvexen Bereich gelegten Tangenten gleich lang, so ist der Bereich ein Kreis (YANAGIHARA [**2**]; ähnliche Sätze bei MATSUMURA [**1**]). Besitzt ein konvexer Körper die Eigenschaft, daß alle von den Punkten einer nichtschneidenden Ebene an ihn gelegten berührenden Kegel Kreiskegel sind, so ist er eine Kugel (KUBOTA [**2**]; dort auch ein dazu analoger Satz). — Ein konvexer Bereich, bei dem zwei gleich lange Sehnen stets Stücke von gleichem Flächeninhalt abschneiden, ist ein Kreis. (Dieser und verwandte Sätze bei YANAGIHARA [**2**], HIRAKAWA [**1**].) — Gibt es in einem konvexen Körper einen Punkt derart, daß alle durch ihn gehenden ebenen Schnitte kongruent sind, so ist der Körper eine Kugel (SÜSS [**5**]). Dasselbe gilt, wenn alle Schnitte durch einen Punkt Orbiformen sind (SÜSS [**6**]). — Ein innerer Punkt eines konvexen Bereichs (Körpers) werde als Punkt konstanter Potenz bezeichnet, wenn das Produkt der Längen der beiden Abschnitte, in die er eine beliebige durch ihn gehende Sehne teilt, von der Sehne unabhängig ist. Dann gilt: Ein konvexer Bereich (Körper) mit zwei Punkten konstanter Potenz ist ein Kreis (eine Kugel)

(YANAGIHARA [**4**]). — Ein konvexer Körper mit der Eigenschaft, daß alle umschriebenen rechtwinkligen Parallelepipede in den Mittelpunkten ihrer Seitenflächen berührt werden, ist eine Kugel (BLASCHKE [**23**]). — Mit Kennzeichnungen von Kreis bzw. Kugel mittels ausgezeichneter Punkte im Sinne von **34**, S. 53 und verwandter Begriffe beschäftigen sich SÜSS [**21**] und MATSUMURA [**26**]. — Halbieren alle Durchmesser den Inhalt (die Randlänge) einer Orbiforme, so ist sie ein Kreis (HIRAKAWA [**1**]). — Eine Orbiforme (Sphäroforme), in der es einen Punkt gibt derart, daß alle durch ihn gehenden Sehnen die gleiche Länge haben, ist ein Kreis (eine Kugel) (FUJIWARA [**8**]). — Daß eine Sphäroforme von konstanter Helligkeit eine Kugel ist (MATSUMURA [**2**]), wurde am Schluß des vorigen Abschnitts gezeigt.

70. Ellipse und Ellipsoid. Bei gewissen Extremumfragen, insbesondere der affinen Differentialgeometrie, erscheinen Ellipse und Ellipsoid als einzige Lösungen[1]. Abgesehen von diesen Extremumeigenschaften sind zahlreiche elementargeometrische als kennzeichnend für die Kurven und Flächen zweiter Ordnung erkannt worden. Hierüber wird im folgenden berichtet:

Sind alle ebenen Projektionen eines konvexen Körpers Ellipsen, so ist er ein Ellipsoid (BLASCHKE und HESSENBERG [**1**]). — Sind die von den Punkten einer festen Ebene ausgehenden, einen konvexen Körper berührenden Kegel sämtlich Kegel zweiter Ordnung, so ist der Körper ein Ellipsoid. (Dieser, ein dualer und verwandte Sätze bei KUBOTA [**2**].) — Liegen die Eckpunkte aller einem konvexen Körper umschriebenen rechtwinkligen Parallelepipede auf einer festen Kugelfläche, so ist der Körper ein Ellipsoid (BLASCHKE [**12**], [**17**]). Das Entsprechende in der Ebene reicht zur Kennzeichnung der Ellipsen nicht aus; es gibt noch andere konvexe Bereiche, die von allen Punkten eines festen Kreises unter rechtem Winkel gesehen werden (BLASCHKE [**16**]). BLASCHKE hat in [**11**] S. 160 die Frage nach den konvexen Körpern gestellt, bei denen die Eckpunkte der umschriebenen rechtwinkligen Parallelepipede nur eine Fläche und kein Raumstück erfüllen. — Mit Hilfe von umschriebenen windschiefen Vierecken sind die Ellipsoide von YANAGIHARA [**3**] charakterisiert worden. — Ein konvexer Körper, der von allen umschriebenen Zylindern längs ebener Kurven berührt wird, der, mit anderen Worten, ebene „Selbstschattengrenzen" besitzt, ist ein Ellipsoid. (Man sehe darüber BLASCHKE [**11**] S. 157—159 und [**25**] § 45, wo der entsprechende Satz zugleich für beliebige, nicht notwendig konvexe Flächen bewiesen wird. Eine Anwendung dieses Satzes bei BONNESEN [**6**], [**7**], [**9**].) — Sind je zwei parallele ebene Schnitte eines konvexen Körpers homothetisch, so ist der Körper ein Ellipsoid. (KUBOTA [**3**], [**4**], NAKAGAWA [**1**]; nach BLASCHKE [**11**] S. 159 kann dies auf den vorigen Satz zurückgeführt werden). — Besitzt jeder ebene Schnitt eines konvexen Körpers einen Mittelpunkt, so ist der Körper ein Ellipsoid (BRUNN [**2**] Kap. IV; bei BLASCHKE [**25**] § 44 in allgemeinerer Fassung). — Als Polare eines Punktes in bezug auf eine konvexe Kurve werde der Ort der vierten harmonischen Punkte von diesem Punkt selbst und den beiden Schnittpunkten der Kurve mit einer Geraden durch den Punkt bezeichnet. Dann gilt: Sind die Polaren aller Punkte einer festen Geraden selbst geradlinig,

[1] Über diese hier nicht besprochenen Probleme sehe man BLASCHKE [**25**] 2. und 6. Kap. Ferner die Note von KUBOTA [**10**].

so ist die Kurve eine Ellipse (Kojima [1]; dort findet sich auch ein verwandter Satz für den Raum). — Zu mehreren hierher gehörigen Fragestellungen gibt der Begriff der konjugierten Durchmesser Anlaß. Es mögen hier nur solche konvexe Kurven betrachtet werden, die keine geradlinigen Stücke enthalten. Als Durchmesser einer solchen Kurve werde für den Augenblick die Verbindungsstrecke der Berührungspunkte von zwei parallelen Stützgeraden bezeichnet. Konvexe Kurven, bei denen es zu jedem Durchmesser einen zweiten gibt derart, daß jeder dieser beiden Durchmesser den Stützgeraden in den Endpunkten des anderen parallel ist, sind nicht notwendig Ellipsen. (Diese Kurven sind von Radon [2] untersucht worden; verwandte Fragen behandelt Funk [3].) Als Schwerlinie einer konvexen Kurve wird der Ort der Mittelpunkte von parallelen Sehnen bezeichnet. Jede Schwerlinie verbindet die beiden Berührungspunkte der zu den Sehnen parallelen Stützgeraden. Analog werde der Ort der Mittelpunkte paralleler Sehnen eines konvexen Körpers als Schwerfläche und der Ort der Schwerpunkte von parallelen ebenen Schnitten als Schwerlinie bezeichnet. Hierbei sind die ebenen Schnitte homogen mit Masse belegt zu denken. Ellipse und Ellipsoid sind dadurch gekennzeichnet, daß ihre sämtlichen Schwerlinien Geraden sind (Bertrand, Brunn [2] Kap. IV; vgl. darüber insbesondere Blaschke [25] S. 18—19, 23—24 und 213, wo auch die Originalarbeiten zitiert sind, ferner Matusumura [7]; konvexe Bereiche mit zwei geraden Schwerlinien untersucht von van der Woude [1]). Dieser Satz kann aus dem folgenden entnommen werden: Gehen alle Affinnormalen, das sind die Tangenten der Schwerlinien in den Randpunkten des Bereiches oder Körpers, durch einen Punkt, so ist der Bereich bzw. Körper eine Ellipse bzw. ein Ellipsoid (Blaschke [25] § 76). Ein konvexer Körper, dessen sämtliche Schwerflächen Ebenen sind, ist ein Ellipsoid (Brunn [2] Kap. IV). Man erkennt sofort, daß bei einem solchen Körper diese Ebenen den Rand in den Berührungskurven der umschriebenen Zylinder schneiden. Der Satz folgt also aus dem oben Genannten über Körper mit ebenen Selbstschattengrenzen. (Darauf hat Blaschke [11] S. 159 aufmerksam gemacht.) Zwei Kurven mit gemeinsamen Schwerlinien, wo also jede Gerade, die beide Kurven trifft, zwei Sehnen mit gemeinsamem Mittelpunkt ausschneidet, sind konzentrische Kegelschnitte (Liebmann; vgl. dazu auch wegen der Literatur Blaschke [25] § 17). Die entsprechende Frage im Raum ist noch ungeklärt (Blaschke [25] S. 249). Ähnliche Kennzeichnungen von Kegelschnitt-Tripeln sind von Hombu [1] angegeben worden. — Wegen weiterer Literaturangaben zu dem in diesem Abschnitt besprochenen Fragenkreis sei auf Blaschke [25] verwiesen. Hinzugekommen ist noch die Kennzeichnung der Ellipsoide als konvexe Körper konstanter Affinbreite (Süss [3], [15], Matsumura [6], [21]).

§ 17. Differentialgeometrie der konvexen Kurven und Flächen.

71. Krümmungseigenschaften konvexer Kurven. Vierscheitelsatz und Verwandtes. Über die Krümmungsverhältnisse konvexer Kurven lassen sich auch ohne Differentiierbarkeitsvoraussetzungen weitgehende Aussagen machen. Man betrachte einen Kurvenpunkt P und eine durch ihn gehende Stützgerade s. Unter den Schmiegungskreisen der Kurve im „Element" (P, s) werden die Grenzlagen (oder die Grenzlage) derjenigen Kreise verstanden, die s in P berühren und außerdem durch einen weiteren, gegen P konvergierenden Kurvenpunkt gehen. Hierbei sind, wie auch im folgenden, die Punkte und Geraden als Kreise vom Radius 0 bzw. ∞ zuzulassen. Die Krümmungskreise der Kurve in (P, s) sind die Grenzlagen (oder die Grenzlage) derjenigen Kreise durch P, deren Mittelpunkte die Schnittpunkte der Normalen von s in P und der Normalen einer gegen (P, s) konvergierenden Folge von Elementen sind. Die zu einem Element gehörigen Schmiegungs- und Krümmungsradien erfüllen je ein Intervall, und zwar ist das Intervall der Schmiegungsradien in dem der Krümmungsradien enthalten; mit anderen Worten, jeder Schmiegungskreis ist zugleich Krümmungskreis, jedoch nicht umgekehrt. Es gilt aber folgendes: Gibt es zu einem Element nur einen Schmiegungskreis, so gibt es auch nur einen Krümmungskreis, und beide fallen zusammen. Die Umkehrung hiervon folgt aus dem Gesagten. Der Fall der eindeutigen Bestimmtheit von Schmiegungs- und Krümmungskreis ist der allgemeine; genauer: Die Elemente, zu denen es mehrere Krümmungskreise gibt, bilden eine Nullmenge in dem Sinne, daß sowohl die Punkte bezüglich der Bogenlänge, als die Stützgeraden bezüglich der Richtung Nullmengen sind. Dies kann aus dem Lebesgueschen Satz gefolgert werden, daß die Funktionen mit beschränktem Differenzenquotienten bis auf eine Nullmenge differentiierbar sind. — Die obere (untere) Grenze aller Schmiegungsradien aller Elemente einer konvexen Kurve stimmt mit der oberen (unteren) Grenze aller Krümmungsradien überein. — Die obigen Begriffsbildungen gehen im wesentlichen auf Hjelmslev [5] zurück. Die genannten und weitere Sätze über die Beziehungen zwischen Schmiegungs- und Krümmungskreisen sowie Beispiele für Kurven mit Krümmungskreisen, die nicht Schmiegungskreise sind usw., sind von Jessen [2] gefunden worden. Man sehe darüber auch Bohr und Jessen [1] Kap. III. — Ein Satz über Krümmungskreise bei Blaschke [18].

Zu jedem Element (P, s) einer konvexen Kurve denke man sich den größten in der Kurve enthaltenen Kreis konstruiert, der s in P berührt. Der kleinste dieser Kreise, nämlich der größte Kreis, der ungehindert in der Kurve rollen kann, hat genau die untere Grenze der Krümmungsradien zum Radius. Entsprechend ist der Radius des kleinsten Kreises, in dem die Kurve rollen kann, die obere Grenze der Krümmungsradien. In dieser Allgemeinheit ist der Satz von Bohr und Jessen [1] Kap. III bewiesen worden (vgl. dazu auch Mukhopadhyaya [6]), unter engeren Voraussetzungen bei Blaschke [11] S. 114—116. Aus dem Beweis von Blaschke kann die allgemeinere Tatsache entnommen werden: Eine konvexe Kurve kann dann und nur dann ungehindert in einer anderen rollen, wenn der größte Krümmungsradius der ersten nicht größer als der kleinste der zweiten ist (Brunn [1] Kap. II). Eine Ungleichung zwischen Längen und Flächeninhalten von zwei konvexen Kurven, von denen die eine in der anderen rollen kann, bei Pólya und Szegö [1] Bd. 2 S. 163 Aufg. 6.

Besonderes Interesse haben Fragen nach der Anzahl der Scheitelpunkte oder zyklischen Punkte einer konvexen Kurve gefunden. Ein Scheitelpunkt ist ein Kurvenpunkt, in dem die Ableitung des Krümmungsradius verschwindet, in dem also der Krümmungskreis von höherer als zweiter Ordnung berührt oder, wenn man weniger Differentiierbarkeitsvoraussetzungen macht, ein Kurvenpunkt, in dessen beliebiger Nähe vier auf einem Kreis liegende Kurvenpunkte gefunden werden können (Mukhopadhyaya [2], [5]). Das Hauptergebnis kann so ausgesprochen werden: Die Anzahl der Scheitel einer konvexen Kurve ist mindestens gleich ihrer zyklischen Ordnung, das ist die Maximalzahl der Schnittpunkte der Kurve mit einem Kreis[1].

[1] Über den Begriff der zyklischen Ordnung siehe Juel [2], wo die Kurven vierter zyklischer Ordnung untersucht werden, und Marchaud [1].

Da jede konvexe Kurve mit einem passenden Kreis mindestens vier Punkte gemeinsam hat, ist hierin insbesondere der Vierscheitelsatz enthalten: Eine konvexe Kurve besitzt wenigstens vier Scheitel. Zum ersten Male findet sich der obige allgemeine Satz bei MUKHOPADHYAYA [2], [5]; damit im Zusammenhang steht auch [6], wo Sätze über die Anzahl von Schmiegungskreisen bestimmter Größe bewiesen werden, ferner eine Arbeit von BOSE [1], wo gezeigt wird, daß die Anzahl der von einer konvexen Kurve von endlicher zyklischer Ordnung ganz umschlossenen Krümmungskreise stets um 2 größer ist als die Anzahl der die Kurve von innen in drei verschiedenen Punkten berührenden Kreise. Darin ist ebenfalls der Vierscheitelsatz enthalten, ferner Sätze von JUEL [2] und HAYASHI [10]. Unabhängig von MUKHOPADHYAYA wurde der Vierscheitelsatz von A. KNESER [1] entdeckt. Seitdem sind zahlreiche Beweise der verschiedensten Art dafür angegeben worden: BLASCHKE [2], [11] S. 160—161, VOGT [1], MOHRMANN [1], [2], HOSTINSKÝ [1], ZINDLER [1] I, HERGLOTZ in BLASCHKE [24] § 12 (ausführlicher bei BIEBERBACH [2] S. 23—27), H. KNESER [2], SCHUH [1], CRONE [2], HAYASHI [10], SÜSS [8], BALL [1], VAHLEN [1], STRUIK [2], FOG [1]. Der entsprechende Satz der relativen Differentialgeometrie bei BLASCHKE [25] S. 65, SÜSS [14], MATSUMURA [19] und für Kurven auf der Kugel bei ZINDLER [4], FOG [1]. Ähnliche Sätze für Raumkurven, die ganz auf dem Rande ihrer konvexen Hülle verlaufen, beweisen MOHRMANN [2], SÜSS [11], MATSUMURA [18]. — Die Scheitel einer konvexen Kurve können nicht sämtlich auf einem Kreis liegen (GANAPATI [1]). — Auf jeder konvexen Kurve gibt es wenigstens drei Paare von Punkten, so daß in den Punkten eines Paares die Tangenten parallel und die Krümmungen gleich sind (BLASCHKE [18], SÜSS [1], [8], MATSUMURA [8]). — Über die Scheitel einer konvexen Kurve siehe auch BLASCHKE [25] S. 68 und SÜSS [14].

Weitere Untersuchungen beschäftigen sich mit der Beziehung von konvexen Kurven zu Kegelschnitten. In jedem Punkt einer genügend oft differentiierbaren Kurve gibt es einen „oskulierenden" Kegelschnitt, der mindestens von vierter Ordnung berührt (vgl. z. B. BLASCHKE [25] § 11). Ein Punkt, in dem dieser Kegelschnitt von höherer als vierter Ordnung berührt, wird als sextaktisch bezeichnet. Eine konvexe Kurve (mit Mittelpunkt) besitzt mindestens sechs (acht) sextaktische Punkte (MUKHOPADHYAYA [2], [5], HERGLOTZ und RADON, vgl. BLASCHKE [25] § 19, HAYASHI [7]). — Eine Kurve nennt man elliptisch gekrümmt, wenn alle oskulierenden Kegelschnitte Ellipsen sind. Ist eine konvexe Kurve elliptisch gekrümmt, so liegen fünf beliebige ihrer Punkte auf einer Ellipse (BÖHMER, vgl. — auch wegen Literaturangaben — BLASCHKE [25] § 21, ferner MUKHOPADHYAYA [4]). Weitere Literatur über oskulierende Kegelschnitte: HAYASHI [5], [11], KUBOTA [10], MUKHOPADHYAYA [3], OGIWARA [1], [2], PODEHL [1].

72. Flächen positiver GAUSSscher Krümmung. Verbiegbarkeitsfragen. Systematische Untersuchungen der Krümmungseigenschaften konvexer Flächen ohne Differentiierbarkeitsvoraussetzungen liegen bisher nicht vor. Ansätze und Hilfsmittel dafür finden sich in dem Buch von BOULIGAND [1]. — Über konvexe Flächen, von denen die eine in der anderen rollen kann, sehe man BRUNN [1] Kap. II, BLASCHKE [11] § 24, PÓLYA und SZEGÖ [1] Bd. 2 S. 164 Aufg. 7. — Eine konvexe Fläche, bei der die Hauptkrümmungsradien existieren, besitzt jedenfalls nicht negative GAUSSsche Krümmung. Hiervon ist mit gewissen Einschränkungen die Umkehrung richtig: Eine geschlossene, stetig und positiv gekrümmte Fläche ist eine konvexe

Fläche[1]. Nach HADAMARD [1] S. 352—353, [2] kann dies durch Betrachtung der Normalenabbildung der Fläche auf den Satz zurückgeführt werden, daß die Kugel außer sich selbst keine unbegrenzte unverzweigte Überlagerungsfläche besitzt. Einen den HADAMARDschen enthaltenden Satz hat COHN-VOSSEN [1] bewiesen: Es sei ein stetig gekrümmtes Flächenstück gegeben, dessen GAUSSsche Krümmung eine positive Zahl c nicht unterschreitet. Wird dieses Flächenstück irgendwie so fortgesetzt, daß die Krümmung stetig und größer oder gleich c bleibt, so tritt einer der beiden folgenden Fälle ein: Entweder schließt sich die Fläche zu einer konvexen, oder sie bekommt wenigstens einen singulären Punkt, dessen Entfernung vom Ausgangsflächenstück übrigens unterhalb einer nur von c und diesem Flächenstück abhängigen Schranke liegt.

Unter einer Verbiegung eines Flächenstücks versteht man bekanntlich eine kontinuierliche Abänderung, bei der die Längen aller auf der Fläche verlaufenden Kurven ungeändert bleiben. Die Untersuchungen, über die im folgenden berichtet wird, beziehen sich im wesentlichen auf die Tatsache, daß eine konvexe Fläche als Ganzes (unter passenden Regularitätsbedingungen) unverbiegbar ist. Es sind zwei verschiedene Fragestellungen dieser Art behandelt worden, die beide in gewisser Hinsicht allgemeiner als die obige sind. Bei der ersten handelt es sich darum, zu zeigen, daß zwei umkehrbar eindeutig und längentreu aufeinander abgebildete konvexe Flächen durch Bewegungen oder Spiegelungen ineinander übergeführt werden können. Die zweite bezieht sich dagegen auf „infinitesimale Verbiegungen", das sind solche infinitesimalen Abänderungen einer Fläche, bei denen die Längen der Flächenkurven bis auf Größen zweiter und höherer Ordnung ungeändert bleiben.

Über Unverbiegbarkeit — damit ist im folgenden stets Unverbiegbarkeit im ersten Sinne gemeint — liegen bisher folgende Resultate vor: CAUCHY [1] hat bewiesen, daß zwei isomorphe konvexe Polyeder, deren entsprechende Seitenflächen kongruent sind, durch Bewegungen und evtl. eine Spiegelung ineinander übergeführt werden können. Der Beweis beruht wesentlich auf topologischen Betrachtungen. Nähere Angaben darüber bei STEINITZ [2] **15**; eine neue Darstellung des Beweises gibt TURCHETTI [1]. Die Unverbiegbarkeit der Kugel in dem hier betrachteten Sinn ist zuerst von LIEBMANN [1] bewiesen worden. Einen anderen Beweis hat HILBERT [2] angegeben (vgl. auch BLASCHKE [24] § 91). Man bemerke, daß es sich in diesem Spezialfall darum handelt, zu zeigen, daß eine geschlossene Fläche konstanter positiver GAUSSscher Krümmung eine Kugel ist, und bemerke ferner, daß nach einem erwähnten Ergebnis von HADAMARD eine geschlossene Fläche positiver GAUSSscher Krümmung eine konvexe Fläche ist. Die Behauptung ist also in dem MINKOWSKIschen Satz von der eindeutigen Bestimmtheit einer konvexen Fläche durch die reziproke GAUSSsche Krümmung als Funktion der Normalenrichtung enthalten. Wegen der Beweise und Literatur sehe man **59**, S. 116—118. — Die Unverbiegbarkeit von beliebigen stückweise analytischen konvexen Flächen hat COHN-VOSSEN [2] bewiesen, und zwar auf folgende Weise: Es seien zwei eineindeutig stetig und längentreu aufeinander abgebildete konvexe Flächen $\mathfrak{F}$ und $\mathfrak{F}'$ gegeben. Ist P ein beliebiger Punkt von $\mathfrak{F}$ und P' der entsprechende Punkt von $\mathfrak{F}'$, so können zwei Fälle eintreten: Entweder hat jeder Normalschnitt von $\mathfrak{F}$ durch P die gleiche Krümmung wie der entsprechende Normalschnitt von $\mathfrak{F}'$ durch P'.

[1] Die entsprechende Behauptung für Kurven in der Ebene ist nur richtig, wenn außerdem Doppelpunktfreiheit verlangt wird. Vgl. HJELMSLEV [4] § 6.

(In diesem Fall heiße P Kongruenzpunkt.) Oder es gibt genau zwei Normalschnitte durch P, bei denen dies der Fall ist. Sind sämtliche Punkte von $\mathfrak{F}$ Kongruenzpunkte, so sind die beiden Flächen kongruent oder symmetrisch. Wären dagegen nicht alle Punkte von $\mathfrak{F}$ Kongruenzpunkte, so würden in den übrigen Punkten die zu den genannten Normalschnitten gehörigen Paare von Tangentialrichtungen ein stetiges Feld auf $\mathfrak{F}$ bilden, das wegen der stückweisen Analytizität nur endlich viele Singularitäten, das sind hier die Kongruenzpunkte, besitzt. Es wird gezeigt, daß die Indizes dieser Singularitäten nicht positiv sein können. Die Existenz eines solchen Feldes widerspräche also einem bekannten topologischen Satz, nach dem die Summe der Indizes positiv ist. Der angedeutete Beweis kann als Analogon des CAUCHYschen für den entsprechenden Polyedersatz aufgefaßt werden. — Beweisansätze anderer Art für viel weitergehende Behauptungen hatte WEYL [1] schon früher angegeben. Es handelt sich dabei um folgendes: Man denke die Koeffizienten der ersten Fundamentalform als Funktionen auf der Einheitskugel so vorgeschrieben, daß die GAUSSsche Krümmung, die sich ja aus ihnen nach dem Theorema egregium berechnen läßt, stets positiv ist. Die WEYLsche Behauptung lautet dann, daß es eine und bis auf Bewegungen und Spiegelungen auch nur eine konvexe Fläche mit der vorgegebenen ersten Fundamentalform gibt.

Eine Fläche, die durch den Ortsvektor $x(u, v)$ (u und v Flächenparameter) gegeben sei, werde einer kontinuierlichen Abänderung im Laufe der Zeit t unterworfen, so daß $t = 0$ die ursprüngliche Fläche entspricht. Man betrachtet also eine Schar $x(u, v; t)$ von Flächen mit $x(u, v; 0) = x(u, v)$. Die „infinitesimale Abänderung", das ist die Gesamtheit der „Geschwindigkeitsvektoren" $z(u, v) = \left(\frac{\partial}{\partial t} x(u, v; t)\right)_{t=0}$ heißt eine **Infinitesimalverbiegung** der Fläche x, wenn für jede (zur Fläche x tangentiale) Differentiationsrichtung dz senkrecht auf dx steht. Dies bringt genau zum Ausdruck, daß die zeitliche Änderung der Länge einer beliebigen Flächenkurve für $t = 0$ verschwindet. Der Beweis für die infinitesimale Unverbiegbarkeit oder kurz Starrheit der Eiflächen[1] läuft nun darauf hinaus, zu zeigen, daß jede Infinitesimalverbiegung z einer solchen Fläche notwendig eine infinitesimale Bewegung der ganzen Fläche ist. Die ersten Beweise hierfür rühren von LIEBMANN [3], [4], [9], [10] her. Über einen mit den in **52**, S. 102 besprochenen HILBERTschen Sätzen in engstem Zusammenhang stehenden Beweis von BLASCHKE [1], [21], [24] § 93 und WEYL [2] wird unten ausführlicher berichtet. Die Beweise von CAUCHY [1] und COHN-VOSSEN [2] für die Unverbiegbarkeit der konvexen Polyeder bzw. Eiflächen liefern mit geringen Modifikationen auch deren Starrheit. Andere Beweise für die Starrheit der konvexen Polyeder haben DEHN [1] und WEYL [2] angegeben.

Bei einer Infinitesimalverbiegung $z(u, v)$ einer Fläche erfährt jedes Flächenelement, worunter man etwa einen Flächenpunkt mit der Tangentialebene durch ihn verstehen möge, eine infinitesimale Bewegung. Der Winkelgeschwindigkeitsvektor $y(u, v)$ dieser Bewegung beschreibt, vom Nullpunkt aufgetragen, eine zweite Fläche, die als Drehriß der Infinitesimalverbiegung bezeichnet wird. Der Drehriß bestimmt sich aus $x(u, v)$ und $z(u, v)$ durch $dz = y \times dx$, wo $\times$ das vektorielle Produkt bezeichnet und die Differentiation d

---

[1] Unter einer Eifläche werde hier eine analytische konvexe Fläche überall positiver GAUSSscher Krümmung verstanden. Es sei jedoch bemerkt, daß viele der im folgenden genannten Beweise nur Differentiierbarkeit von einer passenden endlichen Ordnung erfordern.

in allen Tangentialrichtungen der Fläche im betrachteten Punkt vorzunehmen ist. Der Drehriß besitzt folgende Eigenschaften: 1. Die Tangentialebenen von Fläche und Drehriß in entsprechenden Punkten sind parallel. 2. Die ursprüngliche Fläche läßt sich als Drehriß ihres Drehrisses auffassen. 3. Ist die Fläche positiv gekrümmt, so ist in regulären Punkten des Drehrisses die Krümmung negativ. 4. Der Drehriß besteht dann und nur dann aus einem Punkt, wenn die Infinitesimalverbiegung eine infinitesimale Bewegung der ganzen Fläche ist. Hätte man nun eine von einer Bewegung verschiedene Infinitesimalverbiegung einer Eifläche, so wäre der zugehörige Drehriß eine geschlossene Fläche von negativer Krümmung. Eine solche Fläche kann aber nicht existieren, da sich durch keinen ihrer Punkte eine Stützebene legen läßt. Dies ist der Grundgedanke eines mit dem im folgenden beschriebenen BLASCHKEschen eng verwandten Beweises von LIEBMANN (vgl. insbesondere [**10**]). Die Schwierigkeit der Durchführung lag in der Möglichkeit des Auftretens von singulären Punkten des Drehrisses. LIEBMANN zeigte aber, daß es auch durch solche Punkte keine Stützebenen des Drehrisses geben kann. (Der verwandte Beweis von DUSCHEK [**2**] geht auf diese Schwierigkeit nicht ein.)

Die erwähnte Beziehung der Theorie des Drehrisses zu den HILBERTschen Sätzen über Differentialgleichungen $D(H, Z) = 0$ (vgl. **52**, S. 104) ergibt sich, wenn man Stützfunktionen einführt. Unter einer „Stützfunktion" einer nicht notwendig konvexen Fläche ist diejenige positiv homogene Funktion ersten Grades zu verstehen, deren Wert in einem Punkt ξ der Einheitskugel gleich dem Abstand (mit der üblichen Vorzeichenfestsetzung) der Tangentialebene der Richtung ξ vom Nullpunkt ist. Es sei H die Stützfunktion einer Eifläche. Dann ist eine positive homogene Funktion K ersten Grades dann und nur dann Stützfunktion des Drehrisses der Eifläche H, wenn die Beziehung $D(H, K) = 0$ besteht. Nun hat nach dem Eindeutigkeitssatz **52**, S. 104 die Differentialgleichung $D(H, Z) = 0$ die homogenen linearen Funktionen als einzige auf der ganzen Kugel reguläre Lösungen Z. K muß daher linear und homogen, der Drehriß also ein Punkt sein, und das ist genau der Satz von der Starrheit der Eiflächen. Diese Überlegung rührt von BLASCHKE [**1**] her. WEYL [**2**] hat den einfachen, in **52**, S. 104 dargestellten Beweis des Eindeutigkeitssatzes gefunden. Der BLASCHKE-WEYLsche Beweis des Starrheitssatzes ist unter Verwendung von Punkt- statt Stützebenenkoordinaten bei BLASCHKE [**21**], [**24**] § 93 wiedergegeben. — Auf ähnliche Weise läßt sich, wie REMBS [**1**] gezeigt hat, auch die Starrheit von gewissen nichtgeschlossenen Flächen beweisen. Es handelt sich um im Innern positiv gekrümmte Flächen mit endlich vielen ebenen Randkurven, längs denen die Fläche die Randebenen berührt[1]. Das Normalenbild einer solchen offenen Fläche ist die ganze Kugel mit Ausnahme endlicher vieler Punkte. Der Starrheitssatz von REMBS läuft im wesentlichen darauf hinaus, daß es auch auf der endlich oft punktierten Kugel außer den linearen homogenen keine Lösungen von $D(H, Z) = 0$ gibt, die bei Annäherung an die Ausnahmepunkte Grenzwerten zustreben. Für die Übertragung des BLASCHKE-WEYLschen Beweises auf diesen Fall sind die Vorzeichen von gewissen Integralen über die Ränder zu bestimmen, was durch den Beweis des folgenden Satzes geschieht: Besitzen zwei ebene Kurven, von denen die erste konvex ist, den gemischten Flächeninhalt 0, so hat die zweite nichtpositiven Flächeninhalt. — Spezialfälle des Satzes von REMBS sind schon früher von LIEBMANN [**10**] bewiesen worden.

[1] Denkt man die von den Randkurven begrenzten Löcher durch Ebenenstücke ausgefüllt, so entsteht eine konvexe Fläche.

Eine offene Fläche, deren sphärisches Bild ein Gebiet der Kugel frei läßt, etwa eine Eifläche, in die ein Loch gebohrt ist, gestattet dagegen Infinitesimalverbiegungen. Um dies zu beweisen, konstruiere man eine (passende Differentiierbarkeitseigenschaften besitzende) Funktion $\Phi(\xi)$ auf der Einheitskugel $\sum \xi^2 = 1$, die in allen Punkten des sphärischen Bildes der Fläche verschwindet aber nicht identisch, und die den Bedingungen $\int \xi \Phi(\xi) d\omega = 0$ bei Integration über die Kugel genügt. Dann gibt es nach dem HILBERTschen Existenzsatz **60**, S. 124 eine Lösung Z der Differentialgleichung $D(H, Z) = \Phi$, die die Stützfunktion des Drehrisses einer Infinitesimalverbiegung der Fläche ist. Hierbei ist H die Stützfunktion der ungelochten Eifläche. Auf diesem Wege hat SÜSS [**10**], auf anderem COHN-VOSSEN [**2**] die Unstarrheit der gelochten Eiflächen bewiesen. Spezialfälle wurden früher von LIEBMANN [**10**] und SCHUR [**1**] erledigt.

Literaturverzeichnis.

APPELL, P. [1]: Traité de mécanique rationelle. Bd. 3, 3. Aufl. Paris 1928, 674 S.

ASCOLI, G. [1]: Sui baricentri delle sezioni piane di un dominio spaziale connesso. Boll. Un. Mat. Ital. Bd. 10 (1931) S. 123—128; [2]: Sugli spazi lineari metrici e le loro varietà lineari. Ann. Mat. pura appl. (4) Bd. 10 (1932) S. 33—81, 203—232.

BALL, N. H. [1]: On ovals. Amer. Math. Monthly Bd. 37 (1930) S. 348—353.

BARBIER, E. [1]: Note sur le problème de l'aiguille et le jeu du joint couvert. J. Math. pures appl. (2) Bd. 5 (1860) S. 273—286.

BERNSTEIN, F. [1]: Über die isoperimetrische Eigenschaft des Kreises auf der Kugeloberfläche und in der Ebene. Math. Ann. Bd. 60 (1905) S. 117—136; [2]: Konvexe Kurven mit überall dichter Menge von Ecken. Arch. Math. Phys. (3) Bd. 12 (1907) S. 285—286.

BESICOWITCH, A. S. [1]: On Kakeya's problem and a similar one. Math. Z. Bd. 27 (1927) S. 312—320.

BIEBERBACH, L. [1]: Über eine Extremaleigenschaft des Kreises. Jber. Deutsch. Math.-Vereinig. Bd. 24 (1915) S. 247—250; [2]: Differentialgeometrie. Leipzig und Berlin 1932, 140 S.

BIEHL, Th. [1]: Über affine Geometrie XXXVIII: Über die Schüttelung von Eikörpern. Abh. math. Semin. Hamburg. Univ. Bd. 2 (1923) S. 69—70.

BLASCHKE, W. [1]: Ein Beweis für die Unverbiegbarkeit geschlossener konvexer Flächen. Nachr. Ges. Wiss. Göttingen (1912) S. 607—616; [2]: Minimalzahl der Scheitel einer geschlossenen konvexen Kurve. Rend. Circ. mat. Palermo Bd. 36 (1913) S. 220—222; [3]: Aufgabe. Arch. Math. Phys. (3) Bd. 21 (1913) S. 288. Lösung von Jordan u. Fiedler ebenda Bd. 22 (1914) S. 362—364; [4]: Geradlinige Polygone extremen Inhalts. Arch. Math. Phys. (3) Bd. 22 (1914) S. 327—329; [5]: Beweise zu Sätzen von Brunn und Minkowski über die Minimaleigenschaft des Kreises. Jber. Deutsch. Math.-Vereinig. Bd. 23 (1914) S. 210—234; [6]: Über den größten Kreis in einer konvexen Punktmenge. Jber. Deutsch. Math.-Vereinig. Bd. 23 (1914) S. 369—374; [7]: Über Raumkurven von konstanter Breite. Ber. Verh. sächs. Akad. Leipzig Bd. 66 (1914) S. 171—177; [8]: Kreis und Kugel. Jber. Deutsch. Math.-Vereinig. Bd. 24 (1915) S. 195—207. Bemerkungen dazu von H. Liebmann S. 207—209; [9]: Konvexe Bereiche gegebener konstanter Breite und kleinsten Inhalts. Math. Ann. Bd. 76 (1915) S. 504—513; [10]: Einige Bemerkungen über Kurven und Flächen konstanter Breite. Ber. Verh. sächs. Akad. Leipzig Bd. 67 (1915) S. 290—297; [11]: Kreis und Kugel. Leipzig 1916, 169 S.; [12]: Eine kennzeichnende Eigenschaft des Ellipsoids und eine Funktionalgleichung auf der Kugel. Ber. Verh. sächs. Akad. Leipzig Bd. 68 (1916) S. 129—136; [13]: Aufgaben der Differentialgeometrie im Großen. S.-B. Berlin. math. Ges. Bd. 15 (1916) S. 62—69; [14]: Eine Frage über konvexe Körper. Jber. Deutsch. Math.-Vereinig. Bd. 25 (1916) S. 121—125; [15]: Über affine Geometrie. IX.: Verschiedene Bemerkungen und Aufgaben. Ber. Verh. sächs. Akad. Leipzig Bd. 69 (1917) S. 412—420; [16]: Über eine Ellipseneigenschaft und über gewisse konvexe Kurven. Arch. Math. Phys. (3) Bd. 26 (1917) S. 115 bis 118; [17]: Altes und Neues von Ellipse und Ellipsoid. Jber. Deutsch. Math.-Vereinig. Bd. 26 (1917) S. 220—230; [18]: Aufgaben 540 und 541. Arch. Math. Phys. (3) Bd. 26 (1917) S. 65; Lösungen zu 540 von G. Szegö und

W. Süß ebenda Bd. 28 (1920) S. 183, Jber. Deutsch. Math.-Vereinig. Bd. 33 (1925) S. *32—33*; [19]: Eine isoperimetrische Eigenschaft des Kreises. Math. Z. Bd. 1 (1918) S. 52—57; [20]: Aufgabe 573. Arch. Math. Phys. (3) Bd. 28 (1920) S. 74; [21]: Über affine Geometrie. XXIX.: Die Starrheit der Eiflächen. Math. Z. Bd. 9 (1921) S. 142—146; [22]: Über affine Geometrie. XXXVII.: Eine Verschärfung von Minkowskis Ungleichheit für den gemischten Flächeninhalt. Abh. math. Semin. Hamburg. Univ. Bd. 1 (1922)S. 206—209; [23]: Aufgabe 40. Jber. Deutsch. Math.-Vereinig. Bd. 35 (1926) S. *49*. Lösung von H. Kneser ebenda Bd. 35 (1926) S. *123*; [24]: Vorlesungen über Differentialgeometrie. I.: Elementare Differentialgeometrie 3. Aufl. Berlin 1930, 311 S.; [25]: Vorlesungen über Differentialgeometrie. II.: Affine Differentialgeometrie 1. u. 2. Aufl. Berlin 1923, 259 S.; [26]: Über die Schwerpunkte von Eibereichen. Math. Z. Bd. 36 (1932) S. 166.

Blaschke, W., u. G. Hessenberg [1]: Lehrsätze über konvexe Körper. Jber. Deutsch. Math.-Vereinig. Bd. 26 (1917) S. 215—220.

Bohr, H. [1]: Om addition af uendelig mange konvekse Kurver. Overs. Danske Vidensk. Selsk. Forh. (1913) S. 325—366; [2]: Om Addition af konvekse Kurver med givne Sandsynlighedsfordelinger. Mat. Tidsskr. B (1923) S. 10—15.

Bohr, H., u. R. Courant [1]: Neue Anwendungen der Theorie der Diophantischen Approximationen auf die Riemannsche Zetafunktion. J. reine angew. Math. Bd. 144 (1914) S. 249—274.

Bohr, H., u. B. Jessen [1]: Om Sandsynlighedsfordelinger ved Addition af konvekse Kurver. Danske Vid. Selsk., Skr. (8) Bd. 12 (1929) S. 326—405.

Bonnesen, T. [1]: Beviser for nogle saetninger om konvekse kurver. Nyt Tidsskr. Mat. B Bd. 31 (1920) S. 47—54; [2]: Sur une amélioration de l'inégalité isopérimétrique du cercle et la démonstration d'une inégalité de Minkowski. C. R. Acad. Sci., Paris Bd. 172 (1921) S. 1087—1089; [3]: Über eine Verschärfung der isoperimetrischen Ungleichung des Kreises in der Ebene und auf der Kugeloberfläche nebst einer Anwendung auf eine Minkowskische Ungleichheit für konvexe Körper. Math. Ann. Bd. 84 (1921) S. 216—227; Mat. Tidsskr. B (1921) S. 1—13 u. 48—51; [4]: Über das isoperimetrische Defizit ebener Figuren. Math. Ann. Bd. 91 (1924) S. 252—268; Mat. Tidsskr. B (1923) S. 15—22; [5]: Circlens isoperimetriske ulighed. IV. Ebenda A (1925) S. 53—61; [6]: Det is-epiphane problem. Ebenda B (1925) S. 73—80; [7]: Sulle proprietà estremanti della sfera. Boll. Un. Mat. Ital. Bd. 4 (1925) S. 49—56; [8]: Quelques problèmes isopérimétriques. Acta math. Bd. 48 (1926) S. 123—178; [9]: Beweis für die Maximaleigenschaft der Kugel nebst einem Beitrag zur Theorie der konvexen Körper. Math. Ann. Bd. 95 (1926) S. 267—276; [10]: Om Minkowskis uligheder for konvekse legemer. Mat. Tidsskr. B (1926) S. 7—21 u. 74—80; (1927) S. 44—49; [11]: Approximations linéaires. C. R. Acad. Sci., Paris Bd. 188 (1929) S. 35—37; Mat. Tidsskr. B (1928) S. 58—77; [12]: Les problèmes des isopérimètres et des isépiphanes. Paris 1929, 175 S; [13]: Inégalités entre des moyennes arithmétiques. I., II. C. R. Acad. Sci. Paris Bd. 190 (1930) S 714 bis 716 u. 1266; [14]: Extréma liés. Danske Vid. Selsk., Math.-fys. Meddel. Bd. 11 (1931) H. 3, 31 S.; [15]: Beweis einer Minkowskischen Ungleichung. Mat. Tidsskr. B (1932) S. 25—27; [16]: Et Maksimumsproblem vedrørende Orbiformer. Mat. Tidsskr. B (1933) S. 26—32.

Bonnet, O. [1]: Sur quelques propriétés des lignes géodésiques. C. R. Acad. Sci., Paris Bd. 40 (1855) S. 1311—1313.

Bose, R. C. [1]: On the number of circles of curvature perfectly enclosing or perfectly enclosed by a closed convex oval. Math. Z. Bd. 35 (1932) S. 16—24.

Bottema, O. [1]: Eine obere Grenze für das isoperimetrische Defizit einer ebenen Kurve. Akad. Wetensch. Amsterdam, Proc. Bd. 36 (1933) S. 442—446.

BOULIGAND, G. [1]: Introduction à la géométrie infinitésimale directe. Paris 1932, 229 S.

BRICARD, M.: Théorèmes sur les courbes et les surfaces fermées. Nouv. Ann. Math. (4) Bd. 14 (1914) S. 19—25.

BRUNN, H. [1]: Über Ovale und Eiflächen. Inaug.-Diss. München 1887, 42 S.; [2]: Über Kurven ohne Wendepunkte. Habilitationsschrift München 1889, 75 S.; [3]: Referat über eine Arbeit: Exacte Grundlagen für eine Theorie der Ovale. S.-B. Bayer. Akad. Wiss. (1894) S. 93—111; [4]: Über das durch eine beliebige endliche Figur bestimmte Eigebilde. Boltzmann-Festschr. Leipzig 1904 S. 94—104; [5]: Beziehungen des Du Bois-Reymondschen Mittelwertsatzes zur Ovaltheorie. Berlin 1905, 138 S.; [6]: Zur Theorie der Eigebiete. Arch. Math. Phys. (3) Bd. 17 (1910) S. 289—300; [7]: Über Kerneigebiete. Math. Ann. Bd. 73 (1913) S. 436—440; [8]: Fundamentalsatz von den Stützen eines Eigebietes. Ebenda Bd. 100 (1928) S. 634—637; [9]: Vom Normalenkegel der Zwischenebenen zweier getrennter Eikörper. S.-B. Bayer. Akad. Wiss. (1930) S. 165—182; [10]: Sätze über zwei getrennte Eikörper. Math. Ann. Bd. 104 (1931) S. 300—324.

BURNSIDE, W. [1]: Convex solids in higher space. Proc. Cambridge Philos. Soc. Bd. 20 (1921) S. 437—441.

BUSEMANN, H. [1]: Über die Geometrien, in denen die „Kreise mit unendlichem Radius" die kürzesten Linien sind. Math. Ann. Bd. 106 (1932) S. 140—160; [2]: Über Räume mit konvexen Kugeln und Parallelenaxiom. Nachr. Ges. Wiss. Göttingen (1933) S. 116—140.

CARATHÉODORY, C. [1]: Über den Variabilitätsbereich der Koeffizienten von Potenzreihen, die gegebene Werte nicht annehmen. Math. Ann. Bd. 64 (1907) S. 95—115; [2]: Über den Variabilitätsbereich der Fourierschen Konstanten von positiven harmonischen Funktionen. Rend. Circ. mat. Palermo Bd. 32 (1911) S. 193—217.

CARATHÉODORY, C., u. E. STUDY [1]: Zwei Beweise des Satzes, daß der Kreis unter allen Figuren gleichen Umfangs den größten Inhalt hat. Math. Ann. Bd. 68 (1909) S. 133—140.

CARTAN, E. [1]: Le principe de dualité et certaines intégrales multiples de l'espace tangentiel et de l'espace réglé. Bull. Soc. Math. France Bd. 24 (1896) S. 140 bis 177.

CAUCHY, A. [1]: Sur les polygones et les polyèdres. Second mémoire. J. École polytechn. Bd. 9 (1813) S. 87ff.; Œuvres complètes (2) Bd. 1 (Paris 1905) S. 26 bis 38; [2]: Note sur divers théorèmes relatifs à la rectification des courbes et à la quadrature des surfaces. C. R. Acad. Sci., Paris Bd. 13 (1841) S. 1060 bis 1065; Œuvres complètes (1) Bd. 6 (Paris 1888) S. 369—375; [3]: Mémoire sur la rectification des courbes et la quadrature des surfaces courbes. Mém. Acad. Sci. Paris Bd. 22 (1850) S. 3ff.; Œuvres complètes (1) Bd. 2 (Paris 1908) S. 167—177.

ČEBOTAREV, N. G. (TSCHEBOTAREV) [1]: Über die Breite von Konturen und Körpern. (Russisch.) Ber. wiss. Forschgsinst. Odessa Bd. 1 (1924) S. 29—41.

CHAMARD, L. [1]: Sur la construction de Cantor-Minkowski. Bull. int. Acad. Polon. Sci. A (1932) Nr. 1/7 S. 14—21; [2]: Sur les points (α), au sens de M. Georges Durand. Atti Accad. naz. Lincei (6) Bd. 16 (1932) S. 396—400.

CHISINI, O. [1]: Le proprietà di massimo dei poligoni e dei poliedri circoscrittibili del cerchio e della sfera. Period. Mat. (4) Bd. 2 (1922) S. 351—361 u. 452—463; [2]: Sulla teoria elementare degli isoperimetri. Questioni riguardanti le matematiche elementari. Raccolte da F. Enriques, Bd. 3 (Bologna 1927) S. 201 bis 310.

CHRISTOFFEL, E. B. [1]: Über die Bestimmung der Gestalt einer krummen Oberfläche durch lokale Messungen auf derselben. J. reine angew. Math. Bd. 64

(1865) S. 193—209; Gesammelte Mathematische Abhandlungen Bd. 1 (Leipzig u. Berlin 1910) S. 162—177.

COHN-VOSSEN, S. [1]: Singularitäten konvexer Flächen. Math. Ann. Bd. 97 (1927) S. 377—386; [2]: Zwei Sätze über die Starrheit der Eiflächen. Nachr. Ges. Wiss. Göttingen (1927) S. 125—134.

CROFTON, M. W. [1]: On the theory of local probability, applied to straight lines drawn at random in a plane; the methods used being also extended to the proof of certain new theorems in the integral calculus. Philos. Trans. Roy. Soc. London Bd. 158 (1868) S. 181—199; [2]: Sur quelques théorèmes de calcul intégral. C. R. Acad. Sci., Paris Bd. 68 (1869) S. 1469—1470; [3]: Geometrical theorems relating to mean values. Proc. London Math. Soc. Bd. 8 (1877) S. 304—309.

CRONE, C. [1]: Om Prismatoidens Rumfang. Nyt. Tidsskr. Mat. B (1904) S. 73 bis 75; [2]: Om konvekse Polygoner. Mat. Tidsskr. B (1923) S. 28—33.

CZUBER, E. [1]: Zur Theorie der geometrischen Wahrscheinlichkeiten. S.-B. Akad. Wiss. Wien Bd. 90 (1884) S. 719—742; [2]: Geometrische Wahrscheinlichkeiten und Mittelwerte. Leipzig 1884, 244 S.

DEHN, M. [1]: Über die Starrheit konvexer Polyeder. Math. Ann. Bd. 77 (1916) S. 466—473.

DELTHEIL, R. [1]: Sur la théorie des probabilités géométriques. Ann. Fac. Sci. Univ. Toulouse (3) Bd. 11 (1919) S. 1—65; [2]: Probabilités géométriques. Traité du calcul des probabilités et de ses applications par E. Borel. Bd. 2, Heft 2. Paris 1926, 123 S.

DUPIN, CH. [1]: Applications de géométrie et de mécanique. Paris 1822, 330 S.

DUPORCQ, E. [1]: Sur les centres de gravité des courbes parallèles. Bull. Soc. Math. France Bd. 24 (1896) S. 192—194; [2]: Sur les centres de gravité des surfaces parallèles à une surface fermée. C. R. Acad. Sci., Paris Bd. 124 (1897) S. 492 bis 493.

DURAND, G. [1]: Sur une généralisation des surfaces convexes. J. Math. pures appl. (9) Bd. 10 (1931) S. 335—414.

DUSCHEK, A. [1]: Über relative Flächentheorie. S.-B. Akad. Wiss. Wien Bd. 135 (1926) S. 1—8 u. Bd. 136 (1927) S. 265—270; [2]: Die Starrheit der Eiflächen. Mh. Math. Phys. Bd. 36 (1929) S. 131—134.

EDLER, F. [1]: Vervollständigung der Steinerschen elementargeometrischen Beweise für den Satz, daß der Kreis größeren Flächeninhalt besitzt als jede andere ebene Figur gleich großen Umfangs. Nachr. Ges. Wiss. Göttingen (1882) S. 73—80; Bull. Sci. math. (2) Bd. 7 (1883) S. 198—204.

EMCH, A. [1]: Some properties of closed convex curves in a plane. Amer. J. Math. Bd. 35 (1913) S. 407—412; [2]: On closed continuous curves. Bull. Amer. Math. Soc. (2) Bd. 19 (1913) S. 221—222 u. 282—283; Bd. 20 (1913) S. 27—29; [3]: On the medians of a closed convex polygon. Amer. J. Math. Bd. 37 (1915) S. 19—28.

ESTERMANN, TH. [1]: Über Carathéodorys und Minkowskis Verallgemeinerungen des Längenbegriffs. Abh. math. Semin. Hamburg. Univ. Bd. 4 (1926) S. 73 bis 116; [2]: Zwei neue Beweise eines Satzes von Blaschke und Rademacher. Jber. Deutsch. Math.-Vereinig. Bd. 36 (1927) S. 197—200; [3]: Über den Vektorenbereich eines konvexen Körpers. Math. Z. Bd. 28 (1928) S. 471—475.

EULER, L. [1]: De curvis triangularibus. Acta Acad. sci. Petropolitanea (1778) II S. 3—30.

FAVARD, J. [1]: Sur le déficit isopérimétrique maximum dans une couronne circulaire. Mat. Tidsskr. B (1929) S. 62—68; [2]: Problèmes d'extremums rélatifs aux courbes convexes. C. R. Acad. Sci., Paris Bd. 188 (1929) S. 680; [3]: Un problème de couvercle. Ebenda Bd. 188 (1929) S. 1216; [4]: Recherches sur les courbes convexes et les couvercles. Ebenda Bd. 189 (1929) S. 823—824;

[5]: Problèmes d'extremums relatifs aux courbes convexes. I., II. Ann. École norm. Bd. 46 (1929) S. 345—369; Bd. 47 (1930) S. 313—324; [6]: Sur les inégalités de Minkowski. Mat. Tidsskr. B (1930) S. 33—40; [7]: Sur une proposition de Minkowski. C. R. Acad. Sci., Paris Bd. 193 (1931) S. 810—812; [8]: Une définition de la longueur et de l'aire. C. R. Acad. Sci., Paris Bd. 194 (1932) S. 344—346; [9]: Sur la détermination des surfaces convexes. Acad. roy. Belgique. Bull. cl. Sci. (5) Bd. 19 (1933) S. 65—75; [10]: Sur les valeurs moyennes. Bull. Sci. math. (2) Bd. 57 (1933) S. 54—64; [11]: Sur les corps convexes. J. Math. pures appl. (9) Bd. 12 (1933) S. 219—282; [12]: La longueur et l'aire d'après Minkowski. Bull. Soc. Math. France Bd. 61 (1933) S. 63—84.

FENCHEL, W. [1]: Über Krümmung und Windung geschlossener Raumkurven. Math. Ann. Bd. 101 (1929) S. 238—252; [2]: Geschlossene Raumkurven mit vorgeschriebenem Tangentenbild. Jber. Deutsch. Math.-Vereinig. Bd. 39 (1930) S. 183—185; [3]: Elementare Beweise und Anwendungen einiger Fixpunktsätze. Mat. Tidsskr. B (1932) S. 60—81.

FOG, D. [1]: Über den Vierscheitelsatz und seine Verallgemeinerungen. S.-B. preuß. Akad. Wiss. (1933) S. 251—254.

FORD, W. B. [1]: On Kakeya's minimum area problem. Bull. Amer. Math. Soc. Bd. 28 (1922) S. 45—53.

FRANKE, W. [1]: Ungleichungen über Eilinien und Eiflächen. Mitt. math. Ges. Hamburg Bd. 6 (1925) S. 125—135.

FROBENIUS, G. [1]: Über den gemischten Flächeninhalt zweier Ovale. S.-B. preuß. Akad. Wiss. (1915) S. 387—404.

FUJIWARA, M. [1]: On some curves of constant breadth. Tôhoku Math. J. Bd. 2 (1912) S. 147—151; Remark on my previous note „On some curves of constant breadth". Ebenda Bd. 3 (1913) S. 21—22; [2]: Unendlich viele Systeme der linearen Gleichungen mit unendlich vielen Variabeln und eine Eigenschaft der Kugel. Sci. Rep. Tôhoku Univ. Bd. 3 (1914) S. 199—216; [3]: On space curves of constant breadth. Tôhoku Math. J. Bd. 5 (1914) S. 180—184; [4]: Über die Raumkurven konstanter Breite und ihre Beziehung mit der einseitigen Regelfläche. Ebenda Bd. 8 (1915) S. 1—10; [5]: Über die einem Vielecke eingeschriebenen und umdrehbaren konvexen geschlossenen Kurven. Sci. Rep. Tôhoku Univ. Bd. 4 (1915) S. 43—55; [6]: Eine Folgerung aus einem Satz von Minkowski in der Geometrie der Zahlen. Ebenda Bd. 4 (1915) S. 57—63; [7]: Über den kleinsten eine Kurve enthaltenden konvexen Körper. Ebenda Bd. 4 (1915) S. 339—359; [8]: Über die Mittelkurve zweier geschlossener konvexer Kurven in bezug auf einen Punkt. Tôhoku Math. J. Bd. 10 (1916) S. 99 bis 103; [9]: Über den Mittelkörper zweier konvexer Körper. Sci. Rep. Tôhoku Univ. Bd. 5 (1916) S. 275—283; [10]: Über die Anzahl der Kantenlinien einer geschlossenen konvexen Fläche. Tôhoku Math. J. Bd. 10 (1916) S. 164—166; [11]: Ein von Brunn vermuteter Satz über konvexe Flächen und eine Verallgemeinerung der Schwarzschen und der Tschebyscheffschen Ungleichungen für bestimmte Integrale. Ebenda Bd. 13 (1918) S. 228—235; [12]: Über die innen-umdrehbare Kurve eines Vielecks. Sci. Rep. Tôhoku Univ. Bd. 8 (1919) S. 221—246; [13]: Ein Satz über konvexe geschlossene Kurven. Ebenda Bd. 9 (1920) S. 289—294; [14]: Über Stützgeradenfunktion der konvexen geschlossenen Kurven. Tôhoku Math. J. Bd. 20 (1921) S. 51—59; [15]: Analytical proof of Blaschke's theorem on the curve of constant breadth with minimum area. I., II. Proc. Imp. Acad. Jap. Bd. 3 (1927) S. 307—309; Bd. 7 (1931) S. 300—302.

FUJIWARA, M., u. S. KAKEYA [1]: On some problems of maxima and minima for the curve of constant breadth and the inrevolvable curve of the equilateral triangle. Tôhoku Math. J. Bd. 11 (1917) S. 92—110.

FUKASAWA, S. [1]: Eine Eigenschaft der Kurve konstanter Breite. Tôhoku Math. J. Bd. 25 (1925) S. 24—26; [2]: Über den Durchmesser der Eilinie, welche zwei gegebene Eilinien enthält. Ebenda Bd. 26 (1926) S. 17—26; [3]: Ein Maximumproblem der Eilinien. Ebenda Bd. 26 (1926) S. 27—34; [4]: Ein Maximumproblem über die Eilinien, welche in einem Dreiecke eingeschrieben sind. Ebenda Bd. 26 (1926) S. 118—124.

FUNK, P. [1]: Über Flächen mit lauter geschlossenen geodätischen Linien. Math. Ann. Bd. 74 (1913) S. 278—300; [2]: Über eine geometrische Anwendung der Abelschen Integralgleichung. Ebenda Bd. 77 (1916) S. 129—135; [3]: Über den Begriff „extremale Krümmung" und eine kennzeichnende Eigenschaft der Ellipse. Math. Z. Bd. 3 (1919) S. 87—92.

GAMBIER, B. [1]: Applicabilité des surfaces étudiée au point de vue fini. Mém. Sci. math. Heft 31. Paris 1928, 65 S.

GANAPATI, P. [1]: Theorems on Ovals. Annamalai Univ. J. Bd. 1 (1932) S. 67—71; [2]: On central Ovaloids. J. Indian Math. Soc. Bd. 19 (1932) S. 225—232.

GOŁAB, S. [1]: Quelques problèmes métriques de la géometrie de Minkowski. (Polnisch.) Trav. Acad. Mines Cracovie (1932) Heft 6, 79 S.

GOŁAB, S., u. H. HÄRLEN [1]: Minkowskische Geometrie. I., II. Mh. Math. Phys. Bd. 38 (1931) S. 387—398.

GRONWALL, T. H. [1]: On Minkowski's mixed volume of three convex solids. Ann. of Math. (2) Bd. 31 (1930) S. 470—472.

GROSS, W. [1]: Die Minimaleigenschaft der Kugel. Mh. Math. Phys. Bd. 18 (1917) S. 77—97.

HAALMEIJER, B. P. [1]: On convex regions. Nieuw Arch. Wiskde Bd. 12 (1917) S. 152—160.

HAAR, A. [1]: Die Minkowskische Geometrie und die Annäherung an stetige Funktionen. Math. Ann. Bd. 78 (1918) S. 294—311.

HADAMARD, J. [1]: Sur certaines propriétés des trajectoires en dynamique. J. Math. pures appl. (5) Bd. 3 (1897) S. 331—387; [2]: Sur les surfaces à courbure positive. Bull. Soc. Math. France Bd. 31 (1903) S. 300—301.

HAVILAND, E. K. [1]: On the Addition of convex curves in BOHR's theory of Dirichlet series. Am. J. Math. Bd. 55 (1933) S. 332—334.

HAYASHI, T. [1]: On ovals. Bull. Amer. Math. Soc. (2) Bd. 20 (1914) S. 465—468; [2]: On ovoid bodies. Sci. Rep. Tôhoku Univ. Bd. 8 (1915) S. 153—157; [3]: On the curves of constant breadth, and the convex closed curves inscribable and revolvable in a regular polygon. Ebenda Bd. 5 (1916) S. 303—312; [4]: The extremal chords of an oval. Tôhoku Math. J. Bd. 22 (1923) S. 387—393; [5]: On the extremal area of the osculating ellipse of an oval. Ebenda Bd. 23 (1924) S. 309—311; [6]: Some inequalities relating to the surface and volume of an ovoid body. Sci. Rep. Tôhoku Univ. Bd. 12 (1924) S. 177—180; [7]: The least number of the sextactic points of a central oval. Ebenda Bd. 12 (1924) S. 393—395; [8]: On Steiner's curvature-centroid. Ebenda Bd. 13 (1924) S. 109—132; [9]: On in-revolvable and circum-revolvable curves of a regular polygon. I., II. Ebenda Bd. 15 (1926) S. 261—263 u. 499—502; [10]: Some geometrical applications of the Fourier series. Rend. Circ. mat. Palermo Bd. 50 (1926) S. 96—102; [11]: On the osculating ellipses of a plane curve. Ebenda Bd. 50 (1926) S. 419—422.

HELLY, E. [1]: Über Systeme linearer Gleichungen mit unendlich vielen Unbekannten. Mh. Math. Phys. Bd. 31 (1921) S. 60—91; [2]: Über Mengen konvexer Körper mit gemeinschaftlichen Punkten. Jber. Deutsch. Math.-Vereinig. Bd. 32 (1923) S. 175—176; [3]: Über Systeme von abgeschlossenen Mengen mit gemeinschaftlichen Punkten. Mh. Math. Phys. Bd. 37 (1930) S. 281—302.

HERGLOTZ, G. [1]: Über die scheinbaren Helligkeitsverhältnisse eines planetarischen Körpers mit drei ungleichen Hauptachsen. S.-B. Akad. Wiss. Wien Bd. 111 (1902) S. 1332—1391.

HILBERT, D. [1]: Über die gerade Linie als kürzeste Verbindung zweier Punkte. Math. Ann. Bd. 46 (1895) S. 91—96; Grundlagen der Geometrie, 7. Aufl. Leipzig u. Berlin 1930, S. 126—132; [2]: Über Flächen von konstanter Gaußscher Krümmung. Trans. Amer. Math. Soc. Bd. 2 (1901) S. 87—99; Grundlagen der Geometrie, 7. Aufl. Leipzig u. Berlin 1930, S. 231—240; [3]: Minkowskis Theorie von Volumen und Oberfläche. Nachr. Ges. Wiss. Göttingen (1910) S. 388 bis 406; Grundzüge einer allgemeinen Theorie der linearen Integralgleichungen. Leipzig u. Berlin 1912, 282 S., Kap. 19.

HIRAKAWA, J. [1]: On a characteristic property of the circle. Tôhoku Math. J. Bd. 37 (1933) S. 175—178.

HJELMSLEV, J. (= PETERSEN) [1]: Om konvexe Legemer. Nyt Tidsskr. Math. A Bd. 14 (1903) S. 1—10; [2]: Om konvekse Omraader. Ebenda B Bd. 16 (1905) S. 81—97; [3]: Om Grundlaget for Laeren om simple Kurver. Ebenda B Bd. 18 (1907) S. 49—70; [4]: Contribution à la géométrie infinitésimale de la courbe réelle. Overs. Danske Vidensk. Selsk. Forh. (1911) S. 433—494; [5]: Über die Grundlagen der kinematischen Geometrie. Acta math. Bd. 47 (1926) S. 143 bis 188.

HOMBU, H. [1]: Theorems on closed convex curves. Tôhoku Math. J. Bd. 33 (1930) S. 61—71; [2]: Notes on closed convex curves. Ebenda Bd. 33 (1930) S. 72—77.

HOSTINSKÝ, B. [1]: Über geschlossene konvexe Kurven. (Tschechisch.) Čas. math. fys. Bd. 49 (1920) S. 38—45 u. 91—97; [2]: Sur les probabilités géométriques. Publ. Fac. Sci. Univ. Masaryk Heft 50 (1925) 26 S; [3] Sur les sommets d'une courbe plane fermée convexe. Bull. Soc. Math. France C. R. Bd. 58 (1930) S. 21—26.

HURWITZ, A. [1]: Sur le problème des isopérimètres. C. R. Acad. Sci., Paris Bd. 132 (1901) S. 401—403; [2]: Sur quelques applications géométriques des séries de Fourier. Ann. École norm. (3) Bd. 19 (1902) S. 357—408.

JENSEN, J. L. W. V. [1]: Sur les fonctions convexes et les inégalités entre les valeurs moyennes. Acta math. Bd. 30 (1906) S. 175—193; Nyt Tidsskr. Math. B Bd. 16 (1905) S. 49—68.

JESSEN, B. [1]: Über konvexe Punktmengen konstanter Breite. Math. Z. Bd. 29 (1928) S. 378—380; [2]: Om konvekse Kurvers Krumning. Mat. Tidsskr. B (1929) S. 50—62.

JORDAN, CH., u. R. FIEDLER [1]: Contribution à la géométrie des courbes convexes et de certaines courbes qui en dérivent. C. R. Acad. Sci., Paris Bd. 154 (1912) S. 927—930; [2]: Contribution à l'étude des courbes convexes fermées et de certaines courbes qui s'y rattachent. Paris 1912, 73 S; [3]: Courbes orbiformes. Arch. Math. Phys. (3) Bd. 21 (1913) S. 226—235; [4]: On a particular case of closed convex curves. Tôhoku Math. J. Bd. 6 (1914—1915) S. 44—52.

JUEL, C. [1]: Inledning i Laeren om de grafiske Kurver. Danske Vid. Selsk., Skr. (6) Bd. 10 (1899) 90 S; [2]: Om simple cykliske Kurver. Ebenda (7) Bd. 8 (1911) S. 367—383.

JUNG, H. W. E. [1]: Über die kleinste Kugel, die eine räumliche Figur einschließt. J. reine angew. Math. Bd. 123 (1901) S. 241—257; [2]: Über den kleinsten Kreis, der eine ebene Figur einschließt. Ebenda Bd. 137 (1910) S. 310—313.

KAKEYA, S. [1]: On some integral equations. I—III. Tôhoku Math. J. Bd. 4 (1913) S. 186—190; Proc. Phys.-Math. Soc. Jap. (2) Bd. 8 (1915) S. 83—102; Tôhoku Math. J. Bd. 8 (1915) S. 14—23; [2]: On some positive forms. Ebenda Bd. 6 (1914—1915) S. 27—31; [3]: On some properties of convex curves and surfaces. Ebenda Bd. 8 (1915) S. 218—221; [4]: On the inscribed rectangles of a closed convex curve. Ebenda Bd. 9 (1916) S. 163—166; [5]: Some problems on maxima and minima regarding ovals. Sci. Rep. Tôhoku Univ. Bd. 6 (1917) S. 71—88.

KAUFMANN, B. [1]: Über die Konvexitäts- und Konkavitätsstellen auf Jordankurven. J. reine angew. Math. Bd. 164 (1931) S. 112—127; [2]: Über Stützstreckenverteilung und Zerlegung konvexer Figuren in konvexe Teilfiguren ohne geradlinige Begrenzungsteile. Ebenda Bd. 166 (1932) S. 151 bis 166.

KAWAI, S. [1]: An inequality for the closed convex curve. Tôhoku Math. J. Bd. 36 (1932) S. 50—57.

KELLER, O. H. [1]: Die Homoiomorphie der kompakten konvexen Mengen im Hilbertschen Raum. Math. Ann. Bd. 105 (1931) S. 748—758.

KIRCHBERGER, P. [1]: Über Tschebyschefsche Annäherungsmethoden. Inaug.-Diss. Göttingen (1902) 98 S.; Math. Ann. Bd. 57 (1903) S. 509—540.

KNESER, A. [1]: Bemerkungen über die Anzahl der Extreme der Krümmung auf geschlossenen Kurven und verwandte Fragen einer nichteuklidischen Geometrie. Weber-Festschr. Leipzig u. Berlin 1912 S. 170—180.

KNESER, H. [1]: Eine Erweiterung des Begriffes „konvexer Körper". Math. Ann. Bd. 82 (1921) S. 287—296; [2]: Neuer Beweis des Vierscheitelsatzes. Christ. Huygens Bd. 2 (1922—1923) S. 315—318.

KNESER, H., u. W. SÜSS [1]: Die Volumina in linearen Scharen konvexer Körper. Mat. Tidsskr. B (1932) S. 19—25.

KOJIMA, T. [1]: On characteristic properties of the conic and quadric. Sci. Rep. Tôhoku Univ. Bd. 8 (1919) S. 67—68; [2]: On the curvature of the closed convex curve. Tôhoku Math. J. Bd. 21 (1922) S. 15—20.

KÖNIG, D. [1]: Über konvexe Körper. Math. Z. Bd. 14 (1922) S. 208—210.

KOWALEWSKI, G. [1]: Über Fußpunktkurven von Ovalen mit Mittelpunkt. Ber. Verh. sächs. Akad. Leipzig Bd. 53 (1901) S. 333—337.

KRAFFT, M. [1]: Geometrische Untersuchungen über Kurvenschwerpunkte. Math. Ann. Bd. 97 (1927) S. 430—453.

KRAHN, E. [1]: Über Minimaleigenschaften der Kugel in drei und mehr Dimensionen. Inaug.-Diss. Göttingen (1925) 44 S.

KRAUS, W. [1]: Über den Zusammenhang einiger Charakteristiken eines einfach zusammenhängenden Bereiches mit der Kreisabbildung. Mitt. math. Semin. Gießen (1932) Heft 21 S. 1—28.

KRITIKOS, N. [1]: Über konvexe Flächen und einschließende Kugeln. Math. Ann. Bd. 96 (1927) S. 583—586.

KUBOTA, T. [1]: On the maximum area of the closed curve of given perimeter on a sphere. Proc. Phys.-Math. Soc. Jap. (2) Bd. 5 (1909) S. 109—118; [2]: Einfache Beweise eines Satzes über die konvexe geschlossene Fläche. Sci. Rep. Tôhoku Univ. Bd. 3 (1914) S. 235—255; [3]: Über die konvexe geschlossene Fläche. Ebenda Bd. 3 (1914) S. 277—287; [4]: On the theory of closed convex surface. Proc. London Math. Soc. (2) Bd. 14 (1915) S. 230—239; [5]: Über die Schwerpunkte der konvexen geschlossenen Kurven und Flächen. Tôhoku Math. J. Bd. 14 (1918) S. 20—27; [6]: Einige Probleme über konvex-geschlossene Kurven und Flächen. Ebenda Bd. 17 (1920) S. 351—362; [7]: Einige Sätze über charakteristische Eigenschaften gewisser Flächen. Ebenda Bd. 18 (1920) S. 126—127; [8]: Notes on closed convex curves. Ebenda Bd. 21 (1922) S. 21 bis 23; [9]: Beweise einiger Sätze über Eiflächen. Ebenda Bd. 21 (1922) S. 261 bis 264; [10]: Eine Bemerkung zur affinen Geometrie. Sci. Rep. Tôhoku Univ. Bd. 12 (1923) S. 1—5; [11]: Einige Ungleichheitsbeziehungen über Eilinien und Eiflächen. Ebenda Bd. 12 (1923) S. 45—65; [12]: Einige Bemerkungen über Eilinien. Ebenda Bd. 13 (1924) S. 12—20; [13]: Eine Ungleichheitsbeziehung über die Eilinien. Tôhoku Math. J. Bd. 24 (1924) S. 60—63; [14]: Eine Ungleichheit für Eilinien. Math. Z. Bd. 20 (1924) S. 264—266; [15]: Über konvex-geschlossene Mannigfaltigkeiten im n-dimensionalen Raume. Sci. Rep. Tôhoku Univ. Bd. 14 (1925) S. 85—99; [16]: Über die Eibereiche im n-dimensionalen

Raum. Ebenda Bd. 14 (1925) S. 399—402; [17]: Ein synthetischer Beweis eines Satzes über Eiflächen. Jap. J. Math. Bd. 7 (1930) S. 171—172.

LEBESGUE, H. [1]: Exposition d'un mémoire de M. W. Crofton. Nouv. Ann. Math. (4) Bd. 12 (1912) S. 481—502; [2]: Sur le problème des isopérimètres et sur les domaines de largeur constante. Bull. Soc. Math. France C. R. (1914) S. 72—76; [3]: Sur quelques questions de minimum, relatives aux courbes orbiformes, et sur leurs rapports avec le calcul des variations. J. Math. pures appl. (8) Bd. 4 (1921) S. 67—96.

LÉJA, F., u. W. WILKOSZ [1]: Sur une propriété des domaines concaves. Ann. Soc. Polon. math. Bd. 2 (1924) S. 222—224.

LIEBMANN, H. [1]: Eine neue Eigenschaft der Kugel. Nachr. Ges. Wiss. Göttingen (1899) S. 44—55; [2]: Beweis zweier Sätze über die Bestimmung von Ovaloiden durch das Krümmungsmaß oder die mittlere Krümmung für jede Normalenrichtung. Ebenda (1899) S. 134—142; [3]: Über die Verbiegung der geschlossenen Flächen positiver Krümmung. Math. Ann. Bd. 53 (1900) S. 81—112; [4]: Neuer Beweis des Satzes, daß eine geschlossene konvexe Fläche sich nicht verbiegen läßt. Ebenda Bd. 54 (1901) S. 505—517; [5]: Der Geltungsbereich des Mindingschen Verbiegungssatzes. Jber. Deutsch. Math.-Vereinig. Bd. 24 (1915) S. 333—339; [6]: Integralinvarianten und isoperimetrische Probleme. S.-B. Bayer. Akad. Wiss. (1918) S. 489—505; [7]: Das Frobeniussche Kappendreieck und die isoperimetrische Eigenschaft des Kreises. Math. Z. Bd. 4 (1919) S. 288—294; [8]: Die isoperimetrische Eigenschaft des Kreises. S.-B. Bayer. Akad. Wiss. (1919) S. 111—114; [9]: Die Verbiegung analytischer Eiflächen. Math. Z. Bd. 5 (1919) S. 132—136; [10]: Die Verbiegung von geschlossenen und offenen Flächen positiver Krümmung. S.-B. Bayer. Akad. Wiss. (1919) S. 267—291.

MARCHAUD, A. [1]: Sur les continues d'ordre borné. Acta math. Bd. 55 (1930) S. 67—115.

MATSUMURA, S. (= NAKAJIMA) [1]: On some characteristic properties of curves and surfaces. Tôhoku Math. J. Bd. 18 (1920) S. 272—287; [2]: Eine charakteristische Eigenschaft der Kugel. Jber. Deutsch. Math.-Vereinig. Bd. 35 (1926) S. 298—300; [3]: Einige Probleme über konvexe geschlossene Kurven und Flächen. Tôhoku Math. J. Bd. 26 (1926) S. 106—109; [4]: Über charakteristische Eigenschaften der Kugel. Ebenda Bd. 26 (1926) S. 361—364; [5]: Über die ersten Fundamentalgrößen bei Eiflächen. Jap. J. Math. Bd. 4 (1927) S. 101—102; [6]: Eiflächen konstanter Affinbreite. Ebenda Bd. 4 (1928) S. 271 bis 274; [7]: Eilinien mit geraden Schwerlinien. Ebenda Bd. 5 (1928) S. 81 bis 84; [8]: Relativgeometrische Erweiterung eines Satzes von W. Blaschke. Ebenda Bd. 5 (1928) S. 265—267; [9]: Über konvexe Kurven und Flächen. Tôhoku Math. J. Bd. 29 (1928) S. 227—230; [10]: Zu einem Satz von H. Minkowski. Ebenda Bd. 29 (1928) S. 326—328; [11]: Kleine Bemerkungen zur Kurvenlehre. Proc. Phys.-Math. Soc. Jap. (3) Bd. 11 (1929) S. 36—41; [12]: Über die Relativbreite von Eibereichen. Jap. J. Math. Bd. 6 (1929) S. 21—25; [13]: Über die Fundamentalgrößen bei Eiflächen. Ebenda Bd. 6 (1929) S. 27 bis 28; [14]: Über homothetische Eiflächen. Ebenda Bd. 7 (1930) S. 167—169; [15]: Einige Beiträge zur Theorie der konvexen Kurven und Flächen. Tôhoku Math. J. Bd. 31 (1930) S. 221—226; [16]: Eiflächenpaare gleicher Breiten und gleicher Umfänge. Jap. J. Math. Bd. 7 (1930) S. 225—226; [17]: Eihyperflächen im vierdimensionalen Raum. Tôhoku Math. J. Bd. 32 (1930) S. 39 bis 43; [18]: Einige Beiträge über konvexe Kurven und Flächen. Ebenda Bd. 32 (1930) S. 221—224; [19]: Einige Beiträge über konvexe Kurven und Flächen. Ebenda Bd. 33 (1931) S. 219—230; [20]: Eine Kennzeichnung homothetischer Eiflächen. Ebenda Bd. 35 (1932) S. 285—286; [21]: Zur Differentialgeometrie der mehrdimensionalen Ellipsoide. Ebenda Bd. 36 (1932) S. 107

bis 108; [22]: Über gemischte Volumina im vierdimensionalen Raum. Ebenda Bd. 36 (1932) S. 132—134; [23]: Über Flächen und Kurven. I. Mem. Fac. Sci. a. Agricult. Taihoku Univ. Bd. 5 (1932) S. 33—62; [24]: Einige charakteristische Eigenschaften homothetischer Eiflächen. Jap. J. Math. Bd. 9 (1932) S. 55—58; [25]: Über Minkowskis gemischten Flächeninhalt. Ebenda Bd. 9 (1932) S. 161—163; [26]: Über konvex-geschlossene Flächen. Tôhoku Math. J. Bd. 36 (1933) S. 192—195.

Mayer, A. E. [1]: Aufgabe 130. Jber. Deutsch. Math.-Vereinig. Bd. 41 (1932) S. *69*, Lösung ebenda Bd. 43 (1933) S. *31—33*; [2]: Über Gleichdicke. Z. Ver. Deutsch. Ing. Bd. 76 (1932) S. 884—886; Bd. 77 (1933) S. 152.

Meissner, E. [1]: Über die Anwendung von Fourierreihen auf einige Aufgaben der Geometrie und Kinematik. Vjschr. naturforsch. Ges. Zürich Bd. 54 (1909) S. 309—329; [2]: Über eine durch ein reguläres Tetraeder nicht stützbare Fläche. Verh. Schweiz. naturforsch. Ges. Bd. 1 (1910); [3]: Über Punktmengen konstanter Breite. Vjschr. naturforsch. Ges. Zürich Bd. 56 (1911) S. 42—50; [4]: Drei Gipsmodelle von Flächen konstanter Breite. Z. Math. Phys. Bd. 60 (1912) S. 92—94.

Mellish, A. P. [1]: Notes on differential geometry. Ann. of Math. (2) Bd. 32 (1931) S. 181—190.

Menger, K. [1]: Zur Konvexitätstheorie. I., II., III., IV. Anz. Akad. Wiss., Wien Bd. 65 (1928) S. 154—156; [2]: Untersuchungen über allgemeine Metrik. Math. Ann. Bd. 100 (1928) S. 75—163; [3]: Bericht über metrische Geometrie. Jber. Deutsch. Math.-Vereinig. Bd. 40 (1931) S. 201—219.

Minkowski, H. [1]: Allgemeine Lehrsätze über konvexe Polyeder. Nachr. Ges. Wiss. Göttingen (1897) S. 198—219; Ges. Abh. Bd. 2 (Leipzig u. Berlin 1911) S. 103—121; [2]: Über die Begriffe Länge, Oberfläche und Volumen. Jber. Deutsch. Math.-Vereinig. Bd. 9 (1901) S. 115—121; Ges. Abh. Bd. 2 S. 122 bis 127; [3]: Sur les surfaces convexes fermées. C. R. Acad. Sci., Paris Bd. 132 (1901) S. 21—24; Ges. Abh. Bd. 2 S. 128—130; [4]: Theorie der konvexen Körper, insbesondere Begründung ihres Oberflächenbegriffs. Ges. Abh. Bd. 2 S. 131—229; [5]: Volumen und Oberfläche. Math. Ann. Bd. 57 (1903) S. 447 bis 495; Ges. Abh. Bd. 2 S. 230—276; [6]: Über die Körper konstanter Breite. Rec. math. Soc. math. Moscou Bd. 25 (1904) S. 505—508; Ges. Abh. Bd. 2 S. 277—279; [7]: Dichteste gitterförmige Lagerung kongruenter Körper. Nachr. Ges. Wiss. Göttingen (1904) S. 311—355; Ges. Abh. Bd. 2 S. 3—42; [8]: Diophantische Approximationen. Leipzig 1907, 235 S.; [9]: Geometrie der Zahlen. Leipzig u. Berlin 1910, 256 S.

Mohrmann, H. [1]: Die Minimalzahl der Scheitel einer geschlossenen konvexen Kurve. Rend. Circ. mat. Palermo Bd. 37 (1914) S. 267—268; [2]: Die Minimalzahl der stationären Ebenen eines räumlichen Ovals. S.-B. Bayer. Akad. Wiss. (1917) S. 1—3.

Mukhopadhyaya, S. [1]: Geometrical theory of a plane non-cyclic arc finite as well as infinitesimal. J. Asiatic Soc. Bengal, New Ser. Bd. 4 (1908) S. 391 bis 402; Collected Geometrical Papers. I., II. (Calcutta 1929 u. 1931) S. 1—12; [2]: New methods in the geometry of a plane arc. I—II. Bull. Calcutta Math. Soc. Bd. 1 (1909) S. 31—37; Bd. 10 (1919) S. 65—72; Collected Papers S. 13—20 u. 21—26; [3]: Note on T. Hayashi's paper on the osculating ellipse of a plane curve. Rend. Circ. mat. Palermo Bd. 51 (1927) S. 394; Collected Papers S. 158; [4]: Generalized form of Böhmer's theorem for an elliptically curled non-analytic oval. Math. Z. Bd. 30 (1929) S. 560—571; Collected Papers S. 33—46; [5]: Extended minimum number theorems of cyclic and sextactic points on a plane convex oval. Ebenda Bd. 33 (1931) S. 648—662; Collected Papers S. 159—174; [6]: Circles incident on an oval of undefined curvature. Tôhoku Math. J. Bd. 34 (1931) S. 115—129; Collected Papers S. 279—295;

[7]: Lower segments of M-curves. J. Indian Math. Soc. Bd. 19 (1931) S. 75 bis 80.

MÜLLER, E. [1]: Relative Minimalflächen. Mh. Math. Phys. Bd. 31 (1921) S. 3—19; [2]: Punktmittenflächen und eine Art relativer Flächentheorie. S.-B. Akad. Wiss. Wien Bd. 134 (1925) S. 255—280.

MÜLLER, I. O. [1]: Über die Minimaleigenschaft der Kugel. Nachr. Ges. Wiss. Göttingen (1902) S. 176—181; Inaug.-Diss. Göttingen (1903) 52 S.

NAGY, J. v. Sz. [1]: Über einen Satz von H. Jung. Jber. Deutsch. Math.-Vereinig. Bd. 24 (1915) S. 390—392; [2]: Über die Zentralen der konvexen Flächen. (Ungarisch.) Math. naturwiss. Anz. Ungar. Akad. Wiss. Bd. 48 (1932) S. 832 bis 847.

NAKAGAWA, S. [1]: On some theorems regarding ellipsoid. Tôhoku Math. J. Bd. 8 (1915) S. 11—13.

NAKAJIMA, S. s. MATSUMURA.

NIKLIBORC, W. [1]: Über die Lage des Schwerpunktes eines ebenen konvexen Bereiches und die Extrema des logarithmischen Flächenpotentials eines konvexen Bereiches. Math. Z. Bd. 36 (1932) S. 161—165.

D'OCAGNE, M. [1]: Sur certaines figures minima. Bull. Soc. Math. France Bd. 12 (1884) S. 168—176.

OGIWARA, S. [1]: On the elliptically curved oval. Jap. J. Math. Bd. 3 (1926) S. 37 bis 42; [2]: Note on osculating conics of the oval. Sci. Rep. Tôhoku Univ. Bd. 15 (1926) S. 503—509.

ÔISHI, K. [1]: A note on the closed convex surface. Tôhoku Math. J. Bd. 18 (1920) S. 288—290.

OSTROWSKI, A. [1]: Aufgabe 29. Jber. Deutsch. Math.-Vereinig. Bd. 34 (1925) S. *158*; Lösungen von Th. Motzkin u. F. Gruber ebenda Bd. 37 (1928) S. *29—30* u. *84—85*.

PAINVIN, L. [1]: Courbure en un point d'une surface définie par son équation tangentielle. J. Math. pures appl. (2) Bd. 17 (1872) S. 219—248.

PÁL, J. [1]: Über ein elementares Variationsproblem. Math.-fys. Medd., Danske Vid. Selsk. Bd. 3 (1920) Nr. 2, 35 S.; [2]: Ein Minimumproblem für Ovale. Math. Ann. Bd. 83 (1921) S. 311—319.

PERRON, O. [1]: Über einen Satz von Besicovitch. Math. Z. Bd. 28 (1928) S. 383 bis 386.

PIPPING, N. [1]: Einige Sätze über konvexe Körper in Beziehung zu Punktgittern. Soc. Sci. Fennicae Comment. phys.-math. Bd. 2 (1925) Nr. 27, 14 S.; [2]: Über konvexe Figuren mit Mittelpunkt in Beziehung zu Punktgittern. Acta Acad. Åboens. (1931) S. 1—49.

PODEHL, E. [1]: Über berührende Kegelschnitte. Math. Z. Bd. 32 (1930) S. 59 bis 63.

PÓLYA, G. [1]: Über geometrische Wahrscheinlichkeiten. S.-B. Akad. Wiss. Wien Bd. 126 (1917) S. 319—328; [2]: Über geometrische Wahrscheinlichkeiten an konvexen Körpern. Ber. Verh. sächs. Akad. Leipzig Bd. 69 (1917) S. 457—458.

PÓLYA, G., u. G. SZEGÖ [1]: Aufgaben und Lehrsätze aus der Analysis. I., II. Berlin 1925, 338 u. 407 S.

PORTER, TH. I. [1]: A history of the classical isoperimetric problem. Contributions to the calculus of variations 1931—1932. Chicago 1933, S. 475—520.

RADEMACHER, H. [1]: Zur Theorie der Minkowskischen Stützebenenfunktion. S.-B. Berlin. math. Ges. Bd. 20 (1921) S. 14—19; [2]: Über eine funktionale Ungleichung in der Theorie der konvexen Körper. Math. Z. Bd. 13 (1922) S. 18—27; [3]: Über den Vektorenbereich eines konvexen ebenen Bereichs. Jber. Deutsch. Math.-Vereinig. Bd. 34 (1925) S. 64—79.

RADEMACHER, H., u. O. TOEPLITZ [1]: Von Zahlen und Figuren, 2. Aufl. Berlin 1933, 173 S.

RADON, J. [1]: Über eine Erweiterung des Begriffs der konvexen Funktionen mit einer Anwendung auf die Theorie der konvexen Körper. S.-B. Akad. Wiss. Wien Bd. 125 (1916) S. 241—258; [2]: Über eine besondere Art ebener konvexer Kurven. Ber. Verh. sächs. Akad. Leipzig Bd. 68 (1916) S. 123—128; [3]: Mengen konvexer Körper, die einen gemeinsamen Punkt enthalten. Math. Ann. Bd. 83 (1921) S. 113—115.

REIDEMEISTER, K. [1]: Über die singulären Randpunkte eines konvexen Körpers. Math. Ann. Bd. 83 (1921) S. 116—118; [2]: Über Körper konstanten Durchmessers. Math. Z. Bd. 10 (1921) S. 214—216.

REINHARDT, K. [1]: Über die kleinste Kugel, die um jede Punktmenge vom Durchmesser Eins gelegt werden kann. Jber. Deutsch. Math.-Vereinig. Bd. 25 (1917) S. 157—163; [2]: Extremale Polygone gegebenen Durchmessers. Ebenda Bd. 31 (1922) S. 251—270; [3]: Zwei Beweise für einen Satz über die Zerlegung der Ebene. Tôhoku Math. J. Bd. 28 (1927) S. 221—225; [4]: Über die Zerlegung der hyperbolischen Ebene in konvexe Polygone. Jber. Deutsch. Math.-Vereinig. Bd. 37 (1928) S. 330—332; [5]: Über einen Satz von Herrn H. Tietze. Ebenda Bd. 38 (1929) S. 191—192.

REMBS, E. [1]: Unverbiegbare offene Flächen. S.-B. preuß. Akad. Wiss. (1930) S. 123—133.

REULEAUX, F. [1]: Lehrbuch der Kinematik. I. Braunschweig 1875, 622 S.

RIESZ, F. [1]: Sur certains systèmes singuliers des équations intégrales. Ann. École norm. (3) Bd. 28 (1911) S. 33—62.

ROSENTHAL, A., u. O. SZÁSZ [1]: Eine Extremaleigenschaft der Kurven konstanter Breite. Jber. Deutsch. Math.-Vereinig. Bd. 25 (1917) S. 278—282.

SALKOWSKI, E. [1]: Konvexe Äquitangentialkurven. Mh. Math. Phys. Bd. 31 (1921) S. 20—24; [2]: Über den gemischten Flächeninhalt zweier Ovale. Math. Z. Bd. 14 (1922) S. 230—235.

SCHILLING, F. [1]: Die Theorie und Konstruktion der Kurven konstanter Breite. Z. Math. Phys. Bd. 63 (1914) S. 67—136.

SCHMIDT, E. [1]: Zum Hilbertschen Beweise des Waringschen Theorems. Math. Ann. Bd. 74 (1913) S. 271—274.

SCHMIDT, W. [1]: Zur Geschichte der Isoperimetrie im Altertume. Bibliotheca Mathematica (3) Bd. 2 (1901) S. 5—8.

SCHOENBERG, I. J. [1]: Convex domains and linear combinations of continuous functions. Bull Amer. Math. Soc. Bd. 39 (1933) S. 273—280.

SCHOLZ, E. [1]: Flächentheoretische Integralsätze. Schr. math. Semin. u. Inst. angew. Math. Univ. Berlin Bd. 1 (1933) S. 161—185.

SCHUH, F. [1]: Bewijs van de stelling der vier toppen. Christ. Huygens Bd. 2 (1922/23) S. 374—375.

SCHUR, A. [1]: Biegungen punktierter Eiflächen. J. reine angew. Math. Bd. 159 (1928) S. 82—92.

SCHWARZ, H. A. [1]: Beweis des Satzes, daß die Kugel kleinere Oberfläche besitzt als jeder andere Körper gleichen Volumens. Nachr. Ges. Wiss. Göttingen (1884) S. 1—13; Ges. math. Abh. Bd. 2 (Berlin 1890) S. 327—340.

SERRET, I. A. [1]: Sur un problème de calcul intégral. Ann. École norm. Bd. 6 (1869) S. 177—185.

SIERPIŃSKI, W. [1]: Über den kleinsten konvexen Bereich, der eine gegebene Menge enthält. (Polnisch.) Wektor (math. phys. Z.) Bd. 3 (1914) S. 268—307.

SPIESS, O. [1]: Problèmes de fermetures dans les courbes convexes. Enseignement Math. Bd. 19 (1917) S. 92—93.

STEINER, J. [1]: Einfache Beweise der isoperimetrischen Hauptsätze. J. reine angew. Math. Bd. 18 (1838) S. 289—296; Ges. Werke Bd. 2 (Berlin 1882) S. 77—91; [2]: Von dem Krümmungsschwerpunkte ebener Curven. J. reine angew. Math. Bd. 21 (1840) S. 33—63 u. 101—133; Ges. Werke Bd. 2 S. 99

bis 159; [3]: Über parallele Flächen. Mber. preuß. Akad. Wiss. (1840) S. 114 bis 118; Ges. Werke Bd. 2 S. 173—176; [4]: Über Maximum und Minimum bei den Figuren in der Ebene, auf der Kugelfläche und im Raume überhaupt. J. Math. pures appl. Bd. 6 (1842) S. 105—170; J. reine angew. Math. Bd. 24 (1842) S. 93—152 u. 189—250; Ges. Werke Bd. 2 S. 245—308; [5]: Über Lehrsätze, von welchen die bekannten Sätze über parallele Curven besondere Fälle sind. J. reine angew. Math. Bd. 32 (1846) S. 75—79; Ges. Werke Bd. 2 S. 363 bis 367.

Steinhagen, P. [1]: Beiträge zur Theorie der konvexen Körper. Inaug.-Diss. Hamburg (1920) 8 S.; [2]: Über die größte Kugel in einer konvexen Punktmenge. Abt. math. Semin. Hamburg. Univ. Bd. 1 (1922) S. 15—26.

Steinitz, E. [1]: Bedingt konvergente Reihen und konvexe Systeme. I., II., III. J. reine angew. Math. Bd. 143 (1913) S. 128—175; Bd. 144 (1914) S. 1—40; Bd. 146 (1916) S. 1—52; [2]: Polyeder und Raumeinteilungen. Enzykl. d. Math. Wiss. Bd. 3 Teil I, 2, 139 S.; [3]: Über isoperimetrische Probleme bei konvexen Polyedern. I, II. J. reine angew. Math. Bd. 158 (1927) S. 129—153; Bd. 159 (1928) S. 133—143.

Stoelinga, Th. G. D. [1]: Convexe Puntverzamelingen. Diss. Groningen (1932) 68 S.

Stoll, A. [1]: Über den Kappenkörper eines konvexen Körpers. Comment. math. helv. Bd. 2 (1930) S. 35—68.

Straszewicz, S. [1]: Beiträge zur Theorie der konvexen Punktmengen. Zürich 1914, 57 S.

Struik, D. J. [1]: Invariant treatement of ovals. Bull. Amer. Math. Soc. Bd. 36 (1930) S. 188—189; [2]: Differential geometry in the large. Bull. Amer. Math. Soc. Bd. 37 (1931) S. 49—62.

Study, E. [1]: Geradlinige Polygone extremen Inhalts. Arch. Math. Phys. (3) Bd. 11 (1907) S. 289—295.

Su, B. [1]: On Steiner's curvature-centroid. Jap. J. Math. Bd. 4 (1927/28) S. 195—201 u. 265—269; [2]: On a class of ovals. Tôhoku Math. J. Bd. 29 (1928) S. 278—283; [3]: On the curvature-axis of the convex closed curve. Sci. Rep. Tôhoku Univ. Bd. 17 (1928) S. 35—42.

Süss, W. [1]: Kurzer Beweis eines Satzes von W. Blaschke über Eilinien. Tôhoku Math. J. Bd. 24 (1924) S. 66—67; [2]: Eibereiche mit ausgezeichneten Punkten; Sehnen-, Inhalts- u. Umfangspunkte. Ebenda Bd. 25 (1925) S. 86—98; [3]: Über Eiflächen konstanter Affinbreite. Math. Ann. Bd. 96 (1926) S. 251—260; Berichtigung ebenda Bd. 97 (1927) S. 568; [4]: Charakteristische Eigenschaften des Ellipsoids. Proc. Imp. Acad. Jap. Bd. 2 (1926) S. 103—105; [5]: Eine elementare Eigenschaft der Kugel. Tôhoku Math. J. Bd. 26 (1926) S. 125 bis 127; [6]: Eine charakteristische Eigenschaft der Kugel. Jber. Deutsch. Math.-Vereinig. Bd. 34 (1926) S. 245—247; [7]: Aufgabe. Ebenda Bd. 35 (1926) S. *84*; Lösung von S. Nakajima ebenda Bd. 37 (1928) S. *33—34*; [8]: Einige mit dem Vierscheitelsatz für Eilinien zusammenhängende Sätze. Tôhoku Math. J. Bd. 28 (1927) S. 216—220; [9]: Zur relativen Differentialgeometrie. I.: Über Eilinien und Eiflächen in der elementaren und affinen Differentialgeometrie. Jap. J. Math. Bd. 4 (1927) S. 57—75; [10]: Zur relativen Differentialgeometrie. III.: Über Relativ-Minimalflächen und Verbiegung. Ebenda Bd. 4 (1927) S. 203—207; [11]: Zur relativen Differentialgeometrie. IV.: Ein Vierscheitelsatz bei geschlossenen Raumkurven. Tôhoku Math. J. Bd. 29 (1928) S. 359—362; [12]: Relative Differentialgeometrie und Minkowskis Theorie von Volumen und Oberfläche. Naturwiss. Bd. 16 (1928) S. 972; [13]: Über den Vektorenbereich eines Eikörpers. Jber. Deutsch. Math.-Vereinig. Bd. 37 (1928) S. 87—90; [14]: Relativgeometrische Erweiterung eines Sechsscheitelsatzes von W. Blaschke. Ebenda Bd. 37 (1928) S. 361—362;

[**15**]: Kennzeichnende Eigenschaften der mehrdimensionalen Relativsphären und Ellipsoide. Tôhoku Math. J. Bd. 30 (1929) S. 90—95; [**16**]: Zur relativen Differentialgeometrie. V.: Über Eihyperflächen im R^{n+1}. Ebenda Bd. 31 (1929) S. 202—209; [**17**]: Zu Minkowskis Theorie von Volumen und Oberfläche. Math. Ann. Bd. 101 (1929) S. 253—260; [**18**]: Eine Kennzeichnung von Eibereichen. Tôhoku Math. J. Bd. 32 (1930) S. 362—364; [**19**]: Die Isoperimetrie der mehrdimensionalen Kugel. S.-B. preuß. Akad. Wiss. (1931) S. 342—344; [**20**]: Bestimmung einer geschlossenen konvexen Fläche durch die Gaußsche Krümmung. S.-B. preuß. Akad. Wiss. (1931) S. 686—695; [**21**]: Eine einfache Kennzeichnung des Kreises. Jber. Deutsch. Math.-Vereinig. Bd. 40 (1931) S. 251—253; [**22**]: Zusammensetzung von Eikörpern und homothetische Eiflächen. Tôhoku Math. J. Bd. 35 (1932) S. 47—50; [**23**]: Eindeutigkeitssätze und ein Existenztheorem in der Theorie der Eiflächen im großen. Ebenda Bd. 35 (1932) S. 290—293; [**24**]: Ein Satz von Urysohn über mehrdimensionale Eikörper. Ebenda Bd. 35 (1932) S. 326—328; [**25**]: Bestimmung einer geschlossenen konvexen Fläche durch die Summe ihrer Hauptkrümmungsradien. Math. Ann. Bd. 108 (1933) S. 143—148.

SYLVESTER, J. J. [**1**]: On a funicular solution of Buffon's „problem of the needle" in its most general form. Acta math. Bd. 14 (1890/91) S. 185—205; Collected mathematical papers Bd. 4 (Cambridge 1912) S. 663—679.

SZEGÖ, G. [**1**]: Über einige Extremaleigenschaften der Kugel. Math. Z. Bd. 33 (1931) S. 419—425.

TEIXEIRA, F. G. [**1**]: Sur les courbes orbiformes d'Euler et sur une généralisation de ces courbes. Arch. Math. Phys. (3) Bd. 23 (1914) S. 97—101.

TIERCY, G. [**1**]: Sur la „variété moyenne de deux variétés convexes". Enseignement Math. Bd. 20 (1918) S. 175—189; [**2**]: Sur les courbes orbiformes. Leur utilisation en mécanique. Tôhoku Math. J. Bd. 18 (1920) S. 90—115; [**3**]: Sur les surfaces sphériformes. Ebenda Bd. 19 (1921) S. 149—163.

TIETZE, H. [**1**]: Über konvexe Figuren. J. reine angew. Math. Bd. 158 (1927) S. 168—172; [**2**]: Über Konvexheit im kleinen und im großen und über gewisse den Punkten einer Menge zugeordnete Dimensionszahlen. Math. Z. Bd. 28 (1928) S. 697—707; [**3**]: Eine charakteristische Eigenschaft der abgeschlossenen konvexen Punktmengen. Math. Ann. Bd. 99 (1928) S. 394—398; [**4**]: Bemerkungen über konvexe und nichtkonvexe Figuren. J. reine angew. Math. Bd. 160 (1929) S. 67—69.

TONELLI, L. [**1**]: Sulle proprietà di minimo della sfera. Rend. Circ. mat. Palermo Bd. 39 (1915) S. 1—30.

TRICOMI, F. [**1**]: Sulla distribuzione dei baricentri delle sezioni piane di un corpo. Atti. Accad. naz. Lincei, Rend. (6) Bd. 13 (1931) S. 407—411 u. 478—484.

TURCHETTI, M. [**1**]: Il teorema di Cauchy sulla determinazione di un poliedro mediante le sue facce. Period. Mat. (4) Bd. 7 (1927) S. 320—327.

URYSOHN, P. [**1**]: Mittlere Breite und Volumen der konvexen Körper im n-dimensionalen Raume. (Russisch.) Rec. Math. Soc. math. Moscou Bd. 31 (1924) S. 477—486.

VAHLEN, K. TH. [**1**]: Beispiele zu einer Differenzengeometrie. Mh. Math. Phys. Bd. 38 (1931) S. 373—376; [**2**]: Zwei Beweise für die isoperimetrische Haupteigenschaft des Kreises. Ann. Mat. pura appl. (4) Bd. 10 (1932) S. 121—124.

VOGT, W. [**1**]: Über monoton gekrümmte Kurven. J. reine angew. Math. Bd. 144 (1914) S. 239—248.

WALSH, J. L. [**1**]: On the transformation of convex point sets. Ann. of Math. (2) Bd. 22 (1921) S. 262—266.

WEITZENBÖCK, R. [**1**]: Zur Theorie der Äquitangentialkurven. Mh. Math. Phys. Bd. 30 (1920) S. 173—176.

WEYL, H. [1]: Über die Bestimmung einer geschlossenen konvexen Fläche durch ihr Linienelement. Vjschr. naturforsch. Ges. Zürich Bd. 61 (1916) S. 40—72; [2]: Über die Starrheit der Eiflächen und konvexen Polyeder. S.-B. preuß. Akad. Wiss. (1917) S. 250—266.

WHITEHEAD, J. H. C. [1]: Convex regions in the geometry of paths. Quart. J. Math., Oxford Ser. Bd. 3 (1932) S. 33—42 u. Bd. 4 (1933) S. 226—227.

WHITTEMORE, J. K. [1]: Konvexe Kurven. Nachr. Ges. Wiss. Göttingen (1910) S. 274—302.

WOLFF, J. [1]: Over convexe puntverzamelingen in het platte vlak. Christ. Huygens Bd. 2 (1922/23) S. 124—132.

WOUDE, W. VAN DER [1]: Over een stelling uit de affiene meetkunde. Nieuw. Arch. Wiskde (2) Bd. 14 (1924) S. 340—345.

YAMANOUTI, M. [1]: Notes on closed convex figures. Proc. Phys.-Math. Soc. Jap. (3) Bd. 14 (1932) S. 605—609.

YANAGIHARA, K. [1]: A theorem on surface. Tôhoku Math. J. Bd. 8 (1915) S. 42 bis 44; [2]: On some properties of simply closed convex curves and surfaces. Sci. Rep. Tôhoku Univ. Bd. 4 (1915) S. 65—77; [3]: On the gauche polygon circumscribed about a quadric. Tôhoku Math. J. Bd. 8 (1915) S. 204—209; [4]: On a characteristic property of the circle and the sphere. Ebenda Bd. 10 (1916) S. 142—143; Bd. 11 (1917) S. 55—57.

ZACHARIAS, M. [1]: Elementargeometrie und elementare nichteuklidische Geometrie in synthetischer Behandlung. Enzykl. math. Wiss. Bd. 3, AB 9 S. 859—1172.

ZINDLER, K. [1]: Über konvexe Gebilde. I., II., III. Mh. Math. Phys. Bd. 30 (1920) S. 87—102; Bd. 31 (1921) S. 25—56; Bd. 32 (1922) S. 107—138; [2]: Über einen Hauptsatz in der Theorie der konvexen Polyeder. Math. Z. Bd. 15 (1922) S. 106—110; [3]: Über Symmetrisierung konvexer Gebilde. Ebenda Bd. 25 (1926) S. 602—607; [4]: Über konvexe Kegelflächen. Mh. Math. Phys. Bd. 35 (1928) S. 45—48; [5]: Über parallele ebene Schnitte eines konvexen Körpers. S.-B. Akad. Wiss. Wien Bd. 138 (1929) S. 289—310.

Berichtigungen

Seite 36:

Die Darstellung des Beweises des Approximationssatzes ist nicht richtig. Zunächst ist Zeile 15 zu ergänzen; es soll heißen:

. . . $P(u)$ sei seine Stützfunktion bezüglich eines in $\mathfrak{K}$ gewählten Nullpunktes. Dann ist $P(u) > 0$ für $u \neq 0$.

Ferner sind die Zeilen 12 v. u. — 2 v. u. durch Folgendes zu ersetzen: Man wähle nun eine Zahl $\omega > \log N$ und setze

$$\Omega(x) = \frac{1}{N} \sum_{\nu=1}^{N} e^{\omega L^{(\nu)}} . \tag{2}$$

$\mathfrak{P}$, also auch $\mathfrak{K}$ ist jedenfalls in dem durch $\Omega \leqq 1$ gegebenen Körper $\mathfrak{O}$ enthalten; denn in $\mathfrak{P}$ gelten alle Ungleichungen (1). Daher ist dort in der Tat $\Omega \leqq 1$. Ferner ist in jedem Punkt außerhalb des Polyeders $\left(1 + \frac{\log N}{\omega}\right) \mathfrak{P}$ wenigstens für ein ν

$$L^{(\nu)} > \frac{\log N}{\omega}$$

und daher $\Omega > 1$. Folglich ist $\mathfrak{O}$ in

$$\left(1 + \frac{\log N}{\omega}\right) \left(\mathfrak{K} + \frac{\delta}{2} \mathfrak{S}\right) = \mathfrak{K} + \frac{\log N}{\omega} \mathfrak{K} + \left(1 + \frac{\log N}{\omega}\right) \frac{\delta}{2} \mathfrak{S}$$

und somit für hinreichend großes ω in $\mathfrak{K} + \delta \mathfrak{S}$ enthalten. Daß der

Seite 95—97:

Die auf S. 95, Zeile 6 v. u. — 5 v. u., ausgesprochene Behauptung, daß die Ungleichung (4), S. 94, die korrekt $2 V_{(1)} \geqq V_{(0)} + V_{(2)}$ lautet, für $\mathfrak{K}'_0$ und $\mathfrak{K}'_1$ Gültigkeit behält, sowie die daraus geschlossene Ungleichung (9), S. 96, ist wie L. Berwald 1937 durch Angabe von Gegenbeispielen gezeigt hat, unrichtig. Daher entfallen alle Aussagen, die sich auf den Seiten 96 und 97 auf (9) beziehen.

Seite 123—124:

Die S. 123, Zeile 7 v. u. — 3 v. u., formulierte und zu Unrecht Christoffel und Hurwitz zugeschriebene Behauptung, daß die Lösungen der Differentialgleichung (9) stets Stützfunktionen konvexer Körper sind, ist falsch. (Vgl. A. D. Alexandrov, C. R. Acad. Sci. URSS, N. S. 14 (1937), 59—60.) Christoffel hat nur die Eindeutigkeitsfrage behandelt. Die Existenz einer Lösung von (9) kann aus den Arbeiten von HURWITZ [2], BLASCHKE [**24**] und für den n-dimensionalen Fall KUBOTA [**16**] entnommen werden. Das S. 124, Zeile 1—6, über SÜSS [**25**] und FAVARD [**9**] Gesagte entfällt, da in diesen Arbeiten versucht ist, die obige Behauptung zu beweisen. Dasselbe gilt für das im Anschluß an HILBERTS Satz, S. 124, Zeile 13—22, Gesagte.

Ferner sind folgende Mängel und Irrtümer zu berichtigen:

Seite	Zeile[1]	soll lauten:
3	21 v. u.	... STEINITZ [**1**], sowie STRASZEWICZ [**1**]. Ferner ..
4	10	... MENGER [**1**], [**2**], [**3**], HÄRLEN [**1**] und ...
5	10 v. u.	... aller abgeschlossenen konvexen
6	15	... CARATHÉODORY [**2**], ferner STRASZEWICZ [**1**], Kap. III. Die ...
	17 v. u.	§ 26, STRASZEWICZ [**1**], Kap. II, BLASCHKE ...
	3 v. u.	... BRUNN [**6**], STRASZEWICZ [**1**], Kap. II.)
7	9	... abgeschlossene, zusammenhängende, beschränkte ...
	12 v. u.	... Jeder BOREL-meßbaren
10	22	... $2^{\nu_n - 1} < n + 1 \leqq 2^{\nu_n}$ ...
	23	BRUNN [**4**], STRASZEWICZ [**1**], Kap. III. Für ...
31	18 v. u.	... ferner sei $\lambda_\varrho > 0$. ...
37	2	... $\log N \geqq \log 3$
38	9 v. u.	... [**4**], § 7, [**9**], ferner ...
40	6 v. u.	... *von* 1 *bis s zu* ...
47	9 v. u.	... wird $n V(\mathfrak{S}, \mathfrak{K}_1, \ldots, \mathfrak{K}_{n-1})$
48	11	... MINKOWSKI [**2**], SMITH [**1**]. Über , ..
49	8	... BONNESEN, [**12**] § 32 ff. Die ...
53	18 v. u.	... SU [**1**], [**3**], TAKASU [**1**], BALL ...
54	11 v. u.	... ZINDLER [**1**], STRASZEWICZ [**1**], Kap. IV. Mit ...
69	19	... LEBESGUE [**1**], STEINHAUS [**1**], [**2**] und ...
78	20	... BRICARD [**1**], STRASZEWICZ [**1**], Kap. IV, NAGY ...
80	6	„jedoch ... unzutreffend" ist zu streichen.
81	2	(3) $2F \leqq \ldots$
	16 v. u.	(5) $F \leqq \frac{L}{8\varphi}(L - 2D\cos\varphi)$,
	1 v. u.	(6) $4F \leqq 2\Delta L - \pi \Delta^2$.
84	2 v. u.	... $\left(V = \frac{2\pi}{3}, \ldots\right.$
88	21	... *Gleichheitszeichen für in* ϑ *mit* $0 < \vartheta < 1$ *dann* ...

[1] Bei Zählung von Zeilen von unten sind Fußnoten auszuschließen.

Seite	Zeile[1]	soll lauten:
90	11	(6) $z^* = \ldots$
93	6	... sind. (4) werde ...
	7	... $(\mu \tau_2 + \varrho_2)\, \mathfrak{K}_2 + \mu\, \mathfrak{K}_3$
94	2 v. u.	... $V_{(0)} + V_{(2)}$,
100	2	... Ungleichung (4) und damit insbesondere (5), (6), (7), (8).
101	5 v. u.	... bei MINKOWSKI [5], BONNESEN ..,
107	8 v. u.	... kann τ^{n-2} das ...
108	3	... daß (3) tatsächlich ...
	11	... von τ^{n-2} gibt ...
112	7 v. u.	... $F - xL + x^2\pi$ ...
115	7	... $= \dfrac{1}{n\binom{n-1}{\nu}} \int\limits_{\Omega} \ldots$
	6 v. u.	... *mit inneren Punkten und mit derselben* ...
116	2 v. u.	... CHRISTOFFEL [1], HURWITZ [2], BLASCHKE ...
117	Fußnote[2], Zeile 1	... $\sum\limits_{\nu=0}^{l} (-1)^{\nu} \binom{l}{\nu} \ldots$
	Zeile 5	$m_{\nu-1}^{\nu-1} x^2 - 2m_{\nu}^{\nu} x + \ldots$
118	10 v. u.	... [4], [24], [27].
137	7 v. u.	... von $2\pi F$ im ...
147	8 v. u.	... WEYL [2] ferner VAHLEN [1] angegeben.
148	27	... Stützfunktion eines Drehrisses ...
	11 v. u.	... Ausnahme endlich vieler
151	24—25	... kurver. Mat. Tidsskr. B (1920) S. 47—54; ...
162	11	menge Abh. math. ...

[1] Bei Zählung von Zeilen von unten sind Fußnoten auszuschließen.